黑亮 编著

城镇污泥安全处置与资源化利用途径探索

水利部珠江河口动力学及伴生过程调控重点实验室
珠江水利委员会珠江水利科学研究院

中国农业科学技术出版社

图书在版编目（CIP）数据

城镇污泥安全处置与资源化利用途径探索／黑亮编著 . —北京：
中国农业科学技术出版社，2014.12
ISBN 978 - 7 - 5116 - 1921 - 1

Ⅰ．①城…　Ⅱ．①黑…　Ⅲ．①城镇 – 污泥处理 ②城镇 – 污泥
利用　Ⅳ．①X703

中国版本图书馆 CIP 数据核字（2014）第 275159 号

责任编辑　　闫庆健　范　潇
责任校对　　马广洋

出 版 者　中国农业科学技术出版社
　　　　　北京市中关村南大街 12 号　邮编：100081
电　　话　（010）82106625（编辑室）　（010）82109702（发行部）
　　　　　（010）82109709（读者服务部）
传　　真　（010）82106625
网　　址　http://www.castp.cn
经 销 者　各地新华书店
印 刷 者　北京华正印刷有限公司
开　　本　787 mm×1 092 mm　　1/16
印　　张　15.25
字　　数　350 千字
版　　次　2014 年 12 月第 1 版　2015 年 9 月第 2 次印刷
定　　价　56.00 元

《城镇污泥安全处置与资源化利用途径探索》

编 著 人 员

主　　编：黑　亮

参编人员：杨燕婷　王　慧　杜河清　邹姣宏

前　言

　　随着我国城镇化进程加快，城镇污水处理率逐年提高，随之产生的城镇污泥产量也急剧增加。城镇污泥是在污水净化处理过程中产生的固体废弃物。污泥处理处置作为污水处理的末端，曾一直不受重视，行业长久以来"重水轻泥"，相关治理政策不足，污泥处理处置发展相对滞后，技术研发力度不足。随着社会环保意识的增强，污泥处理处置也开始受到更多关注。近几年相比污水处理，污泥处理处置虽然相对显得冷清，但相关政策陆续出台，主要技术路线逐步成型，越来越多的环保企业开始涉及污泥行业，我国的污泥处理处置事业正逐步走向正轨；但是，行业各方未达成共识，缺乏成功应用的案例，是当前污泥处理处置发展受阻的重要原因。我国的污泥处理处置行业起步较晚，技术手段与欧美等发达国家相比存在一定差距，让人心中不免存有疑虑的是：技术问题是不是困扰污泥行业发展的重要症结？我国污泥处理处置市场的技术究竟该如何发展？近些年来，我国的污泥处理处置市场一直困惑不断，非议不停，行业生态呈现一片乱象。但在污泥处理处置的技术方面，行业内却已达成共识：技术不再是困扰行业的最大症结，路线已日渐成熟并清晰，技术在进步，适合的技术即是最好的。未来的污泥市场，更需因地制宜地考虑综合解决方案。

　　从政策上讲，政府相关部门已经认识到了技术对污泥处理处置的重要性。2009—2011年环保部先后发布《城镇污水处理厂污泥处理处置及污染防治技术政策（试行）》《城镇污水处理厂污泥处理处置污染防治最佳可行技术指南（试行）》《城镇污水处理厂污泥处理处置技术指南（试行）》等几部政策指南，促进了研发力度的加大，引导了技术路线形成。

　　在技术上而言，我国借鉴国外经验，经过十几年的发展、实践，污泥处理处置行业在技术上也已经取得了长足的进步，从简单粗犷的处理方式发展出了几条较为清晰的技术路线。目前，我国的污泥行业已经形成了深度脱水加填埋、干化加焚烧加灰渣填埋或建材利用、好氧发酵加土地利用、厌氧消化加土地利用等几种主流可行的技术路线。虽然我国污泥的处理量还不是很高，但行业内部已基本达成统一观点，污泥处理处置要以减量化、稳定化、无害化为目标，最终将处理后的污泥弃置于自然环境中或进行再利用，达到长期稳定并对生态环境无不良影响消纳的目标，并且各单项技术的研发创新工作、实践工作也在广泛开展进行。

　　目前，我国污水处理能力已经达到日产量1.4亿t，但在污泥处理处置工作中仍存在一些问题，在技术抉择、工程实施方面进展迟缓。我国的污泥处置之路走得很不平坦，污泥产量一直在增加，污泥处理处置能力也在增加，但这两个增加的幅度不一样。所以，我国现在的污泥处置总体状况相对来说更差了。大部分污泥都称不上妥善处置，

1

只是简单的弃置和堆埋，这都会造成二次污染，严重影响环境治理效果。现今，不能再把污泥作为一种潜在的、可以暂时过渡的问题，而应该作为国家一个节能减排硬指标，与期间的污水处理 COD 减排指标一起并列，将其变成国家行为，切实加大力度。要对上游的废水排放和下游的污泥处置进行科学监管，从整个指标、责任、政策、监管着手，建设完整的管理链，使污泥处理处置能够快速发展。

污泥填埋肯定比乱扔好，但必须找到场地；焚烧肯定比填埋好，但必须治理好烟气；农用比焚烧好，但要严格管理。经过多年的发展实践，污泥的最终去向已经明确，对于污泥的最终去处，目前学术界也基本达成了共识——土地利用。相对其他处置方式，污泥的土地利用技术优势在于，可以充分利用污泥中的各种养分，符合资源可持续发展要求。土地利用特别对磷的循环大有益处，人类的生产活动破坏了磷元素在自然界的正常循环，污泥建材利用会将磷元素固化，污泥的土地利用既可以实现土壤的改良，又促进了自然循环的良性进行。对于泥质较好、重金属含量低的污泥，土地利用相对于焚烧成本较低。可以说，从生态循环角度与经济成本角度两方面考虑，污泥的土地利用技术均具有一定优势。污泥处置应该因地制宜、技术多元化，达到产生量和使用量平衡，总体思路是污泥土地利用。生活污水污泥土地合理利用，可实现污泥资源循环利用，符合未来低碳发展方向；要真正解决我国的污泥难题，相当部分污泥稳定处理，土地利用是不可回避的现实。

污泥处理处置技术需要百花齐放。技术其实并不是我国污泥处理处置行业面临的最大难题，厌氧消化、好氧发酵、干化等处理技术在国外已应用几十年，近几年经过国内的改良技术已基本成熟，而污泥的最终处置方式业内也基本达成共识。污泥处理处置的目标是实现污泥的减量化、稳定化和无害化，鼓励回收和利用污泥中的能源和资源。坚持在安全、环保和经济的前提下实现污泥的处理处置和综合利用，达到节能减排和发展循环经济的目的。以污泥稳定化为例，我国在污泥稳定化方面的研究走了一些弯路，并没有完全参考国外的技术经验，不过在污泥资源化利用方面，各类技术均有探索，形成了很多独特的技术，基本能满足要求。对于具体的技术选择来说，不同地区的条件差异较大，要选择适合的技术。污泥处置技术并无优劣之别，选择使用哪种技术路线进行污泥处理处置，应该遵循因地制宜、合理规划。

从整体来看，污泥问题不仅是技术发展问题，还有观念问题、收费问题等，污泥处理处置，是一个系统工程。该如何全面看待我国的污泥处理处置市场，政策如何规范，技术研发与应用究竟如何理顺与政策管理的关系等这些诸多问题，需要深入观察与剖析。理清责任主体、出台相关治理政策、宣传推广成功的示范项目是解决目前受阻污泥产业的有效途径。

本书系统地介绍了城镇污泥的产生、特性、安全处置技术，及其有效实现资源化利用的途径，是编者多年来从事污泥资源化处置的一些经验和成果。全书共分为九章，第一章绪论；第二章至第九章分别阐述了污泥性质与处置技术概况，污泥标准规范的建立与发展，污泥处置技术，污泥污染物检测与去除降解技术，污泥资源化利用，污泥资源化工程案例，污泥有效利用的前景与风险，结束语。

本书集系统性、理论性、知识性和实用性于一体，重在理论与实践应用相结合，可供广大的水利、环保、城建和农林业等专业的生产、科研、教学和管理人员学习、借鉴和参考。

珠江水利科学研究院依托珠江科技新星项目、重点实验室开放基金等相关项目的研究成果，参考近年来国内外相关资料文献，结合我国城镇污泥安全处置与资源化利用途径的工程案例，编著完成了《城镇污泥安全处置与资源化利用途径探索》。在本书的出版过程中，十分感谢珠江水利科学研究院王现方院长、李亮新副院长、王琳副院长、邓家泉副院长、谢宇峰副院长、亢庆副院长、陈文龙副院长、徐峰俊总工、余顺超副总工、罗丹处长、杨健新处长、李杰处长、华南农业大学吴启堂教授和暨南大学莫测辉教授等的大力支持和帮助。在此，本书编著成员也同时向所有支持和帮助我们的领导、同事以及所有参考文献资料的作者表示最由衷的感谢！

本书出版得到了广州市珠江科技新星专项《利用城市污泥生产有机钾肥技术在农业中应用与示范》（项目编号：2011J2200029）的资助支持，并将该项目的部分成果纳入了本书的编写之中。

由于污泥治理行业发展的急迫性和复杂性，加之时间仓促和受水平所限，书中难免有不妥及错误之处，敬请广大读者批评指正。相关建议可联系电子邮件 hidige@ sina. com 编者收。

作者

2014 年 10 月

目　录

1 绪 论

1.1 引言

随着我国经济高速发展，城镇污水排放量急剧增长。为应对日益增长的污水排放量，势必要增加城镇污水处理企业以及改善城镇污水处理厂处理效率。截至"十一五"末期，全国城镇累计建成污水处理厂1 993座，总处理能力已超过每日1亿多 m^3。随着我国对环境保护的日益重视，近年来污水处理技术得到了快速发展，同时也使污泥产量大幅增加。我国经济在地域上的发展不平衡，也造成了各地城镇污泥产生量的明显差异。就当前而言，污泥的产生量主要集中在我国东部发达地区。据统计，东部11个省（市）的污泥产生量占全国污泥总量的63.87%；中部8个省的污泥产生量占全国污泥总量的20.9%；西部12个省（市）的污泥产生量占全国污泥总量的15.23%。但是，随着中部的崛起和西部大开发，中、西部一些省（市）的污泥产生量不断增加，全国城市污泥年平均增长率为16.82%，而中、西部的平均增长率分别高达23.29%和21.83%。相关资料表明，截止到2009年年底，全国城镇污水处理量达到280亿 m^3，湿污泥（含水率80%）产生量突破2 000万t。我国污水处理厂所产生的80%的污泥，并没有得到妥善处理。

污泥是污水处理的副产物，污泥一词并不是一个严格的科学定义，简单来说污泥是由可沉淀的固体颗粒物组成，也只有沉淀下来的固体才形成污泥。我国是一个发展中国家，城市居民食品结构与发达国家不同，因而由于食物产生的废弃物成分也不尽相同。国内居民消费的肉类和奶制品较少，因而污泥所含有机物中淀粉、糖类、纤维素等碳水化合物含量高（50%），而脂肪和蛋白质含量低（脂肪为20%，蛋白质为30%）；而西方发达国家污泥的有机物含量较高，脂肪和蛋白质含量均高于我国。我国居民住宅的卫生设施还不十分完善，城镇公共厕所占占比例较大，这部分污水大多未接入下水道，因此造成城镇污水厂污泥的有机物含量较低。城镇污水厂污泥的这些特性，使我们面临的问题比发达国家更加棘手。一是污泥填埋产生的渗沥液量大，污染物浓度高；二是污泥脂肪和蛋白质含量低，污泥厌氧消化时，分解单位质量有机物的沼气产量低；三是污泥有机物含量低。我国城镇污水处理厂污泥中的有机物质平均含量约为36.6%，资源回收率低，堆肥质量差。

近几年我国污泥处理处置的市场面临着热中带冷。未来的污泥市场，更需要根据当地的条件，因地制宜的选择污泥处理技术，由此考虑综合解决方案，并在技术选择上还要面向未来。随着人们生活水平提高及生活习惯改变，污泥的产生量、泥质都会发生变化；另外，还可以考虑餐厨垃圾、绿化垃圾、粪便等有机废弃物的协同处置，而不仅单单局限于污泥。之前，我们十分注重借鉴或引进国外的技术和设备，但是实践表明，国外的技术和设备在我国并不完全适用。当务之急，要进一步认识我国城市污水厂污泥的特性和产生的影响，加强针对性研究和实践，开发适合国情的污泥安全处置技术和设备。

1.2 污泥的基本概念

1.2.1 污泥的概念

污泥是由废水净化处理产生的液体或半固态液体。从广义上讲，包括栅渣、沉渣、浮渣、固体和生物固体；从狭义上讲，是指固体和生物固体，固体含量为 0.25% ~ 12%。WEF（Water Environment Federation）将经过无害化处理后，如消化和堆肥后可利用的有机固体定义为生物固体（Biosolid）；将未经无害化处理的有机固体定义为污泥（Sludge）。

工业废水和生活污水的处理过程中，会产生大量的固体悬浮物质，在污水处理过程中分离或截流的固体物质，我们将其统称为污泥（sludge）。污泥是由水和污水处理过程所产生的固体沉淀物质，是污水处理后的产物，是一种由有机残片、细菌菌体、无机颗粒、胶体等组成的极其复杂的非均质体，用物理法、化学法、物理化学法和生物法等处理废水时产生的沉淀污泥物、颗粒物和漂浮物。污泥一般是介于液体和固体之间的浓稠物，可以用泵输送，但它很难通过沉降进行固液分离，悬浮物浓度一般在 1% ~ 10%，低于此浓度常称为泥浆。

污泥中含有丰富的氮、磷、钾和有机质，是可利用的良好有机肥源，污泥农用后可提高作物产量、培肥土壤及改善土壤理化性质；但同时作为污水处理的副产物，通常含有大量的有毒有害物质对环境产生负面影响，必须妥善处置，否则将形成二次污染。污泥中的固体物质可能是污水中早已存在的，如各种自然沉淀池中截留的悬浮物质；也可能是污水处理过程中转化形成的，如生物处理和化学处理过程中，由原来的溶解性物质和胶体物质转化而来的生物絮体和悬浮物质；还可能是污水处理工程中投加的化学药剂带来的。当所含的固体物质以有机物为主时，称为污泥；以无机物为主时，则称为泥渣。除以上污泥外，污水厂排除的污泥中还包括栅渣和沉砂池沉渣，栅渣呈垃圾状。初沉池污泥和二沉池生物污泥，因富含有机物，容易腐化，破坏环境，必须妥善处理。初沉池污泥还含有病原体和重金属化合物等；二沉池污泥基本上是微生物机体，含水率高，数量多，更需注意。这两者在产出之前需处理，处理的目的在于：一是要降低含水率，同时达到减量化的目的；其次是稳定有机物，使其不易腐化，避免对环境造成二次污染。

污泥含水率高（可高达 99% 以上），有机物含量高，容易腐化发臭，并且颗粒较细，比重较小，呈胶状结构的亲水性物质。它是介于液体和固体之间的浓稠物，可用泵运输，但它很难通过沉降进行固液分离。污泥中往往含有很多植物营养素、寄生虫卵、

致病微生物及重金属离子等。一座二级污水处理厂，产生的污泥量占总处理污水量的
0.3%~0.5%（体积比），如进行深度处理，污泥量还可能增加 0.5~1.0 倍。污泥浓
缩和脱水的作用就是去除污泥中的大量水分，从而得到污泥体积减量，而污泥的调节作
用很多，其中提高污泥浓缩和脱水效果是最重要的作用。污泥经过浓缩和脱水处理，含
水率可从 99.3% 降到 60%~80%，其体积降低至原来的 1/15~1/10。

总体而言，污泥具有含水率高，运输成本高，占地面积大，易孳生细菌等特点。露
天堆放污泥会散发臭气和异味，从而污染大气；经水浸泡溶解后，污染物还会伴随污水
流入河道，则又污染水体；有些污泥还含有重金属，若不加以控制则可能污染土壤，可
见污泥处理已经成为亟待解决的重要环境问题之一。

1.2.2　污泥的来源与分类

污泥形成可能是废水中早已存在的，也可能是废水处理过程中产生的。前者是各种
自然沉淀中截留的悬浮物质，后者是生物处理和化学处理过程中，由原来的溶解性物质
和胶体物质转化而成的悬浮物质。通过对不同工艺流程产生污泥的分类，能够掌握污泥
中主要成分的来源过程与主要成分的结构构成，根据污泥的组成及构成成分特征，针对
不同的污染物特性与污泥特性，选取不同的污泥处理处置工艺流程，并能够根据相关参
数选取合理的、安全的资源有效利用处理方式。

污泥性质和组成主要取决于污水来源，同时还和污水处理工艺有密切关系。由于污
泥的来源即使处理方法不同，产生的污泥性质不一、变化较大，污泥种类很多，分类是
非常必要、比较复杂的，其处理和处置也是不尽相同。目前，一般可按来源、处理方法
和分离过程、污泥产生的阶段不同、生物处理方式等多种方法进行分类。

（1）按来源分

污泥主要有市政污泥、管网污泥、工业污泥和河湖淤泥。

市政污泥（civil sludge，也叫排水水泥 sewage sludge），主要指来自污水厂的污泥，
这是数量最大的一类污泥。此外，自来水厂的污泥也来自市政设施，可以归入这一类；
管网污泥，来自排水收集系统的污泥；河湖淤泥，来自江河、湖泊的淤泥；工业污泥，
来自各种工业生产所产生的固体与水、油、化学污染、有机质的混合物。在非特指的环
境下，污泥一般指城镇市政的排水污泥。

（2）按污泥的处理方法、分离过程和不同产生阶段，可分为以下几类

初次沉淀污泥、剩余活性污泥、消化污泥、腐殖污泥、化学污泥、浓缩污泥、脱水
干化污泥和干燥污泥等。

初次沉淀污泥来自初次沉淀池，性质随废水的成分而异，特别是混入的工业废水性
质而起变化。初沉污泥（sludge from primary sedimentation tank），指污水一级处理过程
中产生的沉淀物，也是各类污水初次经生化处理后产生的污泥，其含有大量微生物。经
过微生物的处理作用，带走污水中大量无机、有机污染物，并夹带重金属。

剩余活性污泥与腐殖污泥来自活性污泥法和生物膜法后的二次沉淀池，前者称为剩
余活性污泥，后者称为腐殖污泥。剩余活性污泥（activited sludge），活性污泥法处理工
艺二沉池产生的沉淀物称为活性污泥，扣除回流至曝气池后，剩余的部分即称为剩余活

性污泥。来源于废水处理过程中剩余活性污泥或生物膜，其颜色常为灰色或是深灰色，相对密度比水稍大、颗粒较细、含水率较高且脱水性能较差。它主要是由具有活性的微生物、微生物自身氧化残余物、吸附在活性污泥表面上尚未降解或难以降解的有机物和无机物四部分组成；其中，以活性微生物为最主要的组成部分，它包括细菌、真菌、剩余污泥的来源及组成原生动物和后生动物等多种微生物。

初次沉淀污泥、剩余活性污泥和腐殖污泥等经过消化稳定处理后的污泥称为消化污泥。消化污泥（digested sludge）又称熟污泥，是在好氧或厌氧条件下进行消化，使污泥中挥发物含量降低到固体相对地不易腐烂和不发恶臭时的污泥。其含水率约为95%，容易脱水。消化污泥是指在有氧或无氧情况下，由于微生物的作用已达到稳定的污泥。消化污泥分为污泥耗氧消化和污泥厌氧消化。污泥耗氧消化是以耗氧的方式氧化污泥中的有机物质，并且减少污泥的质量消化污泥和体积。操作污泥耗氧消化如同操作活性污泥系统，只要微生物环境维持稳定（如温度、pH值、无毒性物质干扰），系统将能自我维持。厌氧消化是利用兼性菌和厌氧菌进行厌氧生化反应，分解污泥中有机物质的一种污泥处理工艺。厌氧消化是使污泥实现四化的主要环节。首先，有机物被厌氧消化分解，可使污泥稳定化，使之不易腐败；其次，通过厌氧消化，大部分病原菌或蛔虫卵被杀灭或作为有机物被分解，使污泥无害化；第三，随着污泥被稳定化，将产生大量高热值的沼气，作为能源利用，使污泥资源化；另外污泥经消化以后，其中的部分有机氮转化成了氨氮，提高了污泥的肥效。污泥的减量化虽然主要借浓缩和脱水，但有机物被厌氧分解，转化成沼气，这本身也是一种减量过程。

腐殖污泥是指生物膜法（如生物滤池、生物转盘、部分生物接触氧化池等）污水处理工艺中二次沉淀池产生的沉淀物；其通常含有大量微生物，各类污泥中微生物也是污泥处理中污泥自身生物降解的重要来源。

化学污泥是指化学强化一级处理（或三级处理）后产生出来的，是用无机凝聚剂（混凝剂）处理水或废水所产生的污泥。通过投加化学药剂强化生物处理，根据其特性，污泥中含有大量无机化学物质，其处理方式也与其性质有重要关系。由化学沉淀产生的污泥输送和污泥处置问题，一直是一大难题。在大多数化学沉淀操作中，均有大量污泥产生，常可达到处理水体积的0.5%。

浓缩污泥（concentrate sludge），指生污泥经浓缩处理后得到的污泥。污泥浓缩是污泥脱水的初步过程，污水处理过程产生的污泥含水率都很高，尤其是二级生物处理过程中的剩余活性污泥，含水率一般为99.2% ~99.8%，纯氧曝气法的剩余污泥含水率较低，也在98.5%以上，而且数量很大，对污泥的处理、利用及输送都造成了一定的困难，因此必须对其进行浓缩。浓缩后的污泥近似糊状，含水率降为95% ~97%。污泥浓缩的对象是间隙水，当污泥的含水率由99%下降为96%时，体积可以减少为原来的1/4，但仍可保持其流动性，可以用泵输送，可以大大降低运输费用和后续处理费用。污泥浓缩常用的方法有重力浓缩法、气浮浓缩法和离心浓缩法3种。

脱水干化污泥（dehydration sludge），指经脱水干化处理后得到的污泥。污泥经浓缩和消化之后，其含水率仍在96%左右，体积很大，不便于运输和使用，需要进一步脱水干化处理，其主要方法有自然蒸发法和机械脱水法两种。污泥干化是水分蒸发的过程。污水处理所产生的污泥具有较高的含水量，由于水分与污泥颗粒结合的特性，采用机械方法脱除具有一定的限制，污泥中的有机质含量、灰分比例特别是絮凝剂的添加量对于最终含固率有着重要影响。一般来说，采用机械脱水可以获得 20% ~ 30% 的含固率，所形成的污泥也被称为泥饼。泥饼的含水率仍然较高，具有流体性质，其处置难度和成本仍然较高，因此有必要进一步减量。在自然风干之后，只有通过输入热量形成蒸发，才能够实现大规模减量。采用热量进行干燥的处理就是热干化。

干燥污泥（Drying sludge）是指经干燥处理后得到的污泥。污泥干燥是污泥进行资源化（农用、焚烧等）的前提。经传统的浓缩和脱水工艺处理之后的污泥的含水率不可能达到 60% 以下。如果要达到较为深度的脱水，就必须引进各种污泥的干燥技术。目前应用比较多的干燥技术有热干燥、太阳能干燥、微波加热干燥、植物干燥和超声波干燥等。

（3）按污泥的成分和性质分，可分为有机污泥和无机污泥

有机污泥主要含有机物，典型的有机污泥是剩余生物污泥，如活性污泥和生物膜、厌氧消化处理后的消化污泥等，此外还有油泥及废水固相有机污染物沉淀后形成的污泥；无机污泥主要以无机物为主要成分，亦称泥渣，如废水利用石灰中和沉淀、混凝沉淀和化学沉淀的沉淀物。

1.2.3 活性污泥法工艺应用

我国城镇污泥的主要产生原因，源于活性污泥法在污水处理中的普遍应用。活性污泥法工艺是一种广泛应用而行之有效的传统污水生物处理法，也是一项极具发展前景的污水处理技术，这体现在它对水质水量的广泛适应性、灵活多样的运行方式、良好的可控性，以及通过厌氧或缺氧区的设置使之具有生物脱氮、除磷效能等方面的优势。

活性污泥法工艺能从污水中去除溶解的和胶体的生物可降解有机物，以及能被活性污泥吸附的悬浮固体和其他一些物质，无机盐类也能被部分去除，类似工业废水也可用活性污泥法处理。本质上与天然水体（江、湖）的自净过程相似，两者都是好氧生物过程，只是活性污泥法的净化强度大，因而可认为是天然水体自净作用的人工强化。自 1914 年开始至今，活性污泥法的研究经过近百年的发展，在理论和实践上都取得了很大的进步。

活性污泥法，起源最早可追溯到 1880 年安古斯·史密斯博士所做的工作，他是最早向污水中进行曝气实验的人，其后许多人研究过污水的曝气。1912 年英国的克拉克和盖奇在 Lawrence 研究所试验中发现，对污水长时间曝气会产生污泥，同时水质会得到明显的改善。继而阿尔敦和洛凯特对这一现象进行了研究，曝气试验是在瓶中进行的，每天试验结束时把瓶子倒空，第二天重新开始。他们偶然发现，由于瓶子清洗不干净，瓶壁附着污泥时，处理效果反而更好。由于认识了瓶壁留下污泥的重要性，他们把它称为活性污泥。随后，他们在每天结束试验前，把曝气后的污水静置沉淀，只倒上层净化清水，留下瓶底的污泥供第二天使用，这样大大缩短了污水处理的时间。1914 年 5月，在英国化学工程年会曼切斯特分会上，阿尔敦和洛凯特发表了他们的论文，这个试验的工程化便是于 1916 年在曼切斯特市建造的第一个活性污泥法污水处理厂。

根据活性污泥法的特性，可判断其主要为生物处理法，活性污泥法显著功效能够去除污水中大部分有机污染物及去除或降低重金属含量，并同时携带无机污染物，通过细菌吸收、细菌和矿物颗粒表面吸附，以及同一些无机盐（如磷酸盐、硫酸盐等）共沉淀等多种途径，使污水中50%～80%以上的重金属浓缩在产生的污泥中。因此，产出污泥中主要有毒有害物质一般为有机污染物及重金属，如何高效安全处理含有大量有机污染物及重金属的污泥，成为目前乃至今后研究的重点。

1.3 污泥的组成分析

1.3.1 污泥的基本组成

通过对典型城镇污水处理厂污泥连续几年的监测表明，污泥主要化学组成的含量在不同年份的变化是不大的，说明了污泥的主要化学成分基本保持稳定。其中，污泥的无机物含量占60%以上，污泥中有机物含量平均达到36%左右。污泥中含有大量的重金属，由于重金属不能被微生物分解，并可在生物体内富集，对生态环境的危害较大，因此重金属是污泥中主要的有毒有害物质。污泥中重金属含量随时间变化的范围很大，说明城市污泥中重金属含量随地区和时间的不同而变化，这主要与污废水的来源和比例不同有关。见污泥的基本组成（图1-1）。

污泥因含有大量有机物质而具有较高的热值。热值是城镇污泥最有价值也是唯一可直接被资源化利用的部分，它与有机物质的含量成正相关关系。我国城市污泥有机质的含量一般在30%～45%，污泥所含的热值一般在1 200～2 500kcal/kg。污泥热值是否具有可利用价值决定于污泥的含水率，只有当污泥含水率至少降至30%以下时，污泥的热值才具有利用价值。污泥中的水以间隙水、毛细水、吸附水和结合水等不同的形态而存在。污水处理厂通过浓缩过程可以去除大量间隙水，再经过机械脱水可以去除间隙水和部分毛细水，一般能使污泥含水率降至80%左右。含水率80%左右的污泥呈糊状，是需要彻底处理的对象，这时它只是有害的危险固体废弃物，直接利用不具有任何利用价值。

污泥是污水处理过程中产生的一种含水率很高的絮状泥粒，它实际上是由污水中的悬浮物、微生物、微生物所吸附的有机物以及微生物代谢活动产物所形成的聚集体。污泥中的固体颗粒主要为胶体粒子，有复杂的结构，与水的亲和力很强。污泥含水量用含水率来表示，即单位质量的污泥所含水分的质量分数，污泥中水的质量分数叫含水率。与此对应，污泥中固体的质量分数叫含固率。很显然，含固率和含水率之间存在如下关系：含固率＋含水率＝100%。如果某污泥的含固率为7%，则含水率为93%。由于多数污泥都由亲水性固体组成，因此含水率一般都很高。不同污泥，其含水率差距很大，对污泥特性有重要影响。污泥中水分含量对污泥处理具有重要影响。水分在污泥中有4种存在形式：游离水分（间隙水分）、毛细管结合水分、表面吸附水分以及结合（内部）水分，分别反映了水分与污泥固体颗粒结合的情况（图1-2）。

游离水，是指大小污泥颗粒包围着的游离水分，存在于污泥颗粒间隙中的水，称为

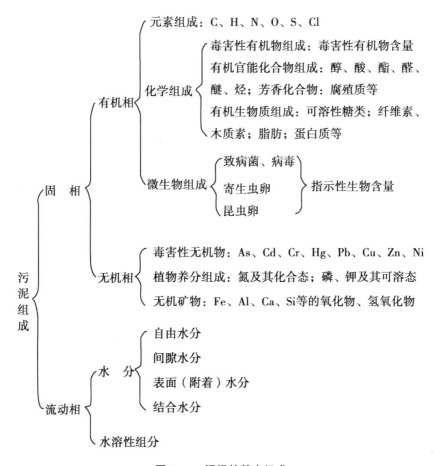

图 1-1 污泥的基本组成

游离水或间隙水，约占污泥水分总量的 70%。被大小污泥块包围着的间隙水，并不与固体直接结合，作用力弱，因而很容易分离，只需在浓缩池中控制恰当的停留时间，利用重力沉淀（浓缩压密），就能将其分离出来。这部分水一般借助外力可以与污泥颗粒分离，一般要占到污泥中总含水量的 65%～85%，这部分水就是污泥浓缩的主要对象。

毛细管结合水，是指在高度密集的细小污泥颗粒周围的水，由毛细管现象而形成的，存在于污泥颗粒间的毛细管中，亦称为毛细水。将一根直径细小的管子插入水中，在表面张力的作用下，水在管内上升使水面达到一定高度，这一现象叫毛细现象。水在管内上升的高度与管子半径成反比，就是说管子半径越小，毛细力越大，上升速度越高，毛细结合水就越多。污泥由高度密集的细小固体颗粒组成，在固体颗粒接触表面上，由于毛细力的作用，形成毛细结合水，毛细结合水约占污泥中总含水量的 15%～25%。污泥中的各类毛细管结合水有可能用物理方法分离出来，是黏附于污泥颗粒表面的附着水和存在于其内部（包括生物细胞内）的内部水，只有干化才能分离，但也不完全。由于毛细现象形成的毛细管结合水受到液体凝聚力和液固表面附着力作用，毛细水和污泥颗粒之间的结合力较强，由于浓缩作用不能将毛细结合水分离。要分离出毛细管结合水需要有较高的机械作用力和能量，可以用与毛细水表面张力相反的作用力，通

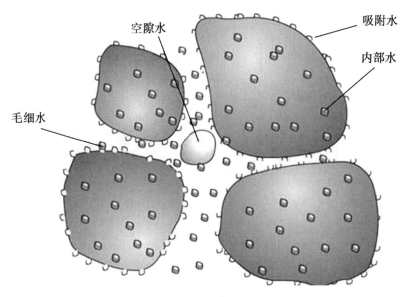

图 1 - 2　污泥中水分的存在方式

过施加离心力、负压力等外力，破坏毛细管表面张力和凝聚力的作用力而分离，例如离心力、负压抽真空、电渗力或热渗力等，常用离心机、真空过滤机或高压压滤机来去除这部分水。

表面吸附水，是指在污泥颗粒表面附着的水分，其附着力较强，常在胶体状颗粒、生物污泥等固体表面上出现，采用混凝方法，通过胶体颗粒相互絮凝，排除附着表面的水分；污泥属于凝胶，是由絮状的胶体颗粒集合而成。污泥常处于胶体状态，胶体颗粒很小，比表面积大，所以表面张力作用吸附水分较多。污泥的胶体颗粒太小，与其体积相比，表面积大，由于表面张力的作用，吸附的水分也就很多。胶体颗粒全部带有相同性质的电荷，相互排斥，妨碍颗粒的聚集、长大，而保持稳定状态，因而表面吸附水用普通的浓缩或脱水方法去除比较困难。通常要用混凝方法加入电解质混凝剂，以达到凝结作用而易于使污泥固体与水分分离。

内部水（图 1 - 2），是污泥颗粒内部结合的水分，无机污泥中金属化合物所带的结晶。一部分污泥水被包围在微生物的细胞膜中形成内部结合水，如包含在生物污泥中细胞体的内部水分。一般初沉污泥内部结合水较少，二沉污泥中内部结合水较多。内部水和固体结合得很紧，要去除这部分水分，必须破坏细胞膜，使细胞液渗出，由内部结合水变为外部液体。若去除这部内部结合水，用机械方法是不能脱除的，但可以通过生物作用（好氧菌和厌氧菌的作用）进行生物分解，或其他物理化学措施，使细胞进行生化分解，或采用其他方法破坏细胞膜，使内部水变成外部液体从而进行去除。它的含量与污泥中生物细胞体所占比例有关。表面吸附水和内部水约占污泥中水分的 10%，都可以采用人工加热干化热处理或焚烧法去除。

通常，污泥浓缩只能取出游离水的一部分。污泥相对密度指污泥的质量与同体积水质量的比值。污泥相对密度主要取决于含水率和污泥中固体组分的比例。固体组分的比例愈大，含水率愈低，则污泥的相对密度也就愈大。城镇污水及其类似污水处理系统排除的污泥相对密度一般略大于1。

污泥固体物质在单位质量污泥中所含的质量分数，称为含固率。测定方法需对混合物进行取样，称取一定量的混合物样品，根据混合物的成分，设定烘烤或焙烧的温度（105℃）与时间（2小时），去除其中的挥发成分，冷却后对剩余物称量，计算剩余物与混合物样品质量之百分比，就是含固率（干重/初始重量），含水率 = 1 − 含固率。通常污泥的含水率很高而含固率很低，如城镇污水厂初沉污泥含固量在2%～4%，而剩余污泥含固量在0.5%～0.8%，密度接近1kg/L，其状态几乎为液态，而脱水泥饼含固率在15%～25%，其状态表现为柔软的半固态状。

污泥中的总固体包括溶解性物质和不溶解性物质两部分。前者叫溶解固体，后者叫悬浮固体。总固体、溶解固体和悬浮固体，又可根据其中有机物的含量，分为稳定性固体和挥发性固体。挥发性固体是指600℃下能被氧化，并以气体产物逸出的那部分固体，它通常用来表示污泥中的有机物含量（VSS），而稳定性固体则为挥发后的残留物。污泥固体的含量可用质量浓度表示（mg/L），也可用质量分数表示（%）。

污泥固体的组成与污泥的来源密切相关，如来自城镇污水处理厂的污泥主要为蛋白质、纤维素、油脂、氮、磷等；来自金属表面处理厂的污水处理厂污泥固体成分主要为各类金属氢氧化物和氧化物；来自石油化工企业污水处理厂的污泥固体含有大量的油。污泥固体组分不同，污泥的性质也就不同，因此对应的处理及处置方法也就不同。

1.3.2 污泥的成分分析

根据污水处理工艺、污泥来源、污泥产生阶段等，可将污泥进行不同的分类。不同的分类决定污泥的成分以及污泥的处理方法。我国城镇污泥成分很复杂，它包括混入生活污水或工业废水中的泥砂、纤维、动植物残体等固体颗粒及其凝结的絮状物、由多种微生物形成的菌胶团及其吸附的有机物、重金属元素和盐类、少量的病原微生物、寄生虫卵等综合固体物质。

简单的说，污泥是污水中的固体物质。污泥的主要特征是含水率高（初沉池污泥含水率在95%～97%，二沉池剩余污泥含水率可达99%以上），有机物含量高，容易腐化发臭，并且颗粒较细、比重较小，呈胶质状液体状态。污泥中含有植物生长所需要的氮、磷、钾等营养元素以及维持植物正常生长发育的多种微量元素和能改良土壤结构的有机物及腐殖质，所含的有机物和腐殖质也是一种有价值的有机肥料；同时，还含有多种病原菌、寄生虫卵、重金属及某些难降解的有机物。由于污水来源、污水处理工艺及季节的不同，污泥的组成差异较大。污泥中的重金属含量随处理污水的种类不同而有所变化，各个污水处理厂的污泥中的重金属元素的含量主要取决于城市污水中工业废水的种类及所占比重。

世界自然资源随着人口的增长而被快速消耗，人们不得不寻找新的资源，由于污泥中含有大量的有机物、营养元素（N、P），作为越来越受到人们的关注。泥量越来越大的矛盾和能源紧张、石油价格上涨等因素促使人们积极探索污泥处理能源化、资源化的可行性，包括污泥的资源贮量分析。污泥中含有机物多，可通过甲烷发酵技术使其中的潜能转变为生物气（甲烷气）而得到回收利用。污泥也是肥料资源，含有相当的有机质、氮、磷、钾和各种微量元素（Ca、Mg、Cu、Zn、Fe 等）。城市污泥的肥分中的氮、磷、钾三要素虽然比化肥低，但有机质含量高，用作农肥则肥效持续时间长，并可改善土壤结构，增加土壤肥力，促进作物的生长，适用于一些贫瘠的土地。污泥中含有有机成分、粗蛋白、粗纤维、粗脂肪及碳水化合物，经过一系列的热化学反应，可转变为油状物质，这就是近年来发展迅速的污泥油化反应技术。

1.3.3　污泥的有害成分

污泥中的微生物是处理污泥很好的内源菌群。污泥内不含有的微生物在污水处理过程中带出污水中有毒有害物质，通过对微生物的研究，分辨出其中能够有效降解有机物并携带重金属的有效种群，并提供其适宜增长环境，可达到生物消化处理的作用，能够有效达到污泥的稳定，继而达到污泥的减量化、安全化。

污染物总量已经不能很好地揭示污泥中重金属的生物可给性、毒性及其在环境中的化学活性和再迁移性，而赋存形态在更大程度上决定着重金属的环境行为和生物效应。污泥资源化利用的环境风险主要来自于较高的重金属含量和活性。不同的污水处理工艺中，污泥重金属的形态、运移、转化也不同，即重金属在污泥中的赋存形态存在明显的差异。活性污泥对重金属离子混合物的生物吸附受 pH 值和吸附时间的影响较大，温度对污泥吸附重金属影响并不显著。有人研究了污泥中重金属的形态分布特征和转化机理，发现污泥中 73% 的锌，以不稳定态存在，72% 的铜以硫化物和有机态形式存在，其他重金属主要以稳定态存在；厌氧消化工艺对可交换离子态重金属的转化具有明显的促进作用。厌氧污泥中的有机质和硫化物是重金属的最重要载体，80% 左右的 Cu、Pb、Zn 以及 60% 以上的 Cd、Cr 均以有机络合物和硫化物的形式存在。

鉴于城镇污泥的环境生物效应与资源化情况，可将污泥中的重金属分为活性态和惰性态（残渣态），其中活性态中的水溶态（水提取态），重金属可被植物直接吸收利用；酸溶态（酸提取态）重金属常被用来评估酸性环境中植物对重金属元素的吸收情况；有机态（有机溶剂提取态）重金属的生物有效性比较复杂，有易于被植物吸收利用的部分，也有与大分子结合相对不易被植物吸收利用的部分，在特殊微生物群体和适宜条件的综合作用下，可产生有机态向活性态的转化；惰性态（残渣态）指存在于石英、黏土矿物等晶格中的重金属，该类重金属主要来源于天然矿物，稳定性较强，通常不能被生物吸收，此种形态重金属的污染可以忽略。

由于不同形态重金属的生物有效性（生物活性）不同，水溶态、交换态和有机态重金属的生物有效性较高，而碳酸盐及硫化物结合态和惰性态重金属的生物有效性则较低。堆肥中重金属的形态随堆肥化条件的变化可发生明显变化。由于不同研究者所用的原料、工艺过程和堆制时间等不同，所得结果也不一致。但很多研究证实，通过堆肥，污泥中重金属的活性被抑制，生物有效性降低。因而污泥农用的安全性增加。有研究表明，垃圾堆肥中的重金属主要以惰性态形式存在，经过堆肥化处理后水溶态重金属的含量减少，而交换态和有机态重金属含量增加。曾有人对 3 种不同来源堆肥中的重金属形态进行了分析，结果表明样品中可交换态铁、锌离子含量均小于其总量的 2%，而残渣态的重金属含量则占重金属总量的 70% 以上，说明 3 种堆肥产品中的重金属处于非常稳定的状态，可被作物吸收的重金属比例很小。

重金属生物有效性是指环境中重金属元素在生物体的吸收、积累或毒性程度。研究表明，环境介质中重金属生物有效性并不取决于其总量，而是取决于其有效态含量。在城镇污泥中，重金属与不同载体相结合，以多种形态存在，不同形态的重金属具有不同的生物有效性。根据生物特性，以及对重金属有效性的研究，选取最有效处理条件的设置，以期达到最高效的重金属资源化利用，也是目前污泥研究的重点。

1.4　污泥的环境危害及处理现状

未经处理的城镇污泥是一种由有机残片、细菌菌体、无机颗粒、胶体等组成的极其复杂的非均质体，多为固态、半固态及液态的废弃物。污泥含水率高，浓缩污泥含水率约为 97%，脱水污泥约为 80%，其体积庞大，不易处理。并且污泥量一般占污水量的 0.3% ~ 0.5%（体积）或者为污水处理量的 1% ~ 2%（质量），如果属于深度处理，污泥量会增加 0.5 ~ 1 倍。污水处理效率的提高，必然导致污泥数量的增加。污泥含有大量的有机物、重金属以及致病菌和病原菌等，不加处理任意排放，会对环境造成严重的污染。对污泥处理总的要求是稳定化、无害化和减量化。目前，我国污水处理量和处理率虽然不高，但城镇污水处理厂每年排放干污泥大约 30 万 t，而且还以每年大约 10% 的速度增长，并且随着我国污水处理厂的大量兴建，污水处理技术的不断革新和处理效率的不断提高，可以看出我国城镇污水处理厂每日污泥产量还会大大增加。

我国针对国际发展现状及国内目前污泥产生状况，制定了一系列相关标准，其中《城镇污水处理厂污染物排放标准（GB18918—2002）》明确规定了城镇污水处理厂污泥中污染物的控制项目和标准值。

1.4.1　环境危害

活性污泥是由细菌、微型动物为主的微生物与悬浮物质、胶体物质混杂在一起所形成的茶褐色的絮凝体。不同的污水处理厂产生的剩余污泥，其中所含有害物质的成分会不尽相同，比如处理生活污水的污水处理厂产生的剩余污泥里除了含有细菌、微生物、寄生虫、悬浮物质和胶体物质之外，还含有一些氮、磷等；工业污水处理厂除了含上述所说的一些物质外，还会含有一些有毒有害的重金属和有害化学物质等。

剩余污泥如果不及时进行处理，会对水体、大气和土壤带来二次污染。

对水体的污染：污泥长期不经处理随意堆放，经雨水浸淋，渗滤液和滤沥中会带出一部分氮磷以及一些重金属和有害化学物质，这些都会污染土地、河川、湖泊和地下水。

对大气的污染：污泥如果不进行及时的处理，长时间堆放，污泥会进行消化，产生沼气，污染大气。另外，干污泥和一些尘粒会随风飞扬，遇到大风，会刮到很远的地方。一些污泥本身或者在焚化时，会散发毒气和臭气。

对土壤的污染：污泥及其渗出液和滤沥所含的有害物质会改变土质和土壤结构，影响土壤中微生物的活动，有碍植物根系生长，或在植物机体内积蓄。

综上所述，污泥必须进行妥善的处理才能避免二次污染。大量污泥的产生，直观上占据大量土地空间，造成土地空间的浪费，直接产出的未经处理的污泥体积庞大，必须进行减量化处理；而产生的污泥若未进行妥善处理，其内含有大量有机污染物，经环境及内含细菌发酵会大量臭气及有毒有害气体，对大气进行二次污染，有毒气体也直接危害人体的健康，发酵产生的渗滤液经土壤进入生物圈，在土生生物体内进行富集，经由食物进入人体，因此也造成土壤的二次污染。污泥内部含有的大量水分，通过渗滤液的形式，带出污泥内部的有害物质及重金属，通过水为媒介，进入自然界的水域，经水生动植物的富集仍进入生物圈，造成通过水、气、土三相的污染，进入自然循环中。

1.4.2　污泥的处理现状

污泥是污水处理厂的副产物，污水里面将近1/3的有机物转化成污泥。中国水网最近出炉的《中国污泥处理处置市场分析报告（2011）》认为，截至2010年年底，全国城镇污水处理量达到343亿m^3，脱水污泥产生量接近2 200万t，而且其中有80%没有得到妥善处理。随着我国城镇污水处理力度和污水处理设施建设的加快，污水处理率不断提高，特别是"十一五"期间污水处理能力已经达到了1.3亿t/d，全年大概400多亿污水处理能力，仅次于美国，美国是1.7亿~1.8亿t，预计"十三五"将赶上美国。按照"十二五"规划内容，到2015年我国污水日处理能力将达到2.08亿m^3，污水处理率将增长到85%左右。污水处理厂的建设投运伴随产生大量的剩余污泥，以含水率80%计，全国年污泥总产生量很快将突破3 500万t，预计到2020年污泥产量将突破年6 000万t。伴随着快速城市化进程，污泥处理负荷急剧增加，同时也带来了一个新的问题和挑战，就是污水厂的建设及运行伴随产生了大量的剩余污泥，已经成为新的环境污染源。

实际上，污泥是一种可以利用的资源，它可以产生沼气也可以变成有机肥等。国际上对污泥的处理原则是"十二字"：减量化、稳定化、无害化、资源化，而且是以"资源化"为导向。但目前我国的污泥监管体系不健全，各部门缺少信息沟通与数据共享，对污泥资源化利用重视还很不够；而且由于污泥简单填埋的费用过低，污泥的资源化利用至今缺乏足够的市场驱动力，目前国内绝大多数污水处理厂也缺少污泥处置设施和手段，大量的湿污泥随意外运，简单的填埋或堆放。《"十二五"全国城镇污水处理及再生利用设施建设规划》中提到，截至2015年，直辖市、省会城市和计划单列市的污泥无害化处理处置率达到80%，其他城市达到70%，县城及重点镇达到30%。国务院印发的《关于加强城市基础设施建设的意见》提出，到2015年城镇污泥无害化的处置率达到70%左右。处理率的要求从80%降到70%，体现了国家对目前国内污泥无害化处理处置现状的一种总结或者可以说是反思。在"十二五"期间，虽然各地政府意识到要解决污泥，但各个省、市动作还不是太快，到目前为止，已进入了"十二五"末期，从全国来看，污泥安全处置的进展还很不理想，现在污泥的无害化处理处置率大概也就是20%多，70%的目标虽有下调，但是要如期完成难度很大，尤其是在2015年实际完成污泥无害化处理目标的可能性不大。若要实在解决污泥处理问题，这需要各级政府特别是地方政府对这个问题有真正的了解，能拿出更多的精力解决以人为本的问题、民生的问题、社会的问题，还有环境的问题，而不是单纯的只把主要精力放在围绕人均GDP增长的经济建设上。

从目前国内的处理处置技术路线来讲，发达地区主要通过快速、有效的减量化手段作为污泥处置的应急方式，如污泥深度脱水。在北京、上海、广州、杭州、大庆等地陆续上马了污泥的二次深度脱水工程，其主要目的是通过高压脱水过程将污泥含水率从80%左右降至60%以下，从而缓解污泥过快增长产生的处置压力，而对于经济欠发达和落后地区，污泥主要仍以卫生填埋、堆肥和土地利用为主。目前，污泥调理深度脱水后无害化、资源化处理是我国现阶段最为经济可行的方法，较为成功的案例如银川、大庆建设的城市污泥综合处理厂。

随着我国水环境污染问题的日益突出，公共环境安全已成为社会关注的焦点，加大水污染治理、确保水环境质量成为各级政府和全社会的热门话题。重视污水处理已成为共识，城镇污水处理得到迅速发展，城市污水处理率逐年提高。但是，配套的污泥处置设施却没有跟上，城镇污水处理过程中产生的大量污泥还未得到有效处理。目前，我国年产生含水80%的污泥为2 500万 t，而相关资料显示，在已建成的污水处理厂中，有污泥稳定处理设施的不到1/4，大量未稳定处理的污泥已成为沉重的负担。污泥含有难降解的有机物、重金属和病原体等有毒有害物质，若不加处理而任意排放，将对周围环境产生不良影响，甚至还会引起传染疾病，所以如何将产量巨大、含水率高、成分复杂的污泥进行妥善安全地处理，使其无害化、减量化，最终达到资源化，已成为深受人们关注的重大课题。

1.4.3 污泥处理存在的问题

目前，我国虽然对污泥问题开始关注，但仍然停留在以前的技术层次。我国主要大城市，开始尝试进行污泥处理处置规划，对其技术方案进行了充分论证。编制的污泥处理处置规划，主要内容为技术规划和技术方案，其系统性不够强，基本未涉及管理体制、责任划分、相关政策、公众参与等内容。但事实上，却恰恰相反，污泥问题的解决极需管理体制、市场机制、标准体系、技术政策等方面的系统性支撑。污泥处理处置的技术路线，目前存在夸大其资源化和追求技术路线统一两大认识误区。

首先，是对资源化的认识。目前，污泥处理处置技术的发展程度，尚不能高效的实现能量回收和物质回用，以实现经济效益和节约能源的效果。污泥的资源化必须总体考虑，不能分割整个处理处置过程而强调某一局部单元工艺的效果，从而得出污泥资源化的概念。部分决策者误认为污泥就是资源，污泥的处理处置可以盈利，对污泥处理处置认识误区将影响到整个体系的有效运行。其次，因地制宜是重要的原则，我国地域辽阔，不同地区的自然环境、人文环境、产业结构和经济发展水平都不同，各地区应从自身特点出发，采取适宜的技术路线。同时，引进一些先进的国外技术，必须和我国具体国情相结合，切不可生搬硬套。

污泥处理处置的责任主体不明确，是制约污泥处理处置管理体制得以理顺的关键因素。责任主体不明确有3个主要原因：一是传统的污水处理厂并非一个民事法人主体，而是事业单位，是为政府义务服务的附属实施机构，无法独立承担有关责任；二是污泥处理没有专门的经济支撑体系，一般城市污水收费尚不足以维系运行，污泥处理运行费更无着落，使得责任被旁落；三是过分强调"资源化"技术路线，误导了企业和政府把污泥处理处置作为有价值的资源，而非一种责任。

污泥监管严重缺位，政府高效监管是有效解决污泥处理处置问题的关键，但是对污泥的长期忽视，以及污泥排放的间歇性造成了监控的难度。与污水处理的监管相比，政府对污泥处理处置的监管更为困难。污泥处理处置的管理缺位还表现在缺少系统规划。国内各城市的总体规划中尚未涉及到污泥处理处置内容，更无专项规划。各地区应根据自身的具体情况尽快编制专项规划，并注意近远期相结合，同时尽可能与污水处理规划同时编制，以便于协调和统一。

技术政策是技术路线的有效实施的重要保障。我国污泥处理处置的技术政策现在仍属空白，应建立污泥处理处置的评估体系，制定有关建设和运行的保障性鼓励措施解决污泥处理处置资金不足问题并采取财税倾斜政策，通过财政补贴、税收优惠等经济杠杆来引导企业积极采用能量回收和物质回用的工艺技术，同时建立接纳和鼓励外资、民营资本积极参与污泥处理处置投资和运营的相关政策体系，因势利导的发展和探索适合我国国情的污泥处理处置工艺，促进污泥处置的市场化发展。

目前，污泥处理的相关标准缺乏系统性、科学性，加强对处置问题的重视，并使污泥处理处置的若干认识误区得以澄清，进而帮助和促进有关技术路线和技术政策的制定，才能使污水污泥处理行业得以健康发展。

1.5　本书的研究内容

根据国内外城镇污泥的研究，本书主要围绕城镇污泥的安全处置与资源化利用途径进行探索。通过对污泥的来源产生、污泥的成分特性进行分析，寻找适宜的污泥安全处置方式；通过概括及分析国内外目前相关管理规定及污泥处理处置工艺，分析各项技术的利弊及可行性工艺流程；通过生物处置及资源化利用案例探讨污泥资源化利用的途径的可行性，分析污泥安全处置与资源化利用途径的发展前景。

本书从污泥的来源、组成、特性、相关标准规范解读、污泥处置技术、生物处置技术案例、资源化利用途径案例分析、污泥有效利用前景与风险分析等方面，详细阐述了城镇污泥产生后的处理处置方式及可行性，并从该方向探索污泥安全处置与资源化利用的途径，概述污泥资源化、安全处置的发展前景及各工艺案例的风险要素。力求通过对比、比较实现找寻到污泥资源化利用的合理发展前景，并能够探索出新的污泥处理处置的发展方向。通过对现有工艺资料的分析，以及工程工艺的具体案例的探讨，找寻各种处置方法的利弊，探索污泥安全合理、有效减量化安全处置的途径，并最大限度地达到资源化利用目的，实现资源有效合理利用的最终构想。

2 污泥性质与处置技术概况

2.1 污泥性质

污泥的性质主要包括：污泥的密度、比阻和压缩系数，污泥的肥分，污泥的脱水性质，污泥的燃烧价值和污泥的毒性等。

2.1.1 密度

污泥的密度指的是单位体积污泥的质量，其数值也常用相对密度，即污泥与水（标准状态）的密度之比来表示。污泥的相对密度与污泥干固体密度有关，关系如下：

$$\gamma = \frac{p\,(1-\alpha)\,+100\alpha}{100}$$

式中，γ 为污泥的相对密度；p 为污泥的含水率；α 为污泥中干固体相对密度。

2.1.2 比阻和压缩系数

根据污泥中所含水分与污泥结合的情况，污泥中所含水分可分为自由水和结合水两大类。自由水指的是不直接与污泥结合，也不受污泥颗粒影响的那部分水，可以通过浓缩去除，污泥中大部分以自由水形式存在。结合水又可分为间隙水、毛细水、水合水。间隙水存在于絮体或有机体的空隙之间，条件变化时（如有絮体破坏时）可变成自由水；毛细水指的是结合力大、结合紧的多层水分子，重力浓缩不能去除这部分水，必须用人工干化、机械脱水或热处理方法去除；水合水存在于细胞内，只有热处理才能去除这部分水。

污泥在不同状态下去除水的能力可以用污泥的浓缩性能、脱水性能和可压缩性能3个指标来衡量。污泥的浓缩性能表现在，当污泥长时间静置时，会或多或少的释放水分，主要是间隙水。通过实验绘制污泥的沉淀、浓缩曲线，可以评价污泥的浓缩性能。

污泥的脱水性能一般用污泥的比阻来衡量，比阻越大的污泥越难脱水。污泥比阻是表示污泥过滤特性的综合性指标，它的物理意义是单位质量的污泥在一定压力下过滤时在单位过滤面积上的阻力，即比阻为单位过滤面积上，滤饼上单位固体质量所受到的阻力，其单位为 s^2/g。求此值的作用是比较不同的污泥（或同一污泥加入不同量的混合剂后）的过滤性能。污泥比阻愈大，过滤性能愈差。

污泥的比阻用来衡量污泥脱水的难易程度，它反映了水分通过污泥颗粒所形成的泥饼层时所受阻力的大小。比阻与过滤压力以及过滤面积的平方成正比，与滤液动力黏度和滤液所产生的滤饼干质量成反比，并取决于污泥的性质。不同种类的污泥，比阻差别很大。一般认为比阻在 $10^9 \sim 10^{10}\text{s}^2/\text{g}$ 的污泥，算作难过滤的污泥，比阻在 $(0.5 \sim 0.9) \times 10^9$ s^2/g 的污泥算作中等，比阻小于 $0.4 \times 10^9 \text{s}^2/\text{g}$ 的污泥容易过滤。

压缩系数是描述污泥压缩性大小的物理量，被定义为压缩试验所得 $e - p$ 曲线上某一压力段的割线的斜率。污泥的比阻与滤饼的可压缩性关系是滤饼本身松散，受压时易变形，比阻越大，比阻与压力的关系：

$$r = r'p^s$$

式中：p—压力；s—压缩系数；r'—常数。

2.1.3 污泥的肥分

污泥中含有丰富的氮、磷、钾、微量元素和土壤改良剂（有机质），是可利用的良好有机肥源，污泥农用后可提高作物产量、培肥土壤及改善土壤理化性质。污泥污水中所含有的大量的 N、P、K 等元素，如处理不当污泥污水中的 N、P 有可能进入水体，造成水体的富营养化。污泥堆肥是在好氧条件下，利用好氧的嗜温菌、嗜热菌的作用，将污泥中的有机物分解，并杀灭传染病菌、寄生虫卵和病毒，提高污泥的肥分，产生的肥料可以用于园艺和农林业，是一种无害化、减容化、稳定化的综合处理技术。

2.1.4 污泥的燃烧价值

污泥中所含的有机物易燃，可用于焚烧产热发电。污泥焚烧（sludge incineration）是污泥处理的一种工艺，是一种高温热处理技术，即以一定量的过剩空气与被处理的有机废物在焚烧炉内进行氧化燃烧反应，废物中的有害物质在高温下氧化、热解而被破坏，是一种可同时实现废物无害化、减量化、资源化的处理技术。它利用焚烧炉将脱水污泥加温干燥，再用高温氧化污泥中的有机物，使污泥成为少量灰烬。

焚烧技术的最大优点，在于大大减少了需最终处置的废物量，具有减容作用、去毒作用、能量回收作用；另外，还有副产品、化学物质回收及资源回收等优点。焚烧技术的缺点主要有费用昂贵、操作复杂、严格；要求工作人员技术水平高；产生二次污染物如 SO_2、NO_x、HCl、二噁英和焚烧飞灰等；另外还有技术风险问题。

2.1.5 污泥的毒性

污水处理厂污泥是污水处理的产物，我国污泥产生量大，处理处置率低，其中富集了污水的大部分污染物质。污泥的毒性主要体现在其含有寄生虫卵、病原微生物、细菌、合成有机物及重金属离子等有毒有害物质。污泥中含有大量的细菌及各种寄生虫卵，为了防止在利用污泥的过程中传染疾病，因此必须进行寄生虫卵的检查与处理。污泥中含有一定的病原菌，尤其是医院排放的污水除了含有各种病菌、病毒和寄生虫外，还有许多无机物质和有机物质。其中，大肠菌数为 $9.6 \times 10^7 \sim 2.3 \times 10^8$ 个/L，细菌总数为 $1.3 \times 10^6 \sim 1.5 \times 10^6$ 个/mL，肠道致病菌检出率达 30% ~ 100%，BOD_5：30 ~ 132mg/L，COD_{Cr}：140 ~ 650mg/L，SS：50 ~ 150mg/L，pH 值为 7.00 ~ 8.00，其中，主要污染因子是致病病原体。

污泥中的有机污染物主要有多环芳香烃（PAHs）、邻苯二甲酸酯类（PAEs）、多氯代二苯并二噁英/呋喃（PCDD/Fs）、多氯联苯（PCBs）、氯苯（CBs）、可吸附有机卤化物、直链烷基苯磺酸盐、壬基酚、邻苯二甲酸（乙基己基）、氯苯、氯酚等，其中许多有机污染物具有生物放大效应，并有"三致"作用而日益受人关注。

污泥中的有机污染物因为污水处理厂污水来源的不同而异，即使不同的污水处理厂或同一污水处理厂在不同时期产生的污泥，其中有机污染物的种类和含量也是不同的；此外，城镇污泥中还含有烷基酚、有机氯农药、硝基苯类氨类、卤代烃类、醚类等化合物，这些有机污染物绝大部分有致癌致畸形致突变的作用，有机污染物含量较高的城镇污泥如果进入土壤，会给周边环境带来污染。一些污染物的含量甚至已经超过其正常土壤含量的几千倍。在我国污泥中，卤代烃类胺类邻苯二甲酸酯、醚类和硝基苯类有机物含量相对较低，含量偏高的主要是多环芳烃。不少研究结果表明，有机污染物在土壤中的累积会造成农作物的污染，危害人类健康。一直以来国内外对污泥的研究较多集中于重金属污染方面，已有明确的相关控制标准，然而对其中有机污染物的研究则相对较少。我国污泥资源化利用率不足 10%，这导致我们的相关研究更加滞后。目前我国对污泥中有机污染物的研究缺乏深入，对污泥中的主要有机污染物研究也不够透彻。在借鉴国外经验的同时，我们应结合我国国情，针对国内的具体情况对污泥中典型有机污染物 PAHs 和 NP/NPE 加强研究，为降低我国污泥土地利用风险提供确实可行的科学依据。

由于我国工业污水和生活污水混合排放，因此城镇污水处理厂进水和污泥中不可避免地含有重金属。污泥长期暴露在环境中，重金属元素会逐渐释放进入环境介质，进而影响环境安全与人体健康。高浓度的所有重金属对动、植物都是有害的。有些为人们所熟知的毒害性极大的重金属从污泥施用到农田中，增加了植物中的重金属含量。重金属的危害主要表现为：抑制动、植物的生长，如果将含有过量的重金属污泥施用到农田中能使土壤贫瘠；如果在动、植物的各部位中积累或浓集重金属离子，将会通过食物链对人畜造成潜在的危险。当污泥作为肥料施用时，水溶性部分将会随水进入植物的器官和细胞，而危害作物。例如，锌的含量超过 $200\mu g/g$ 可使作物的产量减少；如果铜的含量过多，则会使根减少等，土壤的 pH 值与氧化还原状态对重金属的污染影响也很大的。镉、铬、铅、锌、铜等重金属的阳离子，在酸性土壤中其溶解度最高，并且对作物的毒害作用很大。在中性或弱碱性土壤中，对作物毒害较小。

污泥的重金属含量是选择污泥处置方式尤其是土地利用和建材利用的重要影响因素。因此，污泥的重金属含量也是国家管理部门、研究机构和普通百姓共同关注的焦点问题之一。污水处理厂污泥中重金属质量分数受污水处理厂进水水源及重金属形态、污水处理规模、污水处理工艺等因素的影响。污水中 50% ~80% 以上的重金属浓缩在污水处理厂产出的污泥中，包括 Pb、Cd、Hg、Cr、Ni、Cu、Zn 及 As 等其他重金属。这些重金属主要来自不同类别工业所排放的工业废水，其中 Cd、Cu、Ni 主要来自合金、锻造、电镀过程，Pb 和 Zn 主要来自冶金活化过程。污泥中的重金属形态变化复杂，不同重金属在不同污泥中形态差异较大，工业排放的污水污泥中 Cu、Cr 还原态占很大的比例，Pb、Fe 则以还原态和残渣态存在，而在生活污水中主要以可氧化态及残渣态存在，这种复杂的形态变化使污泥中重金属具有潜在的危害。

目前，国内外关于污泥中重金属的研究报道很多。国外有文献报道对西班牙 Salamanca 省 7 家污水处理厂污泥中的 Cd、Cr、Cu、Ni、Pb 和 Zn 进行了研究，同时分析重金属质量分数随取样季节和时间的不同而发生的变化，结果表明，采集于不同地点的污泥样品中 Cr、Cu、Ni、Pb 和 Zn 含量差别很大，但 Cd 具有统计学相似性；另外，采集于不同时间（2000 年，2001 年和 2002 年）以及不同季节（冬季和夏季）的污泥样品中 Cr、Cu、Ni 和 Zn 均有较大差异。

国内有人研究了珠江三角洲地区农业土壤中重金属含量特征，并讨论了城镇污泥对其的影响。研究发现，污泥是导致珠江三角洲土壤重金属含量超标的因素之一。尽管近年来对城镇污泥农用有所限制，但是以前施用于农田的污泥对土壤的影响仍未消除。曾有研究人员将美人蕉等植物种植在脱水污泥的应用发现，美人蕉可吸附污泥中重金属，通过美人蕉的种植可以降低土壤中 Cd 和 Ni 的含量，以及部分降低 Zn 含量。有将污水污泥与锯末、粉煤灰或磷矿粉按不同比例混合进行堆肥实验，堆肥前后的 Cr、Cu、As、Pb 和 Zn 含量及其形态变化，结果显示，可以显著降低污泥中交换态的 Cr、Cu、As、Pb 和 Zn 含量，提高其他形态的重金属质量分数，但不能降低重金属总量。应用生物可降解的螯合剂 EDDS 提取城市污泥中 Cu、Zn、Pb 和 Cd 的效果发现，Cu、Zn、Cd 和 Pb 的 EDDS 提取率分别为 23% ~ 39%、41% ~ 42%、18% ~ 24% 和 24% ~ 44%，为研究污泥中重金属含量和形态提供了新方法。

为了掌握我国污水处理厂污泥中重金属污染的现状和特征，探讨污泥的最终处置方式，国内曾有研究人员对东北、华北、华东和西北地区各选择 2 ~ 3 座城市作为采样地点，共有 10 个城市的 16 家污水处理厂作为调研对象，采集各厂的脱水污泥进行重金属质量分数的测定，分析并总结我国城镇污水处理厂污泥中重金属质量分数水平及特点，并与污泥的相关标准进行比较，为研究污泥中重金属污染现状和探讨污泥处理处置方法提供了理论依据。主要针对这 16 家污水处理厂的污泥重金属（Cu、Cr、Pb、As 和 Cd）污染状况及特征展开研究，并探讨了可行的污泥处置方法。结果显示了 ω（Cu）、ω（Cr）、ω（Pb）、ω（As）和 ω（Cd）（干基）分别为 14.48 ~ 239.93mg/kg，7.86 ~ 200.00mg/kg，6.10 ~ 121.00mg/kg，3.15 ~ 11.70mg/kg 和 0.31 ~ 6.16mg/kg；不同种类的重金属在污泥中的质量分数也不同，ω（Cu）和 ω（Cr）高于 ω（Pb），ω（As）和 ω（Cd）；污泥中重金属质量分数还随污水处理厂的不同而变化，这与污水来源和污水处理工艺有关（表 2 - 1）。城市污水处理厂进水水源对污泥中重金属质量分数影响较大。

表 2 - 1　各污水处理厂污泥中重金属质量分数

污水处理厂代号	ω/（mg/kg）					
	Cu	Cr	Pb	As	Cd	合计
1	239.93	177.97	55.63	4.00	2.52	480.05
2	135.20	200.00	121.00	7.80	1.00	465.00
3	101.10	150.50	42.70	8.20	1.00	303.50

污水处理厂代号	$\omega/$ (mg/kg)					
	Cu	Cr	Pb	As	Cd	合计
4	182. 36	55. 11	34. 64	10. 67	1. 37	284. 15
5	81. 80	149. 50	27. 80	11. 70	1. 20	272. 00
6	146. 09	52. 89	52. 16	16. 29	0. 96	268. 39
7	61. 24	94. 39	29. 54	5. 67	6. 16	197. 00
8	68. 86	55. 79	31. 27	4. 89	1. 02	161. 83
9	42. 38	47. 39	11. 95	4. 47	0. 73	106. 92
10	25. 88	36. 97	23. 07	4. 40	0. 89	91. 21
11	33. 79	22. 25	8. 08	3. 65	0. 37	68. 14
12	17. 58	17. 97	12. 27	7. 04	0. 68	55. 54
13	25. 37	12. 16	10. 91	4. 38	0. 56	53. 38
14	19. 37	13. 69	9. 26	3. 15	0. 40	45. 87
15	18. 72	14. 67	6. 10	4. 57	0. 31	44. 37
16	14. 48	7. 86	7. 16	4. 60	0. 47	34. 57

注：各污水处理厂名称均以代号表示

一般而言，我国城镇污水处理厂进水由生活污水、工业污水和降水组成，重金属主要来自工业污水，其中含 Cu、Cr、Pb、As 和 Cd 的污水的主要来源见表 2 - 2。表 2 - 2 给出了调研的各污水处理厂的处理规模（污水处理量）、生活污水与工业污水的比例（体积比）、主要工业污水类型和污水处理工艺。由表 2 - 2 可知，采矿、冶炼、电子、电镀、化工、制革和机械加工等行业易于排放含重金属的污水，而食品、塑料和制药等行业则排放重金属较少或者不排放。结合表 2 - 1 可知，1 ~ 8 号污水处理厂的进水中含有电子、化工、机械制造、电镀、皮革、毛纺和钢铁冶炼等工业污水，因此上述污水处理厂污泥中重金属质量分数相对较高；而 9 ~ 16 号污水处理厂的工业污水来源主要是食品加工、餐饮、服装加工和制药等，其污泥中重金属质量分数相对较低；由表 2 - 2 可知，Cu 的来源广泛，电镀、化工和机械加工等工业污水中均含有 Cu，而且由于排水管道经常使用镀铜管也会增加进水中的 Cu，因此污泥中 ω（Cu）较高；Cr 主要来源于皮革加工、电镀水和偶氮类染料等污水；Pb 主要来源于采矿、冶炼产业污水；As 主要来源于化工、冶金、炼焦等污水；Cd 主要来源于矿业、冶金和电镀污水。

表 2 - 2 污水处理厂规模、污水来源和污水处理工艺

污水处理厂代号	污水处理量/ (104t/d)	污水类别及其比例 V（生活污水）：V（工业污水）	主要工业污水类型	污水处理工艺
1	38	1：1	化工、制药、印染、电镀、印制线路板等	UN IDANK 工艺
2	25	不确定	钢铁冶炼、电镀、皮革等	奥贝尔氧化沟
3	16	4：1	钢铁冶炼、造纸、纺织等	传统活性污泥

续表

污水处理厂代号	污水处理量/（10⁴t/d）	污水类别及其比例 V（生活污水）：V（工业污水）	主要工业污水类型	污水处理工艺
4	40	少量污水	电子产品制造、电镀等	倒置 A²/O，A²/O 工艺
5	5	3：2	毛纺工业、制革业等	传统活性污泥法
6	75	少量污水	电子、机械制造等	传统活性污泥法
7	35	19：1	电子、机械制造、汽车配件、矿业、塑料制品等	A/O，A²/O 工艺
8	40	不确定	电子、生物医药、机械制造、食品饮料等	A²/O 工艺
9	20	1：2	羽绒加工、汽车制造工业等	传统活性污泥法、浮动填料法
10	25	不确定	电子、针织、塑料、机械铸造业等	A/O 工艺
11	12	1：1	制药、肉类食品加工等	A/O 工艺
12	4~5	1：1	酿酒厂、海鲜加工厂等	氧化沟工艺
13	7	4：1	食品加工、啤酒制造业、餐饮业等	A²/O 工艺
14	40	4：1	服装加工、家具制造等	传统活性污泥法、A/O 工艺
15	4~5	19：1	海鲜食品加工厂等	改进 SBR 工艺
16	30	2：1	制药、肉类食品加工等	A/O 工艺

　　多年以来，人们一直都担心城市污泥中会含有大量重金属，因此把重金属问题看作是限制其农用的主要障碍。有研究结果表明，Cu 和 Zn 是我国污泥中最易超标的元素，土地利用时存在潜在的环境风险，是限制污泥土地利用的主要问题之一。在探讨对于某些污泥样品中重金属含量过高的原因时，分析可能与某些未达标污水的违规排入有关系，应及时将测定结果返回给污水处理厂，协助查找含量过高的原因，防止大量的重金属随污泥进入环境，带来不必要的风险。工业污水为主的污泥和混流污水污泥不仅平均Cu 含量高，样品超标率也较高，说明污水来源及组成是影响污泥含量的主要因素。大部分供试样品的 Zn 含量都较高，这可能与我国城市中排水管道大多采用了镀锌材料有关。总之，污泥中重金属的含量范围变化很大，这种变化受污水来源、污水构成、污水处理工艺和处理水平及污泥处理技术等多种因素的综合影响，在污泥土地利用前应充分了解其性质，采取有效的削减措施，避免产生环境负效应。

　　污泥中总重金属离子含量，决定于城镇污水中工业废水所占比例及工业性质。污泥经二级处理后，污水中重金属离子约 50% 以上转移到污泥中。因此，污泥中的重金属离子含量一般都较高。若直接施入农田，可能使重金属污染土壤，并通过农作物进入食物链，并且由于污泥未经稳定后农用，其中，有机质的分解将消耗氧，造成土壤中氧含量不足，危害作物。故当污泥作为肥料使用时，要注意重金属离子含量是否超过我国农林业部门规定的农用污泥标准。

2.2 国内外污泥处置技术

随着全球经济的发展和人口的增加，污水的排放量日益增多，污泥的产出量迅速增加。据国家官方部门统计，2004—2010 年间我国污水处理厂总处理量的年平均增长量约为 2.7×10^5 万 m^3，2010 年年底我国建成 2 630 座城镇污水处理厂，日污水处理能力达到 1.22 亿 m^3。"十二五"期间污水年处理量按此速度增长，到 2015 年干污泥量将是 2004 年的 3.6 倍（污泥产率按每万吨污水产生 1.5t 干污泥计算），如此大量的污泥，没有得到科学处理，使之减量化、稳定化、无害化和资源化，不仅浪费了污泥中有价值的成分，还产生了新的环境污染问题。

污泥处理（sludge handling or sludge treatment）是指污泥经单元工艺组合处理达到"减量化、稳定化、无害化"的全过程。污泥处理的目的主要有以下几个方面：减量化，分离除去污泥中的水，减少污泥最终处置前的体积，以降低污泥处理及最终处置的费用；稳定化，分解转化污泥中部分易腐败的有机物，大幅度降低污泥恶臭，并方便运输和最终处置，污泥不再产生进一步降解，避免产生二次污染；无害化，杀灭污泥，尤其是初沉污泥中的病原茵、寄生虫卵及病毒，避免疾病的传播，提高污泥的卫生指标，达到污泥的无害化与卫生化；资源化，利用污泥中的营养和热能制取动物饲料、吸附剂、建筑材料等获取能源。由于污泥资源化可以达到保护环境，变害为利的效果，因此该领域吸引了越来越多的学者进行研究，某些研究方向已经取得一定成效。

污泥处置（sludge disposal）是指处理后的污泥弃置于自然环境中（地面、地下、水中）或再利用，能够达到长期稳定并对生态环境无不良影响的最终消纳方式。从目前国际上已建成运行的污泥处理处置项目来看，常见的污泥处理方法有好氧发酵（堆肥）、厌氧消化、干化、焚烧。污泥的处置方式有土地利用、卫生填埋、填海及综合利用等。

由于国情不同，各国采用的处理方式和技术也各不相同。各国根据自己的实际情况来选择某种较为合适的处理方法。美国 14% 采用卫生填埋，22% 焚烧，56.5% 土地利用，7.5% 采取其他方式处理；英国 10% 卫生填埋，30% 焚烧，58% 土地利用，2% 采取其他方式；法国 19% 卫生填埋，14% 焚烧，65% 土地利用，2% 采取其他处理方式；日本 5% 卫生填埋，32.7% 焚烧，61.7% 土地利用，0.6% 采取其他方式；欧洲 48% 卫生填埋，7% 填海，7.8% 焚烧，34% 土地利用，3.2% 采取其他方式。

我国目前大部分污泥多为无序堆存或简单填埋，或脱水后直接与生活垃圾混合填埋或农业利用，这已成为威胁我国城镇环境的污染源之一。根据环境保护部的有关规划，未来 10 年是我国污水处理的"黄金时期"，将建成上千座污水处理厂，每座污水处理厂每年将成千上万吨的排放污泥，这些巨大数量的污泥将成为城镇未来急需处理的难题，寻求行之有效的污泥处置利用方法已成为未来环保行业的关注重点。如何经济高效地对污泥进行处理处置，并找到适合我国国情的污泥处理处置技术，是城镇目前迫切需要解决的问题。

在我国，由于经济和技术上的原因，目前污泥尚无稳定合理的出路，主要以农肥的形式用于农业。在建成的污水处理厂中约有90%没有污泥处理的配套设施，60%以上的污泥未经任何处理就直接农用，而消化后的污泥也由于未进行无害化处理不符合污泥农用卫生。大量的污泥不仅占用土地，而且其中的有害成分成为影响环境卫生的一大公害。因此，从自身特点出发，采取适宜的污泥处理处置方案越来越受到关注。下面简单介绍一下国内外目前主要的污泥处理处置技术。

2.2.1 污泥浓缩

污泥浓缩方法目前的分类主要有重力浓缩法、气浮浓缩法、带式重力浓缩法和离心浓缩法，还有微孔浓缩法、隔膜浓缩法和生物浮选浓缩法等。污泥浓缩后含水率可降为95%~97%，近似糊状。浓缩可以达到污泥的减量化。重力浓缩法用于污泥处理是广泛采用的一种方法，已有50多年历史。机械浓缩方法出现在20世纪30年代的美国，此方法占地面积小，造价低，但运行费用与机械维修费用较高。气浮浓缩于1957年出现在美国，此法固液分离效果较好，应用已越来越广泛。

重力浓缩法，利用重力作用的自然沉降分离方式，不需要外加能量，是一种最节能的污泥浓缩方法。重力浓缩只是一种沉降分离工艺，它是通过在沉淀中形成高浓度污泥层达到浓缩污泥的目的，是污泥浓缩方法的主体。单独的重力浓缩是在独立的重力浓缩池中完成，工艺简单有效，但停留时间较长时可能产生臭味，而且并非适用于所有的污泥；如果应用于生物除磷剩余污泥浓缩时，会出现磷的大量释放，其上清液需要采用化学法进行除磷处理。适用于初沉污泥、化学污泥和生物膜污泥。

气浮浓缩法，与重力浓缩相反，是依靠大量微小气泡附着在污泥颗粒的周围，减小颗粒的比重而强制上浮。因此，气浮法对于比重接近于 $1g/cm^3$ 的污泥尤其适用。气浮浓缩法操作简便，运行中同样有一定臭味，动力费用高，对污泥沉降性能敏感。适用于剩余污泥产量不大的活性污泥法处理系统，尤其是生物除磷系统的剩余污泥。

带式重力浓缩法，是利用带式重力浓缩机的一种机械浓缩法。由于其具有投资适中，运行费适中，效果好，对各种性能的污泥适应性较强等特点，因此近几年被广泛采用；但实际运行中会受到污泥中高分子的影响，运行时湿度大，因而需要仔细操作。带式重力浓缩法适用于各种生物污泥。

离心浓缩法，其原理是利用污泥中固、液比重不同而具有的不同的离心力进行浓缩。离心浓缩法的特点是自成系统，效果好，操作简便；但投资较高，动力费用较高，维护复杂。适用于大中型污水处理厂的生物和化学污泥。

2.2.2 污泥稳定化

稳定处理的目的就是降解污泥中的有机物质，进一步减少污泥含水量，杀灭污泥中的细菌、病原体等，消除臭味，这是污泥能否资源化有效利用的关键步骤。污泥稳定化的方法主要有堆肥化、干燥、厌氧消化等。例如，厌氧消化在污泥处理工艺中，是较普遍采用的稳定化技术。污泥厌氧消化也称为污泥厌氧生物稳定，它的主要目的是减少原污泥中以碳水化合物、蛋白质、脂肪形式存在的高能量物质，也就是通过降解，将高分子物质转变为低分子物质氧化物。厌氧消化是在无氧条件下依靠各种兼性菌和厌氧菌的共同作用，使污泥中有机物分解的厌氧生化反应，是一个极其复杂的过程。发酵阶段一般可分为酸性发酵阶段和碱性发酵阶段，酸性发酵阶段又可以分为水解阶段和产酸阶段，碱性发酵阶段可以分为酸性衰退阶段（产乙酸阶段）和产甲烷阶段。厌氧分解过程中产生大量气体，主要成分为甲烷和二氧化碳以及少量的硫化氢等。但运行管理要求高，消化池需密闭、池容大、池数多。

2.2.3 好氧消化

好氧消化污泥出现于 20 世纪 50 年代，与活性污泥法极为相似。当外来养料被消耗完以后，微生物靠消耗自己的机体来产生能量以维持生命活动。这就是微生物的内源代谢阶段。细胞组织在好氧条件下的内源代谢产物为 CO_2、NH_3、H_2O，而 NH_3 会在有氧条件下进一步氧化为硝酸盐。污泥好氧消化降解程度高，无臭稳定，易脱水，肥分高，运行管理简单，基建费用低。但运行费用高，消化污泥量少，降解程度随温度波动大。

2.2.4 好氧堆肥

堆肥技术探讨始于 1920 年，堆肥系统可分为三类：条形堆肥系统、静态好氧堆肥系统和装置式堆肥系统。城市污水处理厂的污泥中含有大量促进植物和农作物生长的氮、磷、钾等营养成分，肥效较好，经过堆肥处理可以达到稳定化、无害化及资源化的目的。堆肥是一个由嗜温菌、嗜热菌对有机物进行好氧分解的稳定过程，其特点是自身可以产生一定的热量，并且高温持续时间长，不需外加热源，即可达到无害化。堆肥的一般工艺流程主要分为前处理，一次发酵，二次发酵和后处理四个过程。经过堆肥化处理后，污泥的性状改善，含水率降低（小于 40%），成为疏松、分散、细粒状，可杀灭病原菌和寄生虫（卵），便于贮藏、运输和使用。将污泥发酵成有机肥，如再加入部分牛粪等，就会发酵成优质的有机肥，具体操作方法如下：

加菌：1kg 金宝贝肥料发酵剂可发酵 4t 左右污泥 + 牛粪。需按重量比加 30% ~ 50% 的牛粪，或秸秆粉、蘑菇渣、花生壳粉、或稻壳、锯末等有机物料以便调节通气性。其中如果加入的是稻壳、锯末，因其纤维素木质素较高，应延长发酵时间。菌种稀释：每千克发酵剂添加 5 ~ 10kg 米糠（或麸皮、玉米粉等替代物）拌匀稀释后再均匀撒入物料堆，使用效果会更佳。

建堆：备料后边撒菌边建堆，堆高与体积不能太矮太小，要求：堆高 1.5 ~ 2.0m，宽 2m，长度 2 ~ 4m。

拌匀通气：肥料发酵剂是需要好（耗）氧发酵，故应加大供氧措施，做到拌匀、勤翻、通气为宜。否则会导致厌氧发酵而产生臭味，影响效果。

水分：发酵物料的水分应控制在 60% ~ 65%。对水分判断，手紧抓一把物料，指缝见水印但不滴水，落地即散为宜；水少发酵慢，水多通气差，还会导致腐败菌工作而产生臭味。

温度：启动温度应在 15℃ 以上较好（四季可作业，不受季节影响，冬天尽量在室内或大棚内发酵），发酵升温控制在 75℃ 以下为宜。

完成：第 2 ~ 3 天温度达 65℃ 以上时应翻倒，一般一周内可发酵完成，物料呈黑褐色，温度开始降至常温，表明发酵完成。如锯末、木屑、稻壳类辅料过多时，应延长发酵时间，待充分腐熟。

发酵好的有机肥，肥效好，使用安全方便，抗病促长，还可培肥地力等。污泥湿式氧化后，难生物降解有机物可被氧化，灭菌率高，反应在密闭系统内无臭，反应时间短，残渣量少，可以达到减量化、无害化、稳定化。但此方法设备昂贵，运行费用高，需要气体脱臭装置。

2.2.5 污泥脱水与干化

污泥脱水是整个污泥处理工艺的一个重要的坏节，其目的是使固体富集，减少污泥体积，为污泥的最终处置创造条件。为使污泥液相和固相分离，必须克服它们之间的结合力，所以污泥脱水所遇到的主要问题是能量问题。针对结合力的不同形式，有目的采用不同的外界措施可以取得不同的脱水效果。污泥脱水与干化包括自然脱水、机械脱水和热处理干化。机械脱水一般能处理到含水80%。

污泥经浓缩、消化后，含水率尚有95%~97%，且易腐败发臭，需对污泥作干化与脱水处理。常用脱水方法有自然干燥和机械脱水两种。利用芦苇等沼生植物也可以进行较好的脱水。为了进一步降低脱水后污泥的含水率（75%），采用干燥工艺。经干燥后含水率可降至约20%左右。干燥工艺除了最简单的日晒外，常用的是热干燥技术。热干化是指带式干化、转盘和转筒干化、流化床干化，可以将污泥干化至含水60%~90%的区间范围，根据不同的处置需要选择不同的干化设备。污泥热干燥开始于本世纪初的英国，此方法可以完全杀灭病原菌，使污泥处于稳定化状态。但干燥过程产生的大量的废气净化费用问题、运行费用，都是使用干燥工艺要考虑的问题。

2.2.6 厌氧发酵

厌氧发酵是指在厌氧微生物的作用下，有控制地使污泥中可生物降解的有机物转化为 CH_4、CO_2 和稳定物质的生物化学过程。由于厌氧消化可以产生以 CH_4 为主要成分的沼气，故又称为甲烷发酵。

由于厌氧发酵的原料来源复杂，参加反应的微生物种类繁多，使得厌氧发酵过程中物质的代谢、转化和各种菌群的作用等非常复杂。目前，对厌氧发酵的生化过程有 3 种见解，即两阶段理论、三阶段理论和四阶段理论。依据三阶段理论，厌氧发酵反应分三阶段进行。第一阶段，在水解与发酵细菌的作用下，将大分子有机物分解为小分子有机物，以有利于微生物吸收和利用；第二阶段，在产氢产乙酸菌的作用下，把第一阶段的产物转化成 H_2、CO_2 和乙酸等；第三阶段，在产甲烷菌的作用下，把第二阶段的产物转化成 CH_4 等。

污泥的厌氧发酵过程，是在大量厌氧微生物的共同作用下，将废物中的有机组分转化为稳定的最终产物。第一组微生物负责将碳水化合物、蛋白质与脂肪等大分子化合物水解与发酵转化成单糖、氨基酸、脂肪酸、甘油等小分子有机物。第二组厌氧微生物将第一组微生物的分解产物转成更简单的有机酸，在厌氧消化反应中最常见的就是乙酸。这种兼性厌氧菌和绝对厌氧菌组成的第二组微生物成为产酸菌。第三组微生物把氢和乙酸进一步转化为甲烷和二氧化碳。这些细菌成为产甲烷菌，是绝对厌氧菌。在垃圾填埋场和厌氧消化器中许多产甲烷菌与反刍动物胃里和水体沉积物中的产甲烷菌相类似。对于厌氧消化反应而言，能利用氢和乙酸合成甲烷的产甲烷菌是产甲烷菌中最重要的一种。由于产甲烷菌的生长速率很低，素以产甲烷阶段是厌氧消化反应速率的控制因素。甲烷和二氧化碳的产生代表着废物稳定化的开始。当填埋场或厌氧反应器中的甲烷产生完毕，表示其中的废物已得到稳定。

在40℃左右的温度下，在厌氧发酵罐中进行厌氧发酵，产生沼气等可利用资源，但是厌氧后的沼渣仍然需要进行后续的处理，常见的后续处理是好氧发酵，投入大，如运行正常，收入也客观，但是国内目前案例基本运行不理想。

厌氧发酵技术主要有以下特点：可以将潜在于废弃有机物中的低品位生物能转化为可以直接利用的高品位沼气；与好氧处理相比，厌氧不需要通风动力，设施简单，运行成本低，属于节能型处理方法；适用于处理高浓度有机废水和废物；经厌氧消化后的废物基本得到稳定，可以用作农肥、饲料或堆肥化原料；厌氧微生物的生长速度慢，常规方法的处理效率低，设备体积大；厌氧过程会产生 H_2S 等恶臭气体。

2.2.7 好氧发酵

好氧发酵是在有氧条件下，好氧菌对废物进行吸收、氧化、分解。污泥好氧发酵是在有氧条件下，依靠好氧微生物（主要是好氧细菌）作用来进行其生物过程，可以用图 2-1 进行简要的说明。微生物通过自身的生命活动，把一部分被吸收的有机物氧化成简单的无机物，同时释放出可供微生物生长活动所需的能量，而另一部分有机物则被合成新的细胞质，使微生物不断生长、繁殖，产生出更多的生物体过程。

由于好氧污泥发酵具有分解物质彻底，周期短、臭味小、宜于机械化作业，以及在发酵过程中由于高温的作用，几乎所有的致病菌和寄生虫卵都被杀死，因此现代污泥发酵基本上都采用好氧发酵。工艺流程主要是：前处理单元、主发酵单元、后发酵单位、后处理单元、恶臭控制单元。污泥混合调质的是为了调整脱水污泥的水分和碳氮比，并加大疏松程度，增加与空气的接触面积，有利于好氧发酵。同时添加外源菌种（VT菌）以促进发酵过程快速进行，并抑制臭气的产生。利用好氧发酵原理，可达到污泥含水率40%～45%，杀死大部分的病原菌，后期可用作农用肥料或者绿化土和填埋场覆土。

2.2.8 新技术新工艺

随着环保力度的加强和人们对已有污泥处理处置技术局限性的进一步认识，世界各国都在投入重金研发新技术，争取找到更经济、更合理的污泥处理方案。近年来，国外出现了一些新兴技术，如污泥的等离子体处理技术正逐渐应用于城市有机废弃物的处理；瑞典、美国、德国、日本等国已建起了一定规模的等离子体处理厂，近年来在国内的新技术也有所发展。新发展起来的超声波污泥处理技术，由于声能利用效率和能耗的问题而没有大规模使用，但与其他污泥处理工艺联合使用具有广阔的前景。污泥作为建材利用的多项技术，在世界先进国家已经相对成熟，其中建筑砖块、轻质材料以及水泥

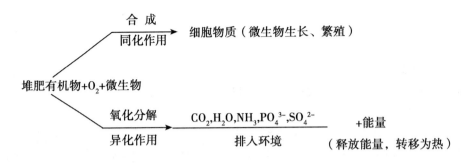

图 2-1 污泥好氧发酵的过程图

材料等技术，已经在日本、德国等国家开始进行规模化生产应用或正在计划大规模生产再利用。世界各国污泥处理涌现了许多新技术，最集中的有以下几个方面。

（1）污泥熔化

为了减少污泥体积和利用其中的重金属黏结作用，日本曾开展污泥熔化技术研究，但还不十分深入。污泥熔化处理也是污泥热化学处理方法的一种。污泥熔化技术是把污泥加热至 1 300 ~ 1 500℃，使污泥中有机物燃烧，其残留物质可用来制作玻璃、钢铁、建筑材料等。

（2）两相消化

新型的污水污泥处理工艺如高温酸化 – 中温甲烷化两相厌氧消化等不断出现，并逐步被应用。采用污水污泥两相厌氧消化工艺，将产酸相和产甲烷相分别于各自的反应器中，形成各自的相对优势微生物种群，提高了整个消化过程的处理效果和稳定性。VSS（挥发性悬浮颗粒物）去除率比中温传统工艺提高 50% 以上，比高温传统工艺提高 35% 左右。高温酸化 0.5d 后，中温甲烷化 8.5d，可达到中温传统法 20d 的处理效果，节省了时间。另外，灭菌效果优于中温传统法，产甲烷反应器保持较高的缓冲能力，对挥发性酸积累的抵御和耐冲击负荷的能力强。

（3）污泥制油

污泥制油是把含水率为 65% 的干污泥在隔绝空气下，加热升温 450℃，在催化剂作用下把污泥中有机物转化为碳氢化合物，最大转化率取决于污泥组成和催化剂的种类，正常 200 ~ 300L（油）/t（干泥）的产率，其性质与柴油相似。加拿大正在进行中试试验，澳大利亚也正在建造利用热化学方法将污泥制油的工厂。

（4）污泥湿式氧化（wetairoxidation，简称 WAO）

湿式氧化法是在高温（125 ~ 320℃）和高压（0.5 ~ 20MPa）条件下，以空气中的氧作为氧化剂，在液相中将有机物分解为二氧化碳、水等无机物或小分子有机物的化学过程。由于剩余污泥在物质结构上与高浓度有机废水十分相似，因此这种方法也可用于处理剩余污泥。剩余污泥的湿式氧化法处理是湿式氧化法最成功的应用领域，有 50% 以上的湿式氧化装置应用于剩余污泥的处理。

（5）臭氧减量化

这一工艺是由日本的 H·Yasui 等学者提出的。此工艺中，剩余污泥的消化与污水处理在同一个曝气池中同时进行。工艺分成两个过程，一个是臭氧氧化过程，另一个是生物降解过程。从二沉池中沉下来的污泥，一部分直接回流到曝气池中，另一部分则是先进行臭氧处理然后再回流到曝气池。污泥经过臭氧处理后，能够提高其生物降解性，在曝气池中与污水同时进行生物处理。而且在经臭氧处理后，将有一部分污泥（1/3）被无机化。因此，只要操作适当，可以使污水处理过程中净增污泥量与无机化污泥量相等，从而可以达到无剩余污泥的目的。

（6）超声波处理

超声波通常是指频率为 20kHz ~ 10MHz 的声波。当其声强增加到一定的数量时，会对其传播中的媒质产生影响，使媒质的状态、组成、功能和结构等发生变化，统称为超声效应。超声波与媒质作用的机制可分为热机制、机械机制和空化机制，超声波主要通过空化机制实现对剩余污泥的处理。

（7）高速生物反应器

高速生物反应器技术是在利用土壤处理污泥的基础上发展起来的。利用土壤中的微生物处理污泥，由于系统是开放的，因而会受到气温和土壤湿度的影响，使土壤利用的时间和区域受到一定的限制。美国 SWEC 公司在 20 世纪 80 年代开始研制开发高速生物反应器，该技术将污泥的脱水、消化和干化相结合，将土壤处理的整个过程放置在室内一个封闭的循环系统中进行。Texaco 经过近 20 年的研究开发，使高速生物反应器技术成熟并得以推广。整个操作系统的核心部分是生物反应器，它由两个区域组成：上半部分是污泥与土壤相混合的区域，使污泥负荷达到均一化，污泥的有机部分在这一区域中被生物降解；下半部分是气、液分离区，使液体不滞留于土壤中，以增加氧的传递率。高负荷率的污泥通过该系统的处理，污泥中的有机组分将降解 70% ~ 80%，悬浮固体浓度去除率达到 45% ~ 60%。从沉淀池排出浓度为 5 000 ~ 30 000mg/L 的污泥都可以直接进入该系统中，而不需要任何的预处理。相比于其他生物处理技术，该系统所需能量较少，可以连续运行，并能保持最佳温度以利于微生物的降解，特别适合于受自然条件限制或土壤湿度大的污泥处理过程中。

除了研制新技术，另外也对一些成熟技术进行工艺创新。采用污泥洗涤工艺，首先洗出污泥中的有机物质，分离无机物质污泥土，再将有机污泥浓缩进行高温厌氧消化处理。沉淀污泥经过洗涤洗出污泥中一半的固体无机污泥土，减少了一半生物处理量，节省工程投资和处理费用；单独处理有机污泥，去除了无机污泥土在反应器中的沉淀，减少了设备磨损和反应器的维护；沉淀污泥经过洗涤洗出污泥中大部分容易沉淀的重金属和无机污泥土，提高了有机肥的品质；洗涤出的污泥土还可生产路面彩砖、透水砖。其他创新工艺还有超高温厌氧消化、多级厌氧消化、沼渣漂浮等，污泥生物处理速度提高了几倍和沼气产量提高 20% 以上。

沉淀污泥生物处理系统，工程设计创新采用地埋式、紧密型、多级消化反应器设计，几个独立的厌氧消化反应器浑然一体，节省建筑材料，采用混凝土结构造价低廉。国内外现有的厌氧消化反应器普遍采用地上式结构，地上式结构能使配备设备便于维护和有利沼渣排放，并预防沼渣沉淀。该生物处理系统的工程设计，很好地解决了配套设备的维护和沼渣沉淀，系统配备设备少，只需要几台水泵；沉淀污泥经过洗涤去除了容易沉淀的无机污泥土，有机污泥经吹浮系统作用，全部漂浮不会沉淀。地埋式厌氧消化反应器不仅投资少、不占用土地，而且还能防地震、防雷击和使用寿命长、减少消化系统的热量损失。

设计一个日处理600t，含水量80%的沉淀污泥洗涤处理厂，以生物处理厂为例，处理能力、污泥含水量与同等规模污泥处理厂相比仅需要20%投资。处理厂日常运营费用较低，处理污泥产生的副产品沼气发电创收，沼渣制成有机肥料创收，污泥土生产路面彩砖、透水砖创收，生物处理沉淀污泥不要政府补贴资金和污水处理厂支出污泥浓缩费、运输费，还能获得可观的经济效益。处理厂日常营运费用处理一吨含水量80%的沉淀污泥节省政府补贴资金135元（全国最低价）和污水处理厂支出的污泥浓缩费、运输费总计在200元以上。沉淀污泥洗涤生物处理厂占用土地面积少，筹建污水处理厂中，适合各种规模的污水处理厂，较小规模的污水处理厂可添加当地餐厨垃圾、化粪池垃圾、市政下水道污泥及周边企业、村镇小型污水厂污泥一起处理，增大处理规模实现盈利。国内外现有污泥处理技术还没有能够达到免费处理处置污泥的水平。

2.3 国内外污泥资源化利用现状

目前，国外广泛采用的污泥处置技术可以归纳为三大类：土地处置，包括污泥农用和应用于森林或园艺；单独或者与生活垃圾等共同填埋；热处置。由于可使用土地面积、处理成本、越来越严格的环境标准以及资源回收政策的普及等因素，越来越多的国家普遍认识到污泥的填埋处置不是一种可持续的发展方法，在不久的将来，对于土地匮乏的一些国家，可能仅有污泥焚烧灰是适宜于填埋的污泥形式。

污泥作为一种资源同时又是污染物的身份日益得到了人们的重视，污泥资源化利用的重要性日益凸显；同时污泥资源利用处置是一种很有发展前景的途径，对我国实现可持续发展的要求很有益处，然而污泥资源化处置相关的处理、再利用技术、评价体系尚不完善，各种污泥资源化处置的适用条件与范围有待改善。

我国污水厂在建设过程中，大多数污水处理厂基本实现了污泥的初步减量化，但未实现污泥的稳定化处理。据统计，约80%污水厂建有污泥的浓缩脱水设施，然而，却有80%的污泥未经稳定化处理。污泥中含有恶臭物质、病原体、持久性有机物等污染物从污水转移到陆地，导致污染物进一步扩散，使得已经建成投运的大型污水处理设施的环境效益大打折扣。根据污泥资源化产品使用目的、场合和污泥有效利用的组分及形式的差异，污泥资源化处理在技术上表现多样性。按照所获产品种类不同，可将污泥资源化技术分成堆肥利用技术、材料化技术、能源化技术、污泥蛋白质利用技术等。

2.3.1 污泥堆肥

污泥中含有大量有机质、氮、磷、钾等植物需要的养分，其含量高于常用牛羊猪粪等农家肥，能够起到农家肥的作用，并且能够改良土壤结构。但由于污泥中含有有害成分，必须在利用前进行无害化处理，如好氧与厌氧消化、堆肥化等，其中堆肥化处理技术采用较多。

堆肥化处理是利用微生物将污泥中不稳定的有机质降解和转化成较稳定的有机质，并使其挥发性物质含量降低、臭气减少、物理性状明显改善（如含水量降低，呈疏松、分散、粒状），使之便于贮存、运输和使用。高温堆肥还可以杀灭污泥中的病原菌、虫卵和草籽，使堆肥产品更适合作为土壤改良剂和植物营养源。该技术既解决了剩余污泥的处理难题，也消除了污泥的二次污染。

通过对不同通风方式对污泥堆肥的影响的试验发现，堆肥采用自然通风与强制通风相结合的方式，堆温上升迅速，能耗更低在堆肥过程的高速阶段。强制通风能加快有机质的降解和水分的去除在堆温达到高温之前，微生物新陈代谢的产物（有机酸）会使堆料的 pH 值下降，而随着高温期的到来，有机酸的挥发和有机氮分解的氨导致堆料的 pH 值逐渐回升。该研究表明，污泥堆肥 pH 值变化范围均在 6～9，因此不必对堆料的 pH 值进行调整。在正常的污泥堆肥过程，堆料的 pH 值都具有在高温期上升，在后腐熟阶段趋于中性的特点。

好氧堆肥与厌氧堆肥是污泥堆肥的两种过程。目前，基本利用好氧堆肥的污泥可施用于农田、花卉育苗基地、草坪、园林等。除了能够降低生产成本外，还能产生较好的经济、环境与社会效益。有人采用污泥→风干脱水→高温脱水灭菌→化学脱水→投配无机肥→破碎筛选→造粒→烘干冷却→筛选→成品，这个工艺流程研发生产污泥化肥复合肥，通过了有关部门鉴定，具有显著优越性。

2.3.2　污泥制沼气

污泥厌氧消化是一个多阶段的复杂过程，完成整个消化过程，需要经过 3 个阶段，即水解酸化阶段，乙酸化阶段，甲烷化阶段。上述在转换过程产生生物气，用于产热和发电等。但其有一个较大的缺点，即产气效率较低。污泥厌氧消化不仅是现在，而且也是未来应用最为广泛的污泥稳定化工艺。厌氧消化较其他稳定化工艺获得广泛应用的原因是它具有如下优点。

一是产生能量（甲烷），有时超过废水处理过程所需的能量。

二是使最终需要处置的污泥体积减小 30%～50%。

三是消化完全时，可消除恶臭。

四是杀死病原微生物，特别是高温消化时。

五是消化污泥容易脱水，含有有机肥效成分，适用于改良土壤。

有机污泥经消化后，不仅有机污染物得到进一步的降解、稳定和利用，而且污泥数量减少（在厌氧消化中，按体积计约减少 1/2），污泥的生物稳定性和脱水性能大为改善。这样，有利于污泥再作进一步的处置。

2.3.3　污泥燃料化技术

随着污泥量的不断增加及污泥成分的变化，现有的污泥处理技术逐渐不能满足要求，例如燃烧含水率 80% 的污泥，每吨污泥（干基）的辅助燃料需消耗 304～565L 重油，能耗大；污泥填埋必须预先脱水到含水率至少小于 70%，而达到这样的含水率，目前污泥脱水技术需要消耗大量的药剂，既增加了成本，也增加了污泥量；土地还原是目前污泥消纳量最大的处理方法，但很多工业废水中含有重金属和有毒有害的有机物，不能作肥料或土壤改良剂。因此，寻找一种适合处理所有污泥，又能利用污泥中有效成分，实现减量化、无害化、稳定化和资源化的污泥处理技术，是当前污泥处理技术研究开发的方向。污泥燃料化技术是被认为是有望取代现有的污泥处理技术最有前途的方法之一。

污泥燃料化方法目前有两种，一种是污泥能量回收系统，简称 HERS 法 (Hyperion Energy System)，第二种是污泥燃料化法，简称 SF 法 (Sludge Fuel)。

2.3.4　建材化利用

美国马里兰大学的詹姆斯·阿里门研究出了如何处置那些被重金属污染的污泥。他先在污泥中掺入一定量的黏土，经挤压加工制成污泥砖，再将之放入一只高温窑中烧制。在烧制过程中，砖中的残渣燃烧，释放出热量，减少了烧砖所需的燃料消耗。此外，污泥砖中的有机物被烧掉，在砖内形成微小的气孔，使其具有良好的绝热性。这种砖的强度达到了美国材料实验学会 (ASTM) 所规定的强度标准。

最近，中国台湾地区的一个研究小组发现，可以利用下水道污泥压制成普通的建筑用生态砖。这种污泥生态砖是在黏土砖中混入的污泥，并在有条件下烧制而成。这种方法的优点是在烧制过程中将有毒重金属都封存在污泥中，同时杀死了所有有害细菌，并且这种砖完全没有异味。

除此之外，污泥也可以被用作制轻质陶粒，污泥制轻质陶粒的方法按原料不同分为两种：一是用生污泥或厌氧发酵污泥的焚烧灰制粒后烧结。但利用焚烧灰制轻质陶粒需要单独建焚烧炉，污泥中的有机成分没有得到有效利用；二是直接从脱水污泥制陶粒的新技术。污泥熔融材料还可以做路基、路面、混凝土骨料及地下管道的衬垫。但以往的技术均以污泥焚烧灰作原料，投资大、成本高、污泥热值得不到充分利用。近年来，科研人员开发了直接用污泥制备熔融材料的技术，大大降低了投资和运行成本。

微晶玻璃类似人造大理石，其外观、强度、耐热性均比熔融材料优良，可以作为建筑内外装饰材料。其原料目前常用的是污泥焚烧灰，沉砂池的沉砂和废混凝土。微晶玻璃要求形成一定数量且大小均一的晶体，原料中 SiO_2、Al_2O_3 和 CaO 的比例以符合生成钙长石和硅灰石的要求为准。

日本从 1994 年起就开始了以污泥、垃圾焚烧灰作为原料生产"生态水泥"的研究，2001 年建成世界上第一条生态水泥生产线。我国近年来也开展了利用污泥生产水泥的研究。上海新型建材研究开发中心在充分论证及实验室成功基础上，分别在湿法回转窑和四级预热器回转窑水泥厂进行了多次工业试验，分别将污泥从窑尾、窑头、窑中加入进行比较，共处理污泥 4 000t，生产熟料 3 000t，生产水泥 4 000t，取得了有益的经验。

2.3.5　能源化利用

污泥可通过干馏提取油气等，不但可做燃料也可以用于制造四氯化碳等化工产品，具有工业利用前景，且能量回收率高，其经济性优于对污泥的焚烧。但现在对于污泥低温热解的热解机理和动力学研究还比较欠缺，在工艺和设备的改进方面有待新的突破，待这些理论与工艺问题解决后，低温热解将是一种极有前途的污泥资源化技术。污泥的低温热解技术正由实验室走向实际应用阶段，第一座工业规模的污泥炼油厂在澳大利亚柏斯，处理干污泥量可达 25 t/d。

此外，利用生物技术对污泥经行厌氧处理也可以制备沼气、氢气从而获得气体燃料起始于 20 世纪 90 年代，日本大阪污泥消化气体用于燃料电池的工程，对消化气先用处理水洗涤，再用弱碱水洗涤，得到的含 90% 以上甲烷且硫化氢浓度 1μg/L 的一种气体。同时，日本开发了一种将污泥置于超临界水氧化反应器中，650℃、25MPa 的条件下反应生成 H_2 和 CO_2 的技术，分离之后可得纯度很高的 H_2。

2.3.6 活性污泥做黏结剂

据不完全统计，我国现有城市污水处理厂日处理能力约为 600 万 t，每年产生的污泥量约为 100 万 t。再加上大型企业和石化厂的污水处理装置，全国每年产生的污泥量十分可观。而与此同时，我国有数千家小型合成氨厂，其中绝大多数采用黏结性较强的白泥或石灰做气化型煤黏结剂。通常将这类黏结剂制成的型煤成为白泥型煤或石灰炭化型煤。石灰炭化型煤气化反应性好，但成型工艺复杂，石灰添加量较多、成本也高，影响工厂经济效益。白泥型煤生产工艺较简单，制成的型煤强度高，但型煤气化反应性差，灰渣残炭高，蒸汽耗量大，是困扰生产厂家的一大难题。为此，寻找一种黏结性高、成本低、型煤气化反应好的黏结剂一直是化肥厂的一个重要课题。污泥本身含有有机物，如蛋白质、脂肪和多糖，具有一定的热值，又有一定的黏结性能。活性污泥做黏结剂将无烟粉煤加工成型煤，而污泥在高温气化炉内被处理，防止了污染；污泥作为型煤黏结剂，替代白泥可改善在高温下型煤的内部孔结构，提高了型煤的气化反应性，降低了灰渣中的残炭，提高炭转化率，污泥既可以作为一种黏结剂，同时也是一种疏松剂，污泥的热值也得到了利用，且污泥处理量大。

2.3.7 蛋白质利用技术

污泥中含有的细菌、原生动物、后生动物、藻类等生物，体内含有蛋白质，生物蛋白经过提取后，可作为动物饲料的添加剂，是价值较高的可利用资源。曾有人利用酸水解法对剩余污泥蛋白质进行提取，并对剩余污泥蛋白质作为动物饲料添加剂的营养性和安全性进行了分析，结果表明：该沉淀物蛋白质纯度较高，可检测到含量较高的 7 种人体或动物必需氨基酸和 8 种非必需氨基酸；此外沉淀物中重金属含量较少，符合饲料卫生标准和农业行业标准的相关规定。从营养和安全两个方面综合考虑，把污水处理厂的剩余污泥中的蛋白质提取分离出来，用于动物饲料的添加剂是可行的。

3 污泥标准规范的建立与发展

3.1 国内外污泥处置标准体系

3.1.1 污泥处置标准体系概况

随着城镇化进程的加快，环境保护要求的提升，建设资源节约型和环境友好型社会理念的确立，城镇污水处理率逐年提高，随之产生的城镇污水处理厂污泥产量也急剧增加。我国城市污水处理厂污泥的处理处置问题已经迫在眉睫。城镇污水处理厂污泥是指在污水净化处理过程中产生的含水率不同的半固态或固态物质。一方面，污水处理过程中，大量污染物富集于污泥中，使污泥含有大量病原菌和寄生虫，还可能含有较多的重金属和有毒有害物质，需要谨慎对待；另一方面，污泥也含有氮磷等营养物质和大量有机质，使其具备了制造肥料和作为燃料的基本条件，因此污泥处置需考虑其典型的双重性。

污泥处置系指污泥处理后的消纳过程，一般包括土地利用、填埋、建筑材料利用和焚烧等。由于没有完善的污泥标准和政策体系，我国早期的污水处理厂，普遍将污泥处置单元从污水处理系统中剥离开来，仅追求污水处理率，或者只对污泥进行简单的脱水处理，而忽视了污泥的达标处理。国内污泥处置方式比较单一，污泥大多未经预处理或仅经简单处理后，就直接农用或送垃圾填埋场处置，甚至随意堆置。致使许多大城市出现了污泥围城的现象，这种现象已开始向中小城市蔓延，给生态环境带来不容忽视的安全隐患。

随着污水处理厂大规模的兴建与运行，污泥处理处置已经成为我国城市污水处理行业快速发展的瓶颈问题。污泥标准是污泥处理处置的依据和准绳，包括城市污水处理厂的污泥排放标准、污泥处理处置标准，也包括适于不同处置方式的污泥泥质等产品标准、污泥检验方法标准等，它们在推动实现污泥的减量化、无害化的各环节中分别发挥着重要作用。2000 年建设部、国家环保总局和科技部联合发布了《城市污水处理及污染防治技术政策》，对污泥的处理提出了要求。我国在污水污泥处理处置标准规范方面的发展较为滞后，在 2007 年之前还没有一个较为健全的、科学的污水污泥处理处置标准规范。从 2005 年起，在原建设部的牵头下，国内从事城镇污水处理厂设计和运行的多家单位联合开展了标准研究，启动了《城镇污水处理厂污泥处置》系列标准的制定工作。截至 2011 年已经发布实施的城镇污水处理厂污泥处置标准共计 10 项。这一系列标准从技术层面上明确了城镇污水处理厂污泥处置技术发展的方向和原则，填补了我国污泥处置标准的空白，对城镇污水处理厂污泥安全处理和资源化利用提供了技术依据。

近几年来，虽然我国制定了一系列的污泥泥质标准，但是现行污泥标准体系还存在着体系不健全、缺少操作细则等问题，仍然难以指导设计工作的开展和污泥最终处置的实践，严重地影响了我国污泥处理处置工作。

3.1.2　国外的污泥处置标准体系

污泥作为污水处理的副产物，产生量也在日益增加，已成为各国的沉重负担，污泥处理处置和环境风险问题也逐渐引起世界的关注和研究。目前，欧美、日本等发达国家和地区的污泥处理处置技术已趋于成熟化，较健全的污泥管理体系已形成，国外经济发达的国家一般都有比较完整的污泥处置标准体系。

美国污泥标准主要是美国环保局（EPA）颁布执行的《污泥处置与利用标准》（40 CFR Part 503）。该标准于 1993 年 2 月公布，是影响最大的一项污泥法案，它采用风险分析的方法，经 11 年的调查研究，较为全面地制定了土地利用、地表处置、焚烧等方面的各种相关标准，耗资 1 500 万美元。主要包含污泥土地利用标准、污泥地表处置标准和污泥焚烧标准三个子标准。各子标准包括总体要求、污染物限制、管理条例、监测频率、记录和报告制度等内容。在 1995 年，EPA 又发布了用于指导市政排泄物和污泥土地利用的新版设计手册。Part503 是最低标准，截至 2007 年已有 40 个州通过了比该标准更加严格的各项条例。

在欧盟，为了从源头降低污泥的环境污染风险，制定了《城市污水处理法规》（91/271/EEC）。《欧盟废物指令》（75/442/EEC）、《废弃物焚烧准则草案》（94/08/20）、《欧盟填埋指导原则》、《污泥管理规范》（1999/31/EC）等也分别对污泥处理处置与管理进行了规定。此外，《污泥农用准则》（86/278/EEC）（现行准则为修订版 91/692/EEC）的影响较大，是欧盟成员国制定污泥法规的基本参考框架。欧盟各成员国还根据本国的实际情况，分别制定了各自的污泥法规，如德国的《废物处置法》、《污泥法》和《污泥农用准则》，以及英国的《污泥农用法规》、《控制废物法规》和《废物收集与处置法规》。

欧盟污泥标准化工作主要是由欧洲标准化委员会的污泥特性技术委员会负责，列入 CEN/TC 308 计划，该计划分 3 个工作组来完成。第 1 组制定污泥参数的标准规范，包括物理参数、化学参数、生物参数 3 个部分；第 2 组制定污泥处理处置方法的指导准则，主要内容为：污泥处理处置术语、污泥土地利用、污泥稳定、污泥焚烧、填埋等；第 3 组研究污泥管理的未来需求，如预测未来污泥量和提出新污泥处理处置路线。欧盟关于保护环境，特别是污泥农用准则（Direct ive86/278/EEC）是欧盟有关污泥的主要指令，也是各个成员国制订污泥标准时参考的基本框架。除此之外，欧盟有关污泥处理处置的相关标准还有欧盟废物指令（75/442/EEC）、欧盟废物焚烧指令（2000/76/EC）、欧盟废物填埋指令（1999/31/EC）。目前，已完成的指令文件有：污泥农用标准（Direct ive86/278/EEC）、欧盟填埋指导标准（European Landfill Directive）、废弃物焚烧标准（Directive on Incineration of Waste）（2000/76/EC）。这些标准对污泥的处理处置、焚烧和填埋等活动进行了规范。英国的污泥标准主要有 3 个：污泥农用法规（Statutory

Instrument 1989 No. 1263)、控制废物法规（Statutory Instrument 1992 No. 588）和废物收集与处置法规（Statutory Instrument 1988 No. 819）。控制废物法规和废物收集与处置法规主要用于规范污泥收集、控制和处置过程。污泥农用法规则给出了污泥用于农业时的总体要求和污染物控制要求，详细规定了污泥施用后的注意事项、污泥施用地点的要求和相关信息的记录和保存要求等，并规定了污泥用于农业时各类污染物的控制限值。早在 1972 年，德国就通过了第一部废物处置法。随后，又制定了污泥法和促进物质循环式废物管理和环境相容式废物处理法。污泥法对用于农业或园艺的污泥和施用污泥的农田土壤的相关性质进行了规范，同时污泥法也是对欧盟污泥农用保护土壤指令（Directive 86/278/EEC）的具体实施。德国污泥法分类详细，不但对污泥土地利用时允许利用的条件、土地利用时的约束条件、土地利用时污泥量的要求、土地利用日程安排等做了详细的阐述，而且还给出了污泥和土壤的样品采集、预处理和样品分析测定的具体方法。

在日本，虽然污水处理厂尾水排放执行的标准大约只相当于我国污水综合排放标准的一级或者二级标准，且较少考虑脱氮除磷，但日本政府十分重视污泥处理处置工作，出台了一系列的法律法规。日本的污泥政策法规主要体现在污染控制、污泥处理处置与资源化利用两方面。在污染控制方面，《化学物质排出管理促进法》对进行土地利用和填埋处理的污泥规定了严格的污染物含量限值。在污泥处理处置和资源化利用方面，日本的政策法规是与污泥处理处置思路和技术路线相一致。最初日本在《废弃物处理法》的指导下采用热干化和焚烧法来实现污泥减量化、无害化。但随着污泥处理处置思路和技术路线由填海、热干化和焚烧处理向土地利用、焚烧灰分利用和能源回收方向的转移，相应的法律法规、标准手册等也相继出台，如《污泥绿农地使用手册》《推进形成循环型社会基本法》《促进资源有效利用法》《建筑工程材料再资源化法》《污泥建设资材利用手册》等。日本污泥处理设施建设统一由国家和地方政府承担，设施运行管理由专业公司负责，运行费用在污水处理费和地方政府经费中支出。

根据中国标准化研究院标准文献共享平台的现有资料，以"sludge"为关键词，分别搜索到国际标准 49 项和国外标准 301 项。在国际标准中，由国际标准化组织和国际电工委员会颁布的污泥标准分别为 45 项和 4 项。在国外标准中，出自欧盟的最多，共287 项，涉及污泥特性、检验测定、调质、浓缩、储运、预处理、处理处置和资源化利用等多个方面，其中德国、英国和法国分别有 146 项、80 项和 61 项。此外，美国标准为 8 项，虽然数量不多，但各州和地方制定了州标准和地方标准作为联邦标准的补充，并共同构成了美国污泥标准规范的 3 个等级，其严格程度为：联邦标准 < 州标准 < 地方标准。日本标准也不多，为 6 项，但由于政策法规的补强作用，使其污泥管理体系也较为完善。

欧美、日本等发达国家和地区的政策法规和标准体系通常会涉及污泥检验测定、调质、浓缩、储运、工程建设、设备安装调试、竣工验收、预处理、处理处置、资源化利用、环保等多个方面，可为污泥行业提供系统的指导。此外，发达国家大多建立了污泥管理基金，用以资助主动回收利用污泥的工厂建设和设备更新，并针对污泥生产者、收集者、处理者、利用者和污泥产品购买者制定了不同的税收和经济政策。另外，欧美、日本等发达国家和地区对政策法规和标准规范的修订较及时，如美国在出台污泥法规和标准的同时就制定了相应的定期修订计划；日本的污泥法律制度、标准规范也随技术路线而呈动态变化。

我国法律制度、标准规范和国家政策尚未实现对污泥领域的全面覆盖，依然存在制定上的不足或空白。在法律制度方面，严格、合理的市场准入制度和全过程监管制度尚未建立；公众参与制度效力弱，再加上信息不对等，致使社会监督和公众参与渠道的堵塞。在标准规范方面，污染物指标设定和限值、环保和安全措施、污泥农用时土壤中重金属限值、污泥农用或建材利用时的重金属限值、污泥处理处置技术及设备等方面均尚待完善。在国家政策方面，污泥处理费、专项基金、补贴和投融资政策尚不明朗，致使资金保障不足；并且，我国的法律制度、标准规范和国家政策修订不及时，导致多项条款对发展变化较快的污泥行业不相适应，现实指导作用不断弱化。

3.1.3　我国的污泥处置标准体系

1984 年我国颁布了第一部污泥国家标准《农用污泥中污染物控制标准》（GB 4284—1984）。在我国标准规范体系中，涉及污水污泥处理处置方面的内容非常有限，2007 年之前仅有三项标准规范在执行：《农用污泥中污染物控制标准》（GB 4284—1984）、《城镇污水处理厂污染物排放标准》（GB 18918—2002）和《城市污水处理厂污水污泥排放标准》（CJ 3025—1993）。GB 4284—1984 为 1984 年制订颁布，距今已有25 年，已经不能满足使用要求；CJ 3025—1993 多是原则性的文字；而 GB 18918—2002 是比较综合的城市污水处理厂污染物排放标准，对污泥脱水、污泥稳定提出了控制指标，对农用污泥中重金属和有机污染物提出了限值，但仍不能满足实际工作的需要。

自 20 世纪 90 年代以来，污泥对环境的危害日渐显著，我国污泥相关标准的制定步伐也相应加快。我国现行污泥标准按照级别可分为国家标准和城市建设行业标准，根据标准的执行性质，又可分为强制性标准和推荐性标准。国家标准中的强制性标准有《城镇污水处理厂污染物排放标准》（GB 18918—2002）和《农用污泥中污染物控制标准》（GB 4284—84），部分强制性标准有《城镇污水处理厂污泥泥质》（GB 24188—2009），推荐性标准有《城镇污水处理厂污泥处置 园林绿化用泥质》（GB/T 23486—2009）和《城镇污水处理厂污泥处置 混合填埋泥质》（GB/T 23485—2009）；城市建设行业标准基本都是推荐性标准，主要有《城市污水处理厂污泥检验方法》（CJ/T 221—2005）、《城镇污水处理厂污泥处置 分类》（CJ/T 239—2007）、《城镇污水处理厂污泥处置 制砖用泥质》（CJ/T 289—2008）、《城镇污水处理厂污泥处置 单独焚烧用泥质》（CJ/T 290—2008）、《城镇污水处理厂污泥处置 土地改良用泥质（CJ/T 291—2008）、《城镇污水处理厂污泥处置 农用泥质》（CJ/T 309—2009）、《城镇污水处理厂污泥处置 水泥熟料生产用泥质》（CJ/T 314—2009）。从这些标准的种类来看，涵盖了排放标准、产品标准以及检验方法标准，污泥强制性标准主要集中在排放标准，而近期颁布的一系列泥质标准多为推荐性的产品标准，供污水处理厂等污泥产生单位参照执行。

3.2 我国污泥处置系列的沿革

3.2.1 我国污泥处置标准体系的发展

污泥资源化利用的这种多元化发展，对标准和政策提出了更高的要求。如果不进行规范化管理，就容易造成环境的二次污染。在我国标准规范体系中，涉及污泥处置方面的内容非常有限，2007 年之前仅有 3 项标准规范在参照执行。

污泥农用是一种普遍认可的经济有效的污泥资源化利用方式，我国作为一个农业大国，这 3 项标准中的第一个关于污泥处理处置的标准也始于污泥的农用上，即 1984 年原城乡建设环境保护部颁布实施的《农用污泥中污染物控制标准》（GB 4284—84），其中重金属指标需要重新研究，病原菌指标空白，具体的操作规范和管理措施欠缺，已经不能满足使用要求，更起不到控制污染的作用。当时我国环境保护工作刚刚开展，环境保护问题并不突出，该标准主要侧重于对污泥的有效利用，而不是优先考虑对环境的污染控制，故该标准中没有关于病原菌等指标，也没有具体的操作规范和管理措施。

原建设部和原环境保护总局此后于 1993 年与 2002 年分别颁布出台了《城市污水处理厂污水污泥排放标准》（CJ 3025—1993）和《城镇污水处理厂污染物排放标准》（GB 18918—2002）。第二个《城市污水处理厂污水污泥排放标准》（CJ/T 3025—1993）是控制城市污水处理厂污泥排放的标准，主要参考了《农用污泥中污染物控制标准》（GB 4284—84），其中多是原则性的文字，仅对脱水后污泥含水率有明确的要求（小于80%），而对有机污染物、病原菌并没有明确、完整的指标，对重金属更是没有任何的限制。第三个《城镇污水处理厂污染物排放标准》（GB 18918—2002）相比前两个标准，是最新的比较综合的城市污水处理厂污染物排放标准，对污泥脱水与污泥稳定作了控制，提出了控制指标，对农用污泥中重金属和有机污染物提出了限值，相对有所完善，反映了国家对环境保护工作的重视，有力地推动了污泥处理处置技术的研究及相关技术规范的建立。但是，此标准对于污泥稳定化指标缺乏测试手段相配合，从而实际上无法检验。由于没有一个健全科学的污泥处置标准体系知道污泥处置工作的开展和污泥处置的工程实践，众多污水处理厂的污泥无序外运，随意丢弃，严重污染了本来就很脆弱的生态环境。

针对我国长期缺少污水污泥处理处置相应的技术标准、规范和污泥处置专项规划，难以指导污泥处置实践的现实情况，2007 年环境保护总局印发了《国家环境技术管理体系建设规划》，启动《环境技术管理体系建设》，将污水污泥列入第一批试点的六大行业之一。同年在建设部的牵头下，联合国内从事城镇污水厂设计和运行的多家单位开展了标准研究与编制，历时近三年后颁布了城镇污水处理厂系列泥质标准的第一批标准：《城市污水处理厂污泥检验方法》（CJ/T 221—2005）、《城镇污水处理厂污泥处置分类》（CJ/T 239—2007）、《城镇污水处理厂污泥泥质》（CJ/T 247—2007）、《城镇污水处理厂污泥处置 园林绿化用泥质》（CJ/T 248—2007）和《城镇污水处理厂污泥处置混合性填埋泥质》（CJ/T 249—2007），这些标准的建立为我国污泥处理标准工作的开展迈出了一大步。

2008 年全国城镇污水厂污泥处理处置标准化分技术委员会正式成立。城镇污水处理厂系列泥质标准的其他标准:《城镇污水处理厂污泥处置 制砖用泥质》(CJ/T 289—2008)、《城镇污水处理厂污泥处置 土地改良用泥质》(CJ/T 291—2008)、《城镇污水处理厂污泥处置 农用泥质》(CJ/T 309—2009)、《城镇污水处理厂污泥处置 水泥熟料生产用泥质》(CJ/T 314—2009)和《城镇污水处理厂污泥处置 单独焚烧用泥质》(GB/T 24602—2009)等陆续颁布;而泥质标准中关于污泥分类、混合填埋用泥质、园林绿化用泥质、泥质与土地改良用泥质的标准随后修订为:《城镇污水处理厂污泥处置 分类》(GB /T 23484—2009)、《城镇污水处理厂污泥处置 混合填埋用泥质》(GB/T 23485—2009)、《城镇污水处理厂污泥处置 园林绿化用泥质》(GB/T 23486—2009)、《城镇污水处理厂污泥泥质》(GB24188—2009)和《城镇污水处理厂污泥处置 土地改良用泥质》(GB/T 24600—2009)。

发展我国污泥处理处置技术,使城镇污水处理厂的污泥得到妥善处置,实现污泥减量化、稳定化、无害化还需要其他标准规范和政策作为指导。2008 年年底环境保护部为加快环境技术管理体系建设,发布了《城镇污水处理厂污泥处理处置技术政策(试行)》,并编制完成《污水处理厂污泥处理处置最佳可行技术导则》(征求意见稿)及发布了其编制研究报告,其中对污泥的土地利用提供了相应的技术指导,为污泥土地利用的推广作了一个基础性铺垫。为推动城镇污水处理厂污泥处理处置技术进步,明确城镇污水处理厂污泥处理处置技术发展方向和技术原则,指导各地开展城镇污水处理厂污泥处理处置技术研发和推广应用,促进工程建设和运行管理,保护改善生态环境,促进节能减排和污泥资源化利用,2009 年 2 月住房和城乡建设部、环境保护部和科学技术部联合制订了《城镇污水处理厂污泥处理处置及污染防治技术政策(试行)》。同年9 月,住房和城乡建设部发布了行业标准《城镇污水处理厂污泥处理技术规程》(CJJ 131—2009),规定了污泥处理基本设计,污泥处理工艺与设计运行参数,施工与验收,运行管理,安全措施和监测控制。2010 年 2 月环境保护部发布了《城镇污水处理厂污泥处理处置污染防治最佳可行技术指南》(试行),对污泥处理处置的最佳可行技术作了筛选,指明了我国城市污水处理厂污泥处理处置方向,大大地促进我国污泥处理处置的发展。至此,我国污泥处理处置的标准政策体系有了雏形。

3.2.2 我国污泥处置标准体系的解读分析

从 2005 年起,由原建设部牵头,国内从事城镇污水处理厂设计和运行的多家单位联合开展了标准研究,启动了《城镇污水处理厂污泥处置》系列标准的制定工作。截至 2011 年,已经发布实施的城镇污水处理厂污泥处置标准共计 10 项。这一系列标准从技术层面上明确了城镇污水处理厂污泥处置技术发展的方向和原则,填补了我国污泥处置标准的空白,并为城镇污水处理厂污泥安全处理和资源化利用提供了技术依据。

针对污泥处置具有典型资源化和危害性的双面性特点,污泥安全处置标准《城镇污水处理厂污泥处置 分类》(GB/T 28484—2009)应运而生。标准由国家住房和城乡建设部于 2007 年批准发布,2009 年转化为国家标准。作为这一系列标准中的第一项,它规定了城镇污水处理厂污泥处置的分类和范围，是城镇污水处理厂污泥处置系列标准的总则。标准给出了污泥处理、污泥处置、污泥填埋等一些基本概念，规定污水处理厂的污泥按消纳方式分为：污泥土地利用（包括园林绿化、土地改良以及农用，其中农用又包括进食物链利用和不进食物链利用）、污泥填埋（包括单独填埋和混合填埋）、污泥建筑材料利用（制水泥、制砖、制轻骨料等）、污泥焚烧（包括单独焚烧、与垃圾混合焚烧以及污泥燃料利用）。本分类在现有技术条件下是先进和全面的，但随着对污泥处置技术研究的深入，未来还可能出现一些新的工艺不包括在本分类中。

标准《城镇污水处理厂污泥泥质》（GB 24188—2009）由国家住房和城乡建设部于2007年批准发布，2009年转化为国家标准。标准适用于污水处理厂和居民小区污水处理设施产生的污泥，不适用于医院污水处理设施和其他工业企业污水处理设施产生的污泥。作为一个强制性标准，标准规定了15项污泥泥质的控制指标及限制，其中规定的4项泥质基本控制指标和限制，包括pH值、含水率、类大肠菌群菌值及细菌总数是强制性条文。另外标准还规定了污泥取样和监测分析方法，但没有明确规定污泥泥质的监测频率，各地方可以根据具体情况确定日常监测频率和抽查频率。

污泥园林绿化利用一般包括园林绿化介质土和园林绿化肥料。为更好地规范污泥园林绿化利用工作，国家住房和城乡建设部于2007年批准发布《城镇污水处理厂污泥处置 园林绿化用泥质》（GB/T 23486—2009），作为强制性城镇建设行业标准，2009年转化为推荐性国家标准。转化后的标准除将原行业标准中的强制性条款变为推荐性外，其余大部分指标趋向一致，比如对外观、嗅觉，以及稳定化和其他理化指标、营养指标都做了规定。部分指标国标还较行标稍宽松些，比如污染物控制方面，这也符合我们国家制定国标和行标时，行标要严于国标的原则。国标也有个别指标更为严格，比如将种子发芽指数提高了10%。另外，本标准也规定了污泥泥质的取样和分析方法，为最大可能地减少污泥园林绿化利用所带来的风险提供了技术依据。

目前，我国城镇污水处理厂污泥的填埋方式一般采用与生活垃圾混合卫生填埋，但由于污泥的黏度高、含水率大并且具有易流变性，填埋过程中容易发生变形和滑坡，给填埋工作带来困难，而且给填埋场带来很大安全隐患。因此，制定《城镇污水处理厂污泥处置 混合填埋泥质》（GB/T 23485—2009）混合填埋的污泥准入标准是很有必要的。标准对作为填埋用泥质的基本指标：污泥含水率、pH值、混合比例（污泥与生活垃圾混合填埋时，污泥与生活垃圾的质量比）作了相应规定；同时也规定了用做垃圾填埋场覆盖土添加料的污泥的基本指标：含水率、臭气浓度及横向剪切强度限值；标准还另外规定了施用污泥后苍蝇的密度。除基本指标外，标准也对污染物限制和卫生防疫安全作了规定，同时也规定了污泥的取样和监测分析方法。本标准的发布实施对我国城市污水处理厂污泥处置提供了重要的技术依据。

污泥制砖是在制砖原料组分中掺配一定比例的污泥，利用污泥代替部分黏土等有用资源。污泥制砖的利用价值体现在热能利用和物质利用两个方面，既可以节约能源又可以节约黏土，是一条低成本、无害化的污泥处置途径，相对经济、安全，社会效益显著。《城镇污水处理厂污泥处置 制砖用泥质》（GB/T 25031—2010）规定了制砖用泥质要求、取样和监测方法等。其中，要求制砖用污泥无明显刺激性臭味，另外考虑到含水率、pH 值以及污泥与其他制砖原料的混合比例对污泥的运输以及成品砖质量可能产生的影响，本标准将这 3 项指标作为基本指标。另外还有污染物浓度、卫生学指标以及大气污染物排放指标等。

污泥焚烧处置工艺的原理是在一定的温度和有氧的条件下，污泥中的有机物发生燃烧反应，污泥中的有机物转化为二氧化碳、水和氮气等。污泥单独焚烧是指处理后的污泥用于单一的自持焚烧、助燃焚烧和干化焚烧。《城镇污水处理厂污泥处置 单独焚烧用泥质》（GB/T 24602—2010）规定了城镇污水处理厂污泥单独焚烧的质量准入标准，具体包括：污泥的外观、理化指标和污染物指标。另外，标准还规定了污泥焚烧后的污染物排放标准以及污泥的取样和检测方法，并规定对污泥的监测频率应为每季度一次（二噁英应根据需要进行检测）。

《城镇污水处理厂污泥处置 土地改良用泥质》（GB/T 24600—2009）规定了用于土地（盐碱地、沙化地、废弃矿场土壤）改良用的污泥泥质的指标，规定了污泥施用时的技术要求和注意事项。由于污泥的土地利用具有双面性：一方面有能耗低、可回收污泥中养分等优点，另一方面污泥中含有大量有毒有害物质。所以，污泥土地利用时除了必须经过无毒无害化处理外，最重要的是应严格控制污泥泥质的准入条件，主要项目包括：重金属、病原菌、有机质及营养养分等。本标准在对这些关键指标作了详细规定，为我国污泥土地利用提供了具体技术支持。

污泥农用指污泥经过无害化处理后用于农田、果园和牧草地等。1984 年我国曾经颁布《农用污泥中污染物控制标准》（GB 4284—1984），二十多年过去了，该标准已经不能满足使用要求，制定新的农用泥质标准势在必行。《城镇污水处理厂污泥处置 农用泥质》（CJ/T 309—2009）规定了污泥经过稳定化处理和脱水处理后用于农业用地过程时，污泥要达到的质量标准，包括重金属、有机污染物、物理性质、卫生学指标、养分和有机质、种子指数等。标准根据污泥中污染物浓度，将污泥分为 A 级和 B 级，并规定了 A 级和 B 级污泥的施用范围。具体施用情况由城建、农业和环保部门进行监督，发现因使用污泥导致土壤污染、水源污染或影响农作物生长时，应立即停止施用污泥。本条鼓励符合标准的污泥进行土地利用，这里符合标准个人认为是必须跨过两个"门槛"，一是本身泥质要满足《农用污泥中污染物控制标准》（GB 4284—1984）的要求，这是前端控制；二是通过对满足前述标准污泥进行处理和加工，使之成为满足相关土地利用标准，甚至是满足复合有机肥标准的产品，这是对处理提出了目标要求。污泥建材利用则是将污泥作为制作建筑材料的原料，或者部分原料，通过无机化（焚烧）处理过程，将污泥制作成道砟、水泥、砖等建材产品，再通过建材产品的使用而被消纳。技术政策：限定污泥填埋的处置方式是在不具备土地利用和建材利用的情况下采纳，并提出国家将逐步限制未经无机化处理的污泥在垃圾填埋场填埋和相关污泥填埋要求，也就是说近期污泥填埋，要进行稳定化处理，且保证污泥达到相关力学指标的要求，今后污泥必须经干化和焚烧后才能够填埋。

污泥用做水泥添加料是指用水泥窑中的高温能将污泥焚烧，并通过一系列物理化学反应使焚烧产物固化在水泥熟料的晶格中，成为水泥熟料的一部分。目前，这项技术已经基本成熟，但为了规避环境风险，需要为污泥用于水泥添加料制定准入标准。《城镇污水处理厂污泥处置 水泥熟料生产用泥质》（CJ/T 314—2009）规定污泥用于水泥熟料时，按水泥生产工艺、熟料的产量以及污泥的含水率来确定污泥的添加比例，最多不超过30%。标准还规定了污泥的取样和检测方法，具体由各级建设行政主管部门负责实施监督。

《城镇污水处理厂污泥处置 林地用泥质》（CJ/T 362—2011）规定了林地用泥质的理化指标、养分指标、卫生学和污染物指标以及种子发芽率等，另外还规定了林地年施用量累计每公顷不超过30t，连续施用不应超过15年。封闭水体和敏感性水体周围1km内禁止施用污泥，坡地慎用污泥，并有防雨水、防径流措施。这里所说的林地是指成片的天然林、次生林和人工林覆盖的土地，包括用材林、经济林、薪炭林和防护林等各种林木的成林、幼林、苗圃等所占用的土地，不包括农业生产中的果园、桑园和茶园以及园林绿化用地。

3.3 国内外污泥标准的比较

3.3.1 污染物指标与限值

污泥标准政策体系的完整性和可行性很大程度取决于污染物指标设置的合理与否，同样来说，标准的污染物指标体系设置的合理性和精细程度影响了标准的完善性和可执行性。综合分析国内外的污泥标准，其污染物指标主要包括有重金属、基本理化指标、病原体和微生物、挥发性有机污染物和致癌物以及其他污染物指标。

由于毒性大且具有生物传递效应，各国污泥标准都将重金属作为主要的污染物控制指标之一。污泥农用标准更加重视重金属的控制，不但规定了重金属控制限值，更针对污泥农用的特点制定出不同的指标类型。我国污泥农用标准中重金属的种类比较全面，与美国相比仅缺少对钼（Mo）和硒（Se）的限制。在今后的标准制修订工作中，应围绕我国污泥中重金属的种类和含量特点，并参考国外相关标准，确定反映我国国情的重金属种类。从重金属指标的类型来看，我国重金属限值类型只有一种，即最高允许浓度限值。尽管新颁布的土地改良泥质、农用泥质和园林绿化泥质标准提到了对污泥使用量、污泥累计使用量、连续使用年限和施用频率的要求，但是与国外标准相比，规定不够细致，难以实施和监管。而美国和欧盟则从浓度和施用量两方面规定了重金属指标。除对污泥中重金属浓度进行控制外，欧盟和美国还规定了污泥中重金属年或累积污染负荷限值。这类限值有利于控制污泥施用量，防止施用污泥的土地受到重金属污染。目前欧盟的重金属年污染负荷限值严于美国，而我国污泥农用标准没有对重金属年或累积污染负荷做出规定。另外，欧盟还要求污泥进行农用时对施用污泥的农田土壤进行检测，并规定了土壤中重金属的控制限值，这有利于污泥的合理施用和防止土地污染。

美国污泥农用标准对病原体和微生物指标做出了控制规定，体现为减少病原菌和对病原传播动物的吸引。美国按病原体数量将污泥分为A、B两类。A级污泥要求每克干污泥粪大肠杆菌的最大可能数（most probable number，MPN）应小于1×10^3个或每4g干污泥沙门氏菌的MPN应小于3个；B级污泥要求每克干污泥粪大肠杆菌的MPN应小

于 2×10^6 个或每克干污泥细菌总数应小于 2×10^6 个。欧盟及德国、英国并未明确规定污泥中病原体及微生物的个数，但要求污泥要进行适当调理以去除其中的病原体及微生物。我国在新制定的污泥园林绿化、土地改良和农用泥质标准中引入了病原体和微生物指标，具体体现在卫生学指标主要是粪大肠杆菌菌值、蛔虫卵死亡率。我国污泥标准中对于粪大肠杆菌的规定要严于美国 B 级污泥标准，但比美国 A 级污泥标准宽松，一般规定粪大肠杆菌菌值 > 0.01，蛔虫卵死亡率达到 95%。《城镇污水处理厂污泥泥质》（GB 24188—2009）和《城镇污水处理厂污泥处置 土地改良用泥质》（CJ/T 291—2008）还增加了细菌总数指标，规定干污泥中细菌总数应小于 1×10^8 MPN/kgDS，比美国宽松一些。我国病原体及微生物指标限值基本与美国相当，但欠缺减少对病原传播动物吸引的控制指标，也并未根据污泥分级来确定病原体及微生物指标限值，未能体现污泥分级管理的意义。

近年来，POPs 物质由于其在环境中降解缓慢、滞留时间长、可沿食物链逐级放大并对人类健康造成严重损害而受到广泛关注。部分国内外污泥标准考虑了对 POPs 物质和挥发性物质的限制，如德国在污泥农用标准修订的过程中，新增了对可吸附有机卤化物（AOX）、PCDD/PCDF、PCB 挥发性有机物控制限值并对其监测进行了规定。《城镇污水处理厂污染物排放标准》（GB 18918—2002）规定干污泥中 PCDD/PCDF、AOX 和 PCB 的最高允许浓度限值分别为 100 mg/kg DS、500 mg/kg DS 和 0.2 mg/kg DS，与德国相应限值相同。我国在新制定的污泥园林绿化和土地改良泥质标准中还对总氰化物、矿物油、挥发酚和二噁英等污染物进行了规定。欧美等发达国家尚未规定这些控制项目，美国在 503 标准未对 PCB 浓度做出规定，仅强调 PCB 浓度等于或超过 50 mg/kg DS 的污泥不在该标准的适用范围之内。这说明我国新制定颁布的污泥标准在挥发性有机物和致癌物控制上已较全面和超前，应开展持续研究。

3.3.2 标准体系完善性的比较

美国、欧盟及其成员国针对不同的污泥处置方式，分别制定了相应标准，包括污泥焚烧标准、污泥土地利用标准和污泥填埋标准等。在我国的标准规范体系中，设计污水污泥处理处置方面的内容非常有限，2007 年之前仅有 3 项标准规范在执行。《农用污泥中污染物控制标准》（GB 4284—1984），距至今已有 25 年，已经不能满足使用要求。《城镇污水处理厂污染物排放标准》（GB 18918—2002），是比较综合的城市污水处理厂污染物排放标准，对污泥脱水、污泥稳定提出了控制指标，对农用污泥中重金属和有机物污染物提出了限制，但仍不能满足实际工作的要求。《城市污水处理厂污水污泥排放标准》（CJ 3025—1993），多是原则的文字要求，没有量化。我国标准的制订、评价、修改缺乏规范化和完整性的体系，致使标准修订不及时，各标准间缺乏协调和统一性。

基于上述原因，在住房和城乡建设部的牵头下，国内从事城镇污水厂设计和运行的多家单位联合开展了标准研究，历时近 4 年，共发布了 9 项行业标准，分别为：《城镇污水处理厂污泥处置 分类》（CJ/T 239—2007）、《城镇污水处理厂污泥泥质》（CJ 247—2007）、《城镇污水处理厂污泥处置 园林绿化用泥质》（CJ 248—2007）、《城镇污水处理厂污泥处置 混合填埋泥质》（CJ/T 249—2007）、《城镇污水处理厂污泥处置制砖泥质》（CJ/T 289—2008）、《城镇污水处理厂污泥处置 单独焚烧泥质》（CJ/T 290—2008）、《城镇污水处理厂污泥处置土地改良泥质》（CJ/T 291—2008）、《城镇污水处理厂污泥处置 农用泥质》（CJ/T 309—2009）、《城镇污水处理厂污泥处置 水泥熟料生产用泥质》（CJ/T 314—2009）。这套系列标准为污泥的安全处置和资源化利用提供了技术依据，针对标准的实施，与国外发达国家相比我国污泥处置标准体系存在的差距：标准制订还不是一个完整性的体系，各标准间还需进一步协调；标准制订缺乏阶段性，尤其是缺乏过渡期的标准；该系列标准大多还只是泥质标准，还需进一步开展规程、规范和技术导则的研究编制，并且这一系列泥质标准，仅限于生产运行规范，对采用焚烧和填埋等处置方式的污泥的性质和用量做出了规定，并未对处置过程所产生的污染物控制做出规定。这些标准是一系列国家和行业的推荐性标准，并非强制性要求。因此，在今后的污泥标准制、修订工作中，应加快污泥土地利用、焚烧、填埋、建材利用等处理处置环保标准的制订，进一步加强污泥监控和管理。

相比之下，我国污泥标准的制定有各自为政之嫌，标准的取值不能过于乐观，而与实际情况有偏离，例如污灌水质指标镉浓度 0.005mg/L，对应的污泥镉浓度 20mg/kg，农用污泥指标镉浓度为 3mg/kg，对应的水质镉浓度 0.000 8mg/L，标准之间就有 5 倍以上的差别。一些控制指标偏宽，有为开拓处置出路而牺牲环境质量的倾向。污泥标准不可各自为政，环境立法需把握环境质量保护的尺度，政策上应具有协调一致性，污染物控制指标有严格的计算依据，可保证长期应用从立法层面看，污泥处置不应是"行为责任"与"状态责任"二者关系不理顺，土壤安全的责任主体不落实，"镉米"问题就会不可避免地一再重演。在这方面，德国标准体系值得借鉴之处在于，它以土壤保护法为框架，统管废弃物循环、污泥土地利用处置等相关法规，政策上具有协调一致性，所规定的污染物控制指标有严格的计算依据，可保证长期应用而不会造成土壤安全问题。

在德国，污泥的土地利用只能在非常严格的监督下才能进行。法律明确规定了将执行的监督权授予第三方。德国《污水厂污泥条例》中，首先禁止施用混入来自工业废水的污泥，禁止施用未经处理的生活污泥，也禁止对果园、菜园、永久性草场、森林用地、自然保护区、水源地、陡坡等施用污泥。可施用的污泥分为两档，一档是污染物浓度极低的污泥，只规定首次施用前需要检测污泥中的污染物浓度和每 10 年为周期监测土壤健康状况，干基施用量为每 3 年 5t/hm^2。另一档是污染物浓度较高的污泥，对此特别明确规定，这种指标的污泥施用必须由第三方授权机构进行高频度的检测（每 2个月至 6 个月，根据机构的要求进行）。尤为重要的是，德国的土壤保护法中规定了年度进入土壤的污染物最高限值，这也是判断土壤是否被污染的一个基准值。《联邦土壤保护和污染地条例》规定，从各种途径（土、水、植物）向土壤输入污染物有一个上限，高于这一基准值将被认为对土壤构成污染。如果仅仅比较污泥污染物最高限值，可能会发现 CJ/T 309—2009 甚至比德国还严格。但实际上，这种解读有失准确，因为它忽略了与此相关的另 2 个关键限值：年污染物输入量和污泥施用量。CJ/T 309—2009 未规定污染物的输入量，仅规定了污泥最高施用量和时间，7.5t/hm^2 每年，最长连续 10年。通过计算比较，我们发现 CJ/T 309—2009 的 A 级污泥标准，在污泥施用量上其实是德国的 4.5 倍，在污染物施用量方面分别是 3.75 倍（镉）和 15 倍（汞）。

系统的、科学的污泥处理处置标准是监控污泥处理处置、选取合理技术路线和采取有效技术政策的重要前提。我国污泥处置的标准政策正从以往不完整的体系慢慢走向完善，但离建立一个真正完备的、适合我国国情的污泥处置标准体系还有距离。我们要充分考虑我国的国情，积极借鉴国外发达国家的污泥处理处置标准规范与政策，逐渐完善我国城镇污水处理厂的污泥的标准政策体系，以约束处理处置设施的规范建设和运行，确保污泥处理处置的安全。

3.3.3 构建和完善我国的污泥标准体系

构建和完善我国污泥标准体系要从污泥产生到处理处置的全过程着眼，不仅要进一步制、修订城镇污水处理厂污染物排放标准、污泥泥质等产品标准和监测分析等方法标准，还应大力加强污泥处理处置环保标准的制订工作。污泥处理处置途径主要有焚烧、土地利用、建材利用和填埋。但是目前我国还没有污泥处理处置的环保标准，尤其是污泥处理处置过程的污染物排放标准，不能满足实际工作需求。应尽快从技术政策、工程技术规范、污泥泥质、污染物排放控制等方面着手，构建污泥处理处置环保标准体系。目前，城镇污水处理厂污泥处理处置与污染防治技术政策（试行）已经颁布，污水污泥处置技术规范也在修订过程中，部分污泥泥质标准已经出台，污泥处理处置的污染物排放标准亟待制定。

我国作为一个发展中国家，土地利用在相当长的一个历史时期内仍将是污泥处理处置的重要手段。根据不同的利用形式，污泥土地利用环保标准又可分为污泥农用、园林绿化和改良土地环保标准，与之相关的还有污泥堆肥环保标准。《农用污泥中污染物控制标准》（GB 4284—84）由于制定时间早，存在指标不全面、缺乏实施和管理细则等问题，已不能满足阶段管理需求。事实上 2002 年发布的《城镇污水处理厂污染物排放标准》（GB 18918—2002）已对污泥农用时重金属等污染物做出新的要求，但施用条件仍须符合《农用污泥中污染物控制标准》（GB 4284—84）的有关规定。目前在污泥污染物排放控制方面，需强化重金属等有害物质的源头控制和污泥稳定化等内容，还可考虑增加污泥堆肥环保标准、城市污水预处理标准等。

考虑到我国现有污泥标准中重金属、挥发性有机物和致癌物质等指标限值已经是世界最严格的国家之一，下一步的工作重点需从施用和监测管理方法等方面着手，确保污泥农用安全、环保。主要包括：全面、合理地确定重金属控制指标；我国污泥标准缺乏对土壤中重金属含量和污泥施用负荷的限制。由于这两类指标可避免因污泥累积施用而造成的土壤中重金属累积，能够最大限度地保证污泥的安全使用。因此应在污泥标准制修订过程中，提出适合我国的土壤中重金属控制限值和重金属施用负荷限值。另外，为了保护我国的土壤环境和人体健康，我国污泥土地利用环保标准中应增加对监测项目和监测频率的规定，增加标准可操作性，加强对污泥土地利用的有效监管。

比如说，污泥焚烧包括单独焚烧和混合焚烧（或共焚烧）。混合焚烧又可分为与城市生活垃圾混合焚烧、利用工业窑炉（水泥窑）焚烧、火电厂混烧等方式。根据环境管理的需要，可以单独制订各焚烧方式的环保标准，也可在相关标准的制修订过程中包含污泥焚烧的内容。由于污泥和生活垃圾均属于一般废物，在废物的性质上具有共同的属性，特别是两者在焚烧过程产生的特征污染物基本相同。因此对于污泥与垃圾混烧和单独焚烧均可规定采用《生活垃圾焚烧污染物排放标准》（GB 18485—2001），可以有效地控制焚烧过程的污染物排放。利用火电厂的设施处理污泥在国外是一种成熟的、行之有效的处理方法，各国也制定了相关的环保标准。目前我国也有不少城市污水处理厂采用热电厂流化床锅炉焚烧污泥，但相关环保标准尚未制订。污泥与煤混烧设施应该是城市基础设施的一部分，不能作为临时设施考虑，因此必须制订污染控制标准，加强环保监管。制订污泥与煤混烧标准时需重点考虑火电厂规模控制、重金属、二噁英等指标及其限值的制定。

根据我国《固体废弃物污染环境防治法》，城市污水处理厂污泥应该被视为非危险废物的固体废物进行处理处置。因此我国制订的《水泥窑共处置危险废物污染控制标准》和《工业窑炉共处置固体废物污染控制标准》也将据此提出污泥在发电锅炉等工业窑炉中共处置的污染控制要求。污泥混合填埋仍是我国污泥处理处置的主要方式之一，混合填埋一般按照《生活垃圾填埋场污染控制标准》（GB 16889—2008）的要求进行。基于减少温室气体排放的考虑，《城镇污水处理厂污泥处理处置与污染防治技术政策》（试行）提出我国将逐步取消和限制污泥的直接填埋。在此基础上，我国将根据垃圾及污泥处理处置发展情况适时制定新的控制措施。

污泥建材利用是污泥资源化的有效方式之一。我国污泥建材利用形式包括制砖、制水泥、制轻质骨料、制纤维板或陶粒等其他建材，但是我国还没有长期运行的实际工程，需根据实际运行情况适时制订相关环保标准。环保部已经启动利用各种固体废物生产建筑材料的环境保护控制标准，其中关于水泥产品的环境保护控制标准已经完成。

污泥检验方法标准需满足其他污泥标准的监测要求，并能随其他污泥标准的制、修订而进行相应更新。至于污泥监测的采样和监测频率要求，则应根据不同类别标准的具体要求分别在各标准中单独规定。标准的实施和管理与指标设置同样重要。欧盟、美国、德国和英国的污泥标准中都规定了污泥的数量、主要成分和浓度、转移双方等相关信息的记录和报告制度。而我国污泥标准对此还处于空白阶段，应尽快建立污水处理厂、当地环保行政管理部门和最终处置地之间的联单制度；同时我国应学习借鉴国外的经验，在标准中规定应定期向公众公布污泥检测结果、污泥处理处置及利用情况。

总体来说，我国污泥处理处置问题正日益受到重视，污泥标准的制、修订工作不断开展，相关体系也在不断完善。但我国污泥标准体系缺少污泥处理处置环保标准这一重要的污泥标准类别，如污泥焚烧标准、污泥堆肥标准等，对指导污泥处理处置工作十分不利。制订污泥标准，需着重设置全面、合理、可行的指标体系和指标限值。我国污泥标准在污泥中重金属种类和浓度限值、挥发性有机物与致癌物种类和限值等方面较为先进，但也存在着缺少重金属施用负荷控制指标、土壤中重金属限值和减少对病原传播动物吸引的控制指标等问题，需逐步完善。关于污泥标准实施与管理的规定欠缺或不够细致，美国和欧盟的经验值得借鉴。构建和完善我国污泥标准体系，需尽快制订污泥处理处置环保标准，修订城镇污水处理厂污染物排放标准和污泥检验方法标准，进一步补充完善适于不同处置方式的污泥泥质标准，进一步加强污泥的全过程管理。

4 污泥处置技术

污泥处置是指污泥焚烧和使用其他改变污泥物理、化学、生物特性的方法，达到减少已产生的固体废物数量、缩小固体废物体积、减少或者消除其危险成分的活动，或者将污泥最终置于符合环境保护规定要求的填埋场的活动。国内外污泥处理处置方法很多，一般分为浓缩、消化、脱水、干化、有效利用（多用于农业堆肥）、填埋及焚烧等，间或组合几种方法的综合工程项目。污水厂污泥的稳定和脱水称为污泥的处理，将污泥的堆肥、填埋或最终利用等处理方式称为污泥的处置。污泥处理的主要目的在于污泥的减量。众所周知，污水厂出产污泥含水率高到96%以上。初始的污泥处理需将含水率降低至70%～80%，该过程可显著达到减量的目的。产出污泥多数含有重金属及真菌细菌等残留，如直接废弃处理，将引起严重二次污染，并可能引发人类生存环境危机继而引发大面积多发性传染疾病的可能性。因此，城市产出污泥均要求统一处置处理，达到无害的标准。

4.1 污泥浓缩

污泥处理系统产生的污泥，含水率很高，体积很大，输送、处理或处置都不方便。污泥浓缩是污泥处理的重要环节之一，可使污泥初步减容，使其体积减小为原来的几分之一，从而为后续处理或处置带来方便。污泥浓缩的主要目的和意义在于减少污泥体积，降低后续构筑物或处理单元的压力。首先污泥经浓缩之后，可使污泥管的管径减小，输送泵的容量减小。浓缩之后采用消化工艺时，可减小消化池容积，并降低加热量；浓缩之后直接脱水，可减少脱水机台数，并降低污泥调质所需的絮凝剂投加量。污泥浓缩使体积减小的原因，是浓缩将污泥颗粒中的一部分水从污泥中分离出来。从微观看，污泥中所含的水分包括空隙水、毛细水、吸附水和结合水四部分。污泥浓缩可将绝大部分空隙水从污泥中分离出来，但不能将毛细水分离，必须采用自然干化或机械脱水进行分离；浓缩或脱水方法也均难以使吸附水与污泥颗粒分离。污泥浓缩后含水率可降为95%～97%，近似糊状，可以达到污泥的初级减量，某些浓缩手段可达到进一步的稳定处理。

污泥浓缩包含重力浓缩法、气浮浓缩法、带式重力浓缩法和离心浓缩法，还有微孔浓缩法、隔膜浓缩法和生物浮选浓缩法等。污泥浓缩工艺或设备的选择主要取决于产生污泥的污水处理工艺、污泥性质、污泥量和需达到的含水率要求。国内目前以重力浓缩为主，但随着氧化沟、A^2/O 等污水处理新工艺的不断增多，气浮浓缩和离心浓缩将会有较大的发展。事实上，这两种浓缩方法在国外早已有了非常成熟的运行实践经验。

4.1.1 重力浓缩

重力浓缩法用于污泥处理是广泛采用的一种方法，已有 50 多年历史，是目前国内应用最多的污泥浓缩法。重力浓缩是利用重力作用的自然沉降分离方式，不需要外加能量，是一种最节能的污泥浓缩方法。重力浓缩是一种沉降分离工艺，属于压缩沉淀，依靠污泥中固体物质的重力作用进行沉降与压密，通过在沉淀中形成高浓度污泥层达到浓缩污泥的目的，是污泥浓缩方法的主体。单独的重力浓缩是在独立的重力浓缩池中完成，工艺简单有效，但停留时间较长时可能产生臭味，而且并非适用于所有的污泥；如果应用于生物除磷剩余污泥浓缩时，会出现磷的大量释放，其上清液需要采用化学法进行除磷处理。重力浓缩法可适用于初沉污泥、化学污泥和生物膜污泥。

污泥浓缩前由于浓度很高，颗粒之间彼此接触支撑，浓缩开始后在上层颗粒的重力作用下，下层颗粒间隙中的水被挤出界面，颗粒之间相互拥挤得更加紧密。通过这种拥挤积压缩过程，污泥浓度进一步提高，从而实现污泥浓缩。以造纸污泥为例，通常初沉池污泥的相对密度平均为 1.02 ~ 1.03，污泥颗粒本身的相对密度为 1.3 ~ 1.5，所以初沉污泥易于实现重力浓缩；活性污泥相对密度在 1.0 ~ 1.005，活性污泥絮体本身的相对密度为 1.0 ~ 1.01，当处于膨胀状态时，其相对密度甚至小于 1，因而活性污泥一般不易实现重力浓缩。

用于重力浓缩的构筑物成为重力浓缩池。重力浓缩的特征是区域沉降，在浓缩池中有四个基本区域：澄清区，为固体浓度极低的上层清液；阻滞沉降区，在该区悬浮颗粒以恒速向下运动，一层沉降固体从区域底部形成；过渡区，特征是固体沉降速率减小；压缩区，在该区由于污泥颗粒的集结，下层的污泥支撑着上一层的污泥，上一层的污泥压缩下一层的污泥，污泥中间隙水被排挤出来，固体浓度不断提高，直至达到所要求的底流浓度并从底部排出。

重力浓缩池设计时，污泥固体表面负荷应负荷规定要求。初沉污泥的固体表面负荷一般采用 90 ~ 150kg/（$m^2 \cdot d$），二沉池污泥含水率为 99.2% ~ 99.6% 时，二沉污泥固体表面负荷一般采用 10 ~ 30 kg/（$m^2 \cdot d$），污泥浓缩时间不小于 12h。在污水处理厂中，一般讲初沉污泥和二沉污泥混合后采用重力浓缩，这样可以提高重力浓缩池的浓缩效果，重力浓缩池固体表面负荷取决于两种污泥的比例，运行负荷一般 50 ~ 90 kg/（$m^2 \cdot d$）。重力浓缩池的主要控制因素是固体通量，浓缩池的体积依据固体通量进行计算。浓缩池的设计参数一般通过污泥沉降试验取得。

重力浓缩可以分为间歇式和连续式两种，间歇式重力浓缩主要用于小型污水处理厂，连续式重力浓缩主要用于大、中型污水处理厂。目前重力浓缩池仍是城市污水处理厂污泥浓缩的主要技术。虽然该工艺技术成熟、构造简单、运行管理方便，但占地面积大、卫生条件差。不进行曝气搅拌时，在池内可能发生污泥的厌氧消化，污泥上浮，从而影响浓缩效果，这种厌氧状态还使污泥已吸收的磷释放，重新进入污水之中。安装在重力浓缩池中心的水下轴承容易出现故障，搅拌栅易腐蚀，常造成停池检修。重力浓缩后的污泥含固率低，特别是对于剩余活性污泥的重力浓缩，一般浓缩后的污泥含固率不超过 4%，含固率低使后续处理构筑物容积增大，增加投资和运行成本。随着污水处理工艺的发展和污水处理标准的提高，特别是对脱氮除磷要求的提高，使重力浓缩工艺在剩余活性污泥浓缩方面的应用受到限制。

4.1.2 气浮浓缩

气浮浓缩于 1957 年出现在美国，此法固液分离效果较好，应用已越来越广泛。气浮浓缩与重力浓缩相反，是依靠大量微小气泡附着在污泥颗粒的表面，从而使污泥颗粒的相对密度降低而强制上浮，实现泥水分离的浓缩方法。因此气浮法对于浓缩活性污泥和生物滤池等颗粒相对密度较低（比重接近于 $1g/cm^3$）的污泥尤其适用。通过气浮浓缩，可以使活性污泥的含水率从 99.4% 浓缩到 94%～97%。气浮浓缩的浓缩污泥好税率低于采用重力浓缩的浓缩池，可以到较高的固体通量，气浮浓缩法操作简便，运行中同样有一定臭味，动力费用高，对污泥沉降性能（SVI）敏感；适用于剩余污泥产量不大的活性污泥法处理系统，尤其是生物除磷系统的剩余污泥。

气浮浓缩需要水力停留时间较短，一般为 30～120min，而且是好氧环境，避免了厌氧腐败和磷释放问题，因此分离液中含固率和磷含量都比重力浓缩低。有资料表明，重力浓缩分离液浓度为 500～40 000mg/L，而气浮浓缩为 180～220mg/L，气浮所需要的空气压力为 0.3～0.5MPa，空气量与固体量的比（A/S）为 0.01～0.05。浮渣中有 10%～20% 的空气，需要有脱气措施，才不影响运输设备和计量设备的工作，脱气方法有待改进。根据气泡形成的方式，气浮浓缩工艺可以分为：压力溶气气浮（DAF）、生物溶气气浮、涡凹气浮、真空气浮、化学气浮、电解气浮等。

压力溶气气浮（DAF）工艺已广泛应用于城市污水处理厂剩余活性污泥的浓缩，具有较好的固液分离效果，不投加调理剂的情况下，污泥的含固量可以达到 3% 以上，投加调理剂时，污泥的含固率可以达到 4% 以上。为了提高浓缩脱水效果，通常在污泥中加入化学絮凝剂，药剂费用是污泥处理的主要费用。压力溶气气浮工艺浓缩剩余活性污泥具有占地面积小、卫生条件好、浓缩效率高、在浓缩过程中充氧可以避免富磷污泥的磷释放等优点，但其缺点是设备多、维护管理复杂、运行费用高。

生物溶气气浮工艺利用污泥自身的反硝化能力，加入硝酸盐，污泥进行反硝化作用产生气体使污泥上浮而进行浓缩。硝酸盐浓度、温度、碳源、初始污泥浓度、泥龄、运行时间对污泥的浓缩效果有较大影响。气浮污泥浓度是重力浓缩的 1.3～3 倍，对膨胀污泥也有较好的浓缩效果，气浮污泥中所含气体少，对污泥后续处理有利。生物气浮浓缩工艺的日常运转费用比压力溶气气浮污泥浓缩工艺长，需投加硝酸盐。

涡凹气浮浓缩工艺浓缩活性污泥也有应用，该系统的显著特点是通过独特的涡凹曝气机将微气泡直接注入水中，不需要事先进行溶气，散气叶轮把微气泡均匀分布于水中，通过涡凹曝气机抽真空作用实现污水回流。涡凹气浮浓缩污泥的应用在国内还不多，但研究表明，涡凹气浮适合用于低浓度剩余活性污泥的浓缩。

4.1.3 机械浓缩

机械浓缩方法出现在 20 世纪 30 年代的美国，此方法占地面积小，造价低，但运行费用与机械维修费用较高。机械浓缩所需时间更短，以离心浓缩为例，仅需几分钟，浓缩污泥的浓度比重力浓缩要高，但是动力消耗大，设备价格高，维护管理工作量大。从污泥浓缩的可靠性、有效性，特别是尽量减少污泥的释磷量的要求来判断，应考虑机械浓缩。目前，研发生产的机械浓缩机一般用于污泥浓缩脱水一体化设备的浓缩段，污泥浓缩脱水一体化设备具有工艺流程简单、工艺适应性强、自动化程度高、运行连续、控制操作简单和过程可调节性强等一系列优点，正得到越来越多的中小型污水处理厂的关注，一体化污泥脱水设备在国内应用有推广之势。机械浓缩包括带式浓缩机浓缩、离心浓缩和转鼓、螺压浓缩机浓缩等。

带式浓缩机浓缩主要用于污泥浓缩脱水一体化设备的浓缩段，是利用带式重力浓缩机的一种机械浓缩法，主要由框架、进泥配料装置、脱水滤布、可调泥耙和泥坝组成。其浓缩过程为污泥进入浓缩段时被均匀摊铺在滤布上，好似一层薄薄的泥层，在重力作用下泥层中污泥的自由水大量分离并通过滤布空隙迅速排走，而污泥固体颗粒则被截留在滤布上。带式浓缩机通常具备很强的可调节性，其进泥量、滤布走速、泥耙夹角和高度均可进行有效的调节以达到预期的浓缩效果。浓缩过程是污泥浓缩脱水一体化设备关键控制环节，水力负荷是带式浓缩机运行的关键参数。一般设备厂家通常会根据具体的泥质情况提供水力负荷或固体负荷的建议值。不同厂商设备之间的水力负荷可能相差很大，质量一般的设备只有 $20 \sim 30 m^3/$（m 带宽·h），但好的设备可以做到 $50 \sim 60 m^3/$（m 带宽·h）甚至更高，设备带宽最大为 3.0m。在没有详细的泥质分析资料时，设计选型时水力负荷可按 $40 \sim 45 m^3/$（m 带宽·h）考虑。带式浓缩机常见有滤带跑偏、污泥外溢及滤带起拱等故障，影响带式浓缩机的运行。污泥浓缩脱水一体化设备，适用于进泥含水率 99.5% 以下的污泥，进泥含水率高于 99.5% 不宜直接进入，一般需要通过其他浓缩方法浓缩。由于其具有投资适中，运行费适中，效果好，对各种性能的污泥适应性较强等特点，因此近几年被广泛采用；但实际运行中会受到污泥中高分子的影响，运行时湿度大，因而需要仔细操作。带式浓缩机浓缩法适用于各种生物污泥。

离心浓缩法的原理是利用污泥中固、液比重不同而具有的不同的离心力进行浓缩。离心浓缩工艺的动力是离心力，离心力是重力的 $500 \sim 3\,000$ 倍。离心浓缩工艺最早始于 20 世纪 20 年代初，当时采用的是最原始的框式离心机，后经过盘嘴式等几代更换，现在普遍采用的是卧螺式离心机。与离心脱水的区别在于，离心浓缩用于浓缩活性污泥时，一般不加入絮凝剂调剂，只有当需要浓缩污泥含固率大于 6% 时，才加入少量絮凝剂，而离心脱水机要求必须加入絮凝剂进行调剂。离心浓缩法具备占地小，自成系统，效果好，操作简便，不会产生恶臭，对于富磷污泥可以避免磷二次释放，可提高污泥处理系统总除磷率，造价低等优点；但缺点是运行费用和机械维修费用高，经济性差，维护复杂，适用于大中型污水处理厂的生物和化学污泥。

转鼓、螺压浓缩机浓缩或类似装置主要用于浓缩脱水一体化设备的浓缩段，转鼓、螺压浓缩是将经化学混凝的污泥进行螺旋推进脱水和挤压脱水。转鼓、螺压浓缩机是污泥含水率降低的一种简便高效的机械设备，其工艺参数主要是单台设备单位时间的水力接受能力及固体处理能力。采用该型设备对污泥进行浓缩，对含固率大于 0.5% 的污泥可浓缩到 6% 以上。

4.2 污泥破解与调理技术

4.2.1 污泥破解调理技术种类

污泥破解就是破坏污泥的结构及微生物细胞壁，使污泥絮体结构发生变化，细胞内的内含物流出来，同时释放出酶，酶的作用使其余未被破解的微生物细胞失去环境适应能力，易被厌氧微生物消耗，变难降解的固体性物质为易降解的溶解性物质，促进污泥厌氧消化。目前，促进污泥破解的方法主要分为 3 类：物理方法、化学方法、生物方法，同时也可利用各种方法的组合来进行污泥破解。污泥破解之后通常有 3 种处置方式：厌氧消化、全部回流至好氧处理系统进行生物处理、破解后沥出液作为反硝化碳源加以利用。在污泥厌氧消化前，采用这些技术进行强化处理，可增强物理降解效率，并减少污泥处理量。总之，污泥破解可以促进污泥的资源化、稳定化与减量化。

污泥的厌氧消化可分为 3 个阶段：水解发酵、产酸发酵和甲烷发酵，后两个阶段进行得快（如产酸发酵只需几小时），而水解过程进行缓慢，是厌氧消化的限速步骤，所以厌氧消化一般需要较长的停留时间和较大的消化池。水解缓慢的主要原因之一是微生物细胞壁（膜）的存在，因为污泥是厌氧菌的基质来源，而污泥本身主要是由微生物构成的，厌氧菌进行发酵所需的基质就包含在微生物的细胞膜内，因此只有打破细胞壁（膜）将这些有机质释放出来，厌氧菌才能利用它们进行厌氧消化。由于污泥固体的生物可降解性低，完全的厌氧消化需相当长的时间，即使 20 ~ 30d 的停留时间也仅能去除 30% ~ 50% 的挥发性固体（VSS）。因此提高厌氧消化效率的一个主要途径是促进污泥细胞的破解，增强其生物可降解性。

经过浓缩和消化，污泥中的固体物主要由亲水性带负电的胶体颗粒组成，污泥水与污泥固体颗粒的结合力很强，比阻值较大，脱水性能较差。为了改善污泥脱水的性能，提高机械脱水的效果，需要通过调理来改变污泥的理化性质，减少胶体颗粒与水的亲和力，为固液分离创造条件。污泥调理方法主要有物理调理法、化学调理法和微生物调理法三大类。这三种方法在实际中都有应用，但以化学调理法为主，原因是化学调理方法操作简单，投资成本较低，调理效果较稳定，是目前比较合理的方法，化学调理药剂又包括无机调理剂和有机调理剂。

4.2.2 污泥物理破解调理技术

物理破解方法中主要有机械方法、加热法、冷冻法和辐照法等，机械方法中主要包括有高压喷射法、珠磨法、超声波法等。

高压喷射法主要用于污泥破解，其工作原理是利用高压泵将污泥循环喷射到一个固定的碰撞盘上，通过该过程产生的机械力来破坏污泥内微生物细胞的结构，使得胞内物质被释放出来，从而显著提高污泥中蛋白质的含量，促进水解的进行。

珠磨法主要用于污泥的破解和有机物释放，促进污泥厌氧消化，主要设备是珠磨机，主体是一圆筒形的腔体，内带有圆盘状的轴，腔体内装有钢或玻璃制的小珠，以提高破解效果。珠磨机的工作原理是在珠磨机内由于电机带动的圆盘高速旋转，将进入珠磨机的细胞悬浮液与极细的玻璃珠一起搅拌，由于研磨作用，使细胞破碎，释放出内含物，细胞的破解由剪切力层间的碰撞与珠的滚动引起。

超声波泛指频率在 20kHz 以上的声波，通常以纵波的方式在弹性介质内传播，是一种能量的传播形式。超声波能在水中产生一系列接近于极端的条件，如急剧的放点，产生瞬间的局部高温（几千摄氏度）和高压（几百个大气压）、超高速射流等。质点加速度、冲击波和射流、高温高压可破坏物质结构，改变其物理化学性质，这是超声波的一次效应，而由此衍生二次波、辐射压、声捕捉。自由基和氧化剂等可能较大程度地改变物质性质，引发化学反应属丁超声波的二次效应。超声波的一种纵波，即在声波的传播过程中质点的振动方向与声波的传播方向相同，其波段由压缩相与膨胀相交替组成。当声波在液体中传播时，处于压缩相的液体呈正压状态，而处于膨胀相的液体则呈负压状态。当足够强度的超声通过液体时，也就是当声波负压半周期的声压幅值超过液体内部静压强时，可使处于膨胀相中液体分子间振动距离大于保持液体作用的临界分子间距，从而撕开液体，破坏液体结构的完整性，形成很小的气泡和微气核。这些空化核连同先前存在于液体中的一些小气泡（主要指溶解的气体或液固边界处存在的一些大小不一的小气泡），在声波的膨胀相迅速涨大，然后再压缩相又突然被绝热压缩爆破，产生局部高温、高压、冲击波等，释放大量的能量，同时生成新的微核，这一过程即为超声空化。影响超声波破解污泥的主要因素包括频率、声能密度、声强、空化气体、污泥浓度、污泥 pH 值、温度、压力以及反应器形状、结构等。不同能量输入的超声对于污泥的破解程度不同，因此根据不同的目的，使用不同参数的超声波处理污泥。高能超声被用于污泥破解，细胞内有机物溶出，更有利于污泥的厌氧消化，但是如果没有后续调理过程，这一高能破解过程可能会降低污泥的脱水性能。低能超声波用于污泥调理，使胞间水得以释放，改善污泥的脱水性能。

加热法既可以实现污泥的厌氧消化，也可以改善污泥的脱水性能。加热用于强化污泥厌氧消化。污泥中的碳水化合物和脂类相对易于降解，而蛋白质却难以被水解酶水解。高温下，蛋白质变性，采用加热法使得污泥中的部分细胞体受热膨胀而破裂，释放出蛋白质和胶质、矿物质以及细胞膜碎片，进而在高温下受热水解、溶化，形成可溶性聚缩氨酸、氨氮、挥发酸以及碳水化合物等；同时，细胞质膜的脂肪受热也会溶解使膜产生小孔，引起细胞内含物泄漏，从而在很大程度上促进了污泥厌氧消化的发生。加热用于改善污泥脱水性能，如对污泥进行加热，污泥中的细胞会被分解破坏，细胞膜中的内部水就会游离出来，使污泥的脱水性能得以提高，这一过程成为污泥的热调理。这对于脱水性能很差的活性污泥特别有效。通过热调理，污泥在热的作用引起凝聚、破坏胶体结构，使结合水释放出来和有机物水解。这些现象不是分阶段产生的，总体上是同时进行的。热调理的好坏，很大程度取决于污泥的性质、温度和处理时间等条件。

冷冻处理法是将污泥降温至凝固点以下，然后再室温条件下融化的处理方法。通过冷冻形成冰晶再融化的过程胀破细胞壁，使细胞内的有机物溶出，加速污泥厌氧消化过程的水解反应；同时使污泥中的胶体颗粒脱稳凝重，颗粒粒径由小变大，失去毛细状态，从而有效提高污泥的沉降性能和脱水性能；随着冷冻层的发展，颗粒被向上压缩浓集，水分被挤向冷冻界面，浓集污泥颗粒中的水分被挤出。该法能不可逆地改变污泥结构，即使再用机械或水泵搅拌叶不会重新成为胶体。

目前，工业上把产生电离辐射的辐射源归为两大类：一类是通过自身核衰变而发生电离辐射的核素物质；另一类是能将电能转变成电离辐射能的装置，如电子加速器、中子加速器、重离子加速器等。由于成本、防护和灭菌效率等多种因素，目前广泛使用的辐射源主要是钴源（60Co）和电子加速器。前者在衰变过程中释放 γ 射线，后者则产生高能电子。辐照法主要用于破解污泥，提高污泥厌氧消化。

淘洗法主要用于消化污泥的调质，目的是降低污泥的碱度，节省药剂用量。污泥淘洗时，颗粒利用固体颗粒大小，相对密度和沉降速度不同的性质，将细颗粒和部分有机微粒除去，降低污泥的黏度，提高污泥的浓缩和脱水效果。淘洗过程包括：用洗涤水稀释污泥、搅拌、沉淀分离、撇除上清液。淘洗水可使用初沉池和二沉池的出水或自来水、河水，用量为污泥量的 2 ~ 3 倍。

4.2.3 污泥化学破解调理技术

污泥化学破解调理技术主要有无机调理剂、有机调理剂、有机无机复合絮凝剂等。

污泥无机调理剂主要使用铁盐、铝盐、石灰和粉煤灰。硫酸铝是世界上水和废水处理中使用最早、最多的药剂。自 19 世纪末美国首先将硫酸铝用于给水处理以来，一直就被广泛采用。无机高分子药剂产业始于日本，于 20 世纪 60 年代后期在世界各地发展起来，它比原有传统药剂效能更高而价格相对较低，因而有逐步成为主流药剂的趋势。有人研究了粗细两种粉煤灰对水厂污泥脱水性能的改善效果，得出粗粉煤灰和细粉煤灰改善污泥脱水的最佳投量分别是 30mg/100mL 污泥和 20mg/100mL 污泥，污泥比阻大幅度降低，使用粗粉煤灰对污泥脱水后泥饼含水率降至 40%。另外，通过研究粉煤灰和生石灰对生活污水污泥脱水的影响，发现在投加量为 10g/100mL，且粉煤灰与生石灰质量比为 1：1 时，污泥比阻降低了 99.3%，脱水性能得到了最大的改善，单独投加粉煤灰 20g/mL 污泥时，泥饼含水率最低，为 50.8%。若用干化明矾污泥作为调理剂调理污泥发现，当干化污泥投加量为 20g/100mL 湿污泥，减半时间为 80s 时，脱水效果最好，污泥比阻降到 0.3×10^{11} m/kg。其中，起主要调理作用的是硫酸铝。无机调理剂用于污泥脱水可以把含水率降到较低的水平，并且能加强絮体的结构。但无机调理剂存在着投加量大、成本高、对设备有腐蚀等缺点，而且会显著降低污泥的热值，不利于污泥焚烧；同时无机调理剂对过滤速度的提高不如有机调理剂。

有机调理剂在 1960 年开始投入使用，与无机药剂结构、类型的单一不同，有机药剂可以分为许多不同类型的产品，这些产品具有不同的化学组成及有效官能团。此外，新的产品还在不断的研究开发中。与无机脱水药剂相比，有机药剂具有渣量少，受 pH 值影响小等优点，但存在费用高、溶解难、脱水效果不好等缺点，因此国内外相关研究都在寻找更好的替代品。有机药剂对同一种污泥在达到统一处理效果时，所需有机药剂的用量比无机药剂要少得多，无形中节约了成本。如果污泥最终处置方式采取焚烧法，使用有机药剂不仅不能降低污泥泥饼的燃烧热值，还可以得到更高的固体回收率。然而，有机药剂对污泥的脱水效果不如无机药剂，脱水后泥饼的含水率在 70% 左右，用

51

于污泥干化时仍消耗大量的热量。因此研究新型的污泥脱水有机药剂，进一步降低脱水后泥饼的含水率成为当今污泥脱水研究的重点。

单独使用无机絮凝剂能加强絮体的结构，但形成的絮体较小，需较多的药剂；单独使用有机絮凝剂能形成较大的絮体，用量小，但是絮体强度不够；结合两种絮凝剂使用后，不仅能形成大而坚固的絮体，而且用药量比单独使用一种絮凝剂时减少，降低调理费用，污泥的脱水效果更好。但对联用药剂之间的投加比例和投加顺序有一定的要求，当比例或顺序不恰当时，效果会适得其反，同时可能对环境造成二次伤害。曾有报道三氯化铁、聚乙烯醇和聚丙烯酰胺对城市生活污泥的脱水性能的影响，将三氯化铁和聚乙烯醇以投加比例 4:1 配合使用，其脱水效果优于单独使用三种絮凝剂的效果。复核絮凝剂用量为干泥量的 1% 时，污泥含水率由 94% 下降到 71%，其体积可缩小为原体积的 2%，且滤液澄清度高，透光率达 98%。

4.2.4　污泥生物破解调理技术

根据微生物物质组成的不同，生物破解调理方法可分为三类：第一，直接利用微生物细胞，如细菌、霉菌、放线菌和酵母；第二，利用微生物细胞提取物，如酵母细胞壁的葡聚糖、甘露聚糖、蛋白质和 N—乙酰葡糖胺等成分；第三，利用微生物细胞分泌到细胞外的代谢产物，主要是细菌的荚膜和黏液质。

微生物絮凝剂现象最早是由 Louis Pasteur 于 1876 年发现的。对微生物产生菌与絮凝作用之间关系的研究，是从 1935 年美国科学家 Butterfield 从活性污泥中筛选到絮凝剂产生菌开始的。微生物絮凝剂主要成分为蛋白质、多糖等。与其他类型絮凝剂相比，具有絮凝性能好、无毒、可快速生物降解、污泥絮体密实、无二次污染等的优势，成为水处理药剂中研究的热点，具有广阔的发展前景。但是目前国内外对其研究水平较低，制造成本较高，絮凝机理尚无明确解释，且针对性不强，所以目前微生物絮凝剂主要还是和传统絮凝剂联合使用进行污泥调理。

另外，污泥可经过好氧消化和厌氧消化，污泥中微生物死亡，微生物细胞会被分解破坏，当中的内部水就会释放出来，使污泥的脱水性能得以提高；并且有机物转化为其他的无机能量，含量大大减少，所能吸附的水分也减少，使得消化污泥更易于脱水。所以污泥消化通过污泥稳定的方式，也是改善污泥脱水性能的一种调理方法。

4.3　污泥脱水

4.3.1　污泥脱水的基本理论

污泥经浓缩、消化后，尚有 95% ~ 97% 含水率，且易腐败发臭，需对污泥作干化与脱水处理。由于该过程污泥中剩余固体物主要由亲水性带负电的胶体颗粒组成，污泥水与固体颗粒的结合力很强，比阻值较大，脱水性能较差，一般还需要通过调理来改变污泥的理化性质，减少胶体颗粒与水的亲和力，为固液分离创造条件。污泥脱水是将流态的原生、浓缩或消化污泥脱除水分，转化为半固态或固态泥块的一种污泥处理方法。

常用脱水的方法，主要有自然干化法、机械脱水法和造粒法。自然干化法和机械脱水法适用于污水污泥，造粒法适用于混凝沉淀的污泥。脱水的目的是进一步减少污泥体积，便于后续处理、处置和利用。污泥中自由水分基本上可在污泥浓缩过程中被去除，而内部水一般难以分离，所以污泥脱水去除的主要是污泥颗粒间的毛细水和颗粒表面的吸附水。

污泥比阻和毛细吸水时间是广泛应用的衡量污泥脱水性能的评价指标。衡量污泥机械脱水效果的指标主要是脱水泥饼的含水率、脱水过程的固体回收率（滤饼中的固体量与原污泥中的固体量之比）；衡量污泥机械脱水效率的指标主要是脱水泥饼产率［单位时间内在未过滤面积上产生的滤饼干质量，$kg/(m^2 \cdot s)$］。脱水泥饼的含水率、脱水过程的固体回收率和脱水泥饼产率越高，机械脱水的效果的效率就越好。

污泥脱水是整个污泥处理工艺的一个重要的环节，其目的是使固体富集，减少污泥体积，为污泥的最终处置创造条件。为使污泥液相和固相分离，必须克服它们之间的结合力，所以污泥脱水所遇到的主要问题是能量问题。针对结合力的不同形式，有目的性的采用不同外界措施可以取得不同脱水效果。

4.3.2　自然干化法

主要构筑物是污泥干化场，一块用土堤围绕和分隔的平地，如果土壤的透水性差，可铺薄层的碎石和沙子，并设排水暗管。依靠下渗和蒸发降低流放到场上的污泥的含水量。下渗过程经 2 ~ 3d 完成，可使含水率降低到 85%。此后主要依靠蒸发，数周后可降到 75%。污泥干化场的脱水效果，受当地降雨量、蒸发量、气温、湿度等的影响。一般适宜于在干燥、少雨、沙质土壤地区采用。

该方法占用空间较大，耗时较长，但不需使用其他能源输入，属于自然方法，效率较低，但适用于泥量较少，气候适宜且具有较大的干化空间处理厂。

4.3.3　机械脱水法

机械脱水法主要用于初次沉淀池污泥和消化污泥。脱水污泥的含水率和污泥性质及脱水方法有关。一般情况下真空过滤的泥饼含水率为 60% ~ 80%，板框压滤为 45% ~ 80%，离心脱水为 80% ~ 85%。机械脱水法是目前比较常见的初级脱水装置，普遍用于各污水处理厂的污水处理工艺中，污水处理工艺产出污泥经机械脱水后，首先实现减量化，然后进入污泥处理处置的后续工程，根据污泥成分及含有有毒有害物质、重金属含量的情况，决定污泥的最终处置方式，并选择相应的处置工艺进行后续处置。在选择脱水设备前，通常需要全面考虑污泥性质、脱水要求、设备投资、运行费用、操作状况等方面因素，以确定适宜的脱水设备。

污泥机械脱水以过滤介质两面的压力差作为推动力，使污泥水分被强制通过过滤介质形成滤液，而固体颗粒物被截留在介质上，形成滤饼而达到脱水目的。过滤是将湿污泥用滤层（多孔性材料如滤布、金属丝网）过滤，使水分（滤液）渗过滤层，脱水污泥（滤饼）则被截留在滤层上。根据噪声压力差推动力的方法不同，将机械脱水分为三类：在过滤介质的以一面形成负压进行脱水，即真空过滤脱水；在过滤介质的一面加压进行脱水，即压滤脱水；造成离心力实现泥水分离，即离心脱水。

离心法是借污泥中固、液比重差所产生的不同离心倾向达到泥水分离。真空过滤机连续进泥，连续出泥运行平稳，但附属设施较多。板框压滤机为化工常用设备，过滤推动力大，泥饼含水率较低，进泥、出泥是间歇的，生产率较低。人工操作的板框压滤机，劳动强度甚大，大多改用机械自动操作。带式过滤机是新型的过滤机，有多种设计，依据的脱水原理也有不同（重力过滤、压力过滤、毛细管吸水、造粒），但它们都有回转带，一边运泥，一边脱水，或只有运泥作用。它们的复杂性和能耗都相近。离心法常用卧式高速沉降离心脱水机，由内外转筒组成，转筒一端呈圆柱形，另一端呈圆锥形。转速一般在 3 000r/min 或更高，内外转筒有一定的速差。离心脱水机连续生产和自动控制，卫生条件较好，占地也小，但污泥预处理的要求较高。

4.3.4 真空过滤脱水

真空过滤是利用抽真空的方法造成过滤介质两侧压力差而进行脱水，可用于初次沉淀污泥和消化污泥脱水。经厌氧消化处理的污泥，在真空过滤前应进行预处理，一般先对污泥进行淘洗，污泥淘洗后的碱度一般要求为 400～600mg/L（以 $CaCO_3$ 计）。

真空过滤机基本上都是由一部分浸在污泥中，同时不断旋转的圆通转鼓构成的，过滤面都在转鼓周围。转鼓由隔板分成多个小室，转鼓和滤布内抽真空后，在过滤区段和干燥区段水分被过滤成滤液，污泥在滤布上析出成滤饼。滤饼的剥离方式因过滤机不同而各异。真空过滤机有转筒式、绕绳式、转盘式 3 种类型。其中，应用最广的是 GP 型转鼓真空过滤机。其主要部件是空心转鼓和下部的污泥储槽内，其表面覆盖有滤布。转鼓用径向隔板分隔成许多扇形间格。每格有单独的连通管，管端与分配头相连。分配头上装有转鼓动片和固定片：转鼓动片通过连通管与各扇形间格连接，固定片可以分别与压缩空气管道和真空管路相通。转鼓旋转时，由于真空的作用，将污泥吸附在滤布上，液体通过滤布沿真空管留到汽水分离罐。吸附在转鼓上的滤饼转出污泥槽的污泥面后，有两路去向：若扇形间格的连通管与固定部件真空管路相通时，则处于滤饼形成区与吸干区，继续吸干水分；当管路与压缩空气相通时，便进入反吹区，滤饼被反吹松并剥落。剥落的滤饼用皮带输送器运走。转鼓每转一周，依次经过滤饼形成区、吸干区、反吹区和休止区。

真空度是真空过滤的推动力，直接关系到过滤产率及运行费用。一般说来，真空度越高，滤饼厚度越大，含水率越低。但滤饼加厚，过滤阻力增加，又不利于过滤脱水。真空度提高到一定值后，过滤速度的提高并不明显，尤其对压缩性的污泥更是如此。另外，真空度过高，滤布容易被堵塞与损坏，动力消耗与运行费用增加。根据污泥性质，真空度一般在 5.32～7.98kPa，其中滤饼形成区 5.32～7.98kPa，吸干区为 6.65～7.98kPa。

真空过滤机脱水的特点是能够连续生产，运行平稳，可自动控制；主要缺点是附属设备较多，工艺较复杂，运行费用较高。

4.3.5　污泥压滤脱水

为了增加过滤的推动力,利用多种液压泵及空压机形成 4~8MPa 压力,加到污泥上进行过滤的方式成为加压过滤脱水,简称压滤脱水。加压过滤的优点是过滤效率高,特别是对过滤困难的物料更加明显,脱水滤饼固体含量高,滤液中固体浓度低,大多数可以不调质或用少量药剂调质就可以进行过滤,滤饼的剥离简单方便。近年来在污泥脱水中应用比较广泛。加压过滤设备主要分为板框式压滤机和带式压滤机。

板框式压滤机是通过板框的挤压,使污泥内的水通过滤布排出,达到脱水的目的。它主要由凹入式滤板、框架、自动—气动闭合系统、测板悬挂系统、滤板震动系统、空气压缩装置、滤布高压冲洗装置及机身一侧光电保护装置等构成。设备选型时,应考虑以下几个方面:对泥饼含固率的要求,一般板框式压滤机与其他类型脱水机相比,泥饼含固率最高,可达 35%,如果从减少污泥堆置占地因素考虑,板框式压滤机应该是首选方案;框架的材质、滤板及滤布的材质,要求耐腐蚀,滤布要具有一定的抗拉强度;滤板的移动方式,要求可以通过液压—气动装置全自动或半自动完成,以减轻操作人员劳动强度;滤布振荡装置,以使滤饼易于脱落。与其他形式脱水机相比,板框式压滤机最大缺点是占地面积大。

带式压滤机是由上下两条张紧的滤带夹带着污泥层,从一连串有规律排列的辊压筒中呈 S 形经过,依靠滤带本身的张力形成对污泥层的压榨和剪切力,把污泥层中的毛细水挤压出来,获得含固量较高的泥饼,从而实现污泥脱水。一般带式压缩脱水机由滤带、辊压筒、滤带张紧系统、滤带调偏系统、滤带冲洗系统和滤带驱动系统构成。机型选择时,应从以下几个方面加以考虑:滤带,要求其具有较高的抗拉强度、耐曲折、耐酸碱、耐温度变化等特点,同时还应考虑污泥的具体性质,选择适合的编织纹理,使滤带具有良好的透气性能及对污泥颗粒的拦截性能;辊压筒的调偏系统,一般通过气动装置完成;滤带的张紧系统,一般也由气动系统来控制,滤带张力一般控制在 0.3~0.7MPa,常用值为 0.5MPa。不同性质的污泥对带速的要求各不相同,即对任何一种特定的污泥都存在一个最佳的带速控制范围,在该范围内,脱水系统既能保证一定的处理能力,又能得到高质量的泥饼。

带式压滤脱水机受污泥负荷波动的影响小,具有出泥含水率较低且工作稳定、管理控制相对简单、对运转人员的素质要求不高等特点。同时,由于带式压滤脱水机进入国内较早,已有相当数量的厂家可以生产这种设备,使带式脱水机的生产成本大大下降。在污水处理工程建设决策时,可以选用带式压滤机以降低工程投资。目前,国内新建的污水处理厂大多采用带式压滤脱水机。

4.3.6　离心脱水

离心脱水是指污泥由空心转轴送入转筒后,在高速旋转产生的离心力作用下,立即被甩入转毂腔内。污泥颗粒密度较大,因而产生的离心力也较大,被甩贴在转毂内壁上,形成固体层;水密度小,离心力也小,只在固体层内侧产生高液体层。固体层的污泥在螺旋输送器的缓慢推动下,被输送到转毂的锥端,经转毂周围的出口连续排出,液体则由堰口溢流排至转毂外,汇集后排出脱水机。来自污泥浓缩池的沉淀污泥,经污泥切割机破碎后,由污泥进料泵输送,经过电磁流量计计量后,与絮凝剂投配系统送入的配制好的药液合并一起,混合进入离心脱水机。污泥经脱水机分离后成固/液两相,液相(澄清液或分离液)直接排放或回送至沉淀池,固相(脱水污泥)则由螺旋输送机排出至运输车辆外运。

离心脱水机最关键的部件是转毂,转毂的直径越大,脱水处理能力越强,但制造机运行成本都相当高,很不经济。转毂的长度越长,污泥的含固率就越高,但转毂过长会使性能价格比下降。使用过程中,转毂的转速是一个重要控制参数,控制转毂的转速,使其既能获得较高的含固率又能降低能耗,是离心脱水机运行良好的关键。目前,多采用低速离心脱水机。在作离心式脱水机选型时,因转轮或螺旋的外缘极易磨损,对其材质要有特殊要求。新型离心脱水机螺旋外缘大多做成装配块,以便更换。装配块的材质一般为碳化钨,价格昂贵。

离心脱水机具有噪声大、能耗高、处理能力低等缺点,但是脱水污泥饼含水率低、占用空间小、安装基建费用低是离心脱水机相对带式压滤机的优势。前些年,国内只有为数不多的几个厂家可以生产小型离心脱水机。如果选择大型离心脱水机,就只能依靠进口,会增加工程投资;同时离心脱水机受污泥负荷的波动影响较大,对运行人员的素质要求较高,因此一般污水处理厂均不采用离心脱水工艺。但近几年来,随着科技进步,离心式脱水机的脱水技术在国外有了长足进展,例如瑞典 Alfa Layal 公司生产的螺旋离心式脱水机,泥饼的含固率可达到 30% 以上,而且操作是在全封闭的环境进行,脱水机周围没有任何污泥及污水的存在,也没有恶臭气味,可以大大改善了运行人员的工作环境。

4.4 污泥稳定

4.4.1 稳定化定义

污泥稳定化处理就是降解污泥中的有机物质,进一步减少污泥含水量,杀灭污泥污泥中的细菌、病原体等,打破细胞壁,消除臭味,这是污泥能否资源化有效利用的关键步骤。污泥稳定化处理有减量化、稳定化、无害化 3 个原则,目的就是通过适当的技术措施,使污泥得到再利用或以某种不损害环境的形式重新返回到自然环境中,使污泥处理后安全、无臭味,不返泥性、实现重金属的稳定,可以用于多种循环再利用途径,如水泥熟料、建筑材料、园林土、土壤改良剂等。通常,危险废物固化/稳定化的途径是将污染物通过化学转变,引入到某种稳定固体物质的晶格中去,并通过物理过程把污染物直接掺入到惰性基材中。所涉及的主要技术和术语有固化技术和稳定化技术。

固化技术,是指在危险废物中添加固化剂,使其转变成不可流动固体或形成紧密固体的过程。固化产物是结构完整的整块密实固体,这种固体可以方便尺寸大小进行运输,而无需任何辅助容器。稳定化技术,是指将有毒有害污染物转变合成低溶解性、低转移性及低毒性物质的过程。稳定化一般可分为化学稳定化和物理稳定化:化学稳定化是通过化学反应使有毒物质变成不溶性化合物，使之在稳定的晶格内固定不动；物理稳定化是将污泥或半固体物质与一种疏松物料（如粉煤灰）混合生成一种粗颗粒，有土壤状坚实度的固体，这种固体可以用运输机械送至处置场。实际操作中，这两种过程是同时发生的。

污泥稳定化处理也是污泥的深层次处理过程，方法主要有堆肥、氯氧化、石灰稳定、热处理、厌氧消化、好氧消化、两相厌氧消化等，其中好氧消化能耗较高，一般仅适用于污泥量较少的情况。污泥厌氧消化在污泥处理工艺中是较普遍采用的稳定化技术，也称为污泥厌氧生物稳定，它的主要目的是减少原污泥中以碳水化合物、蛋白质、脂肪形式存在的高能量物质，也就是通过降解高分子物质转变为低分子物质氧化物。厌氧消化是在无氧条件下依靠各种兼性菌和厌氧菌的共同作用，使污泥中有机物分解的厌氧生化反应，是一个极其复杂的过程。

4.4.2 堆肥

污泥堆肥是在好氧条件下，利用好氧的嗜温菌、嗜热菌的作用，将污泥中有机物分解，并杀灭传染病菌、寄生虫卵和病毒，提高污泥肥分，产生的肥料可以用于园艺和农业目的，是一种无害化、减容化、稳定化的综合处理技术。实际上，所有含碳的可生物降解的物质在适宜的环境条件下均可作为堆肥材料。这种环境就是具有适宜微生物生长和再生的条件：合适的湿度、好氧环境、微生物群落生长和再生时有可利用的碳源和氮源，平衡的营养物质和能量供应。

污泥堆肥过程中经常要用调节剂和膨胀剂。调节剂是指加进堆肥物料中的有机物，以减小单位体积的质量、增加碳源及与空气的接触面积，以利于好氧发酵。污泥堆肥过程中常用的调节剂有木屑、秸秆、稻壳、粪便、树叶、垃圾等有机废料，随着堆肥技术的发展，一些腐烂的蔬菜和水果、剩余的食物也可用做调节剂。膨胀剂是指用有机或无机物制成的固体颗粒，把它加入湿的堆肥材料中时，能有足够的空间保证物料与空气的充分接触，并能依靠颗粒之间的接触起到支撑作用。常用的膨胀剂有木屑、团粒垃圾和破碎成颗粒状的轮胎、塑料、花生壳、秸秆、树叶、岩石及其他物质。根据污泥的组成和微生物对混合堆料中碳氮比、碳磷比、颗粒大小、水分含量和 pH 值等要求，给其中加入一定量的调节剂与膨胀剂，保持合适的水分含量，然后进行堆积。堆肥可分为两个阶段。

第一个阶段分为 3 个过程，即发热、高温消毒及腐熟。堆肥初期为发热过程：在强制通风条件下，堆肥中有机物开始分解，嗜温菌迅速成长，堆肥温度上升至 45 ~ 55℃；高温消毒过程：有机物分解所释放的能量，一部分合成新细胞，一部分使堆肥的温度继续上升可达 55 ~ 70℃，此时嗜温菌受到抑制，嗜热菌繁殖，病原菌、寄生虫卵与病毒被杀灭，由于大部分有机物已被氧化分解，需氧量迅速减少，温度开始回落；腐熟过程：温度降至 40℃左右，堆肥基本完成。第一阶段完成后，停止强制通风，采用自然堆放方式，进一步熟化、干燥、成粒。堆肥成熟的标志是物料呈黑褐色、无臭味、手感松散、颗粒均匀、蚊蝇不繁殖、病原卤与寄生虫卵和病毒以及植物种子均被杀灭，氮、磷、钾等肥效增加且易被作物吸收。第二阶段周期为一个月左右。

污泥堆肥的特点包括：自身产生一定的热量，高温持续时间长，不需外加热源，即可达到无害化；使纤维素这种难于降解的物质分解，使堆肥物料有了较高程度的腐殖化，提高有效养分；基建费用低、容易管理、设备简单；产品无味无臭、质地疏松、含水率低、容重。

4.4.3 氯氧化法

氯氧化法就是利用高剂量的氯气将污泥化学氧化。通常将氯气直接加入贮存在密封反应器内的污泥中经过短时间后脱水。常采用的砂床干化层是一种有效的方法。大多数氯氧化装置是按定型设计预制的，通过设置加氯器向过程中加氯，为使污泥在脱水前处于良好状态需要添加氢氧化钠和聚合电解质。氯氧化污泥的上清液和滤池可能含有高浓度的重金属和氯胺。由于氯气和污泥反应会形成大量的盐酸溶解重金属，重金属的释放取决于 pH 值、污泥的金属含量和污泥中金属形式。

4.4.4 石灰稳定

在石灰稳定中，将足够数量的石灰加到处理的污泥中，将污泥的 pH 值提高到 12 或更高。高 pH 值所产生的环境不利于微生物的生存，则污泥就不会腐化、产生气味和危害健康。石灰稳定并不破坏细菌滋长所需要的有机物，所以必须在污泥 pH 值显著降低或会被病原体再感染和腐化以前予以处理。将石灰加到未处理的污泥中作为促进污泥脱水的调理方法，实际已经使用了若干年，然而用石灰作为稳定剂是最近才被发现。稳定单位重量的污泥所需要的石灰量比脱水所需要的量要大。此外要在脱水前高水平的杀死病原体必须提供足够的接触时间，当 pH 值高于 12，经 3h 可以使石灰处理杀死病原体的效果超过厌氧消化所能达到的水平。

4.4.5 热处理

在热处理的连续过程中，污泥在压力容器内加热至260℃，压力达到 2.75MPa，经短暂的时间进行实质性的稳定过程和调理过程，使污泥处于不加化学药剂而能使固体脱水的状态。当污泥经受高温和高压时，热的作用使污泥释放出结合水，最终形成固体凝结物。此外，还使蛋白质水解，使细胞破坏，并放出可溶性有机化合物和氨氮。热处理既是稳定过程，也是调理过程。热处理使污泥在压力下短时间加热，这种处理方法使固体凝结，破坏凝胶体结构，降低污泥固体和水的亲和力。从而污泥也被消毒，臭味几乎被消除，而且不加化学药品就可以在真空滤机或压滤机上迅速脱水。

4.4.6 厌氧消化

污泥厌氧消化即在无氧的条件下，借兼性菌及专性厌氧细菌降解污泥中的有机污染物。对于有机污泥的厌氧处理（常称污泥消化）以有较多的设计与运转经验，常根据经验数据进行设计。但理想消化池的设计则宜根据生物化学和微生物原理进行。污泥厌氧消化已有百余年的历史，有丰富的设计与运转经验。在传统的污泥消化过程中有机不溶性固体的水解阶段是整个系统的速度限制阶段。因此所需消化时间相当长。由于污泥的含水率都很高，95%～99.5%，加之初沉池污泥一般都与废水生物处理后的沉淀污泥一起进行消化处理，反应器内微生物量大，胞外酶丰富，每天投入反应器的污泥量相对很少，且产甲烷菌对外界环境条件比较敏感，所以对于具有充分搅拌并连续或几乎连续进出泥的现代高负荷污泥消化也可以大大缩短消化时间，在设计时可以认为系统的降解速度为碱性发酵所控制。废水厌氧处理系统中所采用 Lawrence – McCarty 等关系式同样可用于污泥的厌氧处理。

4.4.7　好氧消化

污泥的好氧消化是在延时曝气活性污泥法的基础上发展起来的。消化池内微生物发生处于内源代谢期。通过处理产生 CO_2 和 H_2O，以及 NO_3^-、SO_4^{2-}、PO_4^{3-} 等。好氧消化必须供应足够的空气，保证污泥有溶解氧至少 1～2mg/L，并有足够的搅拌使泥中颗粒保持悬浮状态。污泥的含水率需大于95%左右，否则难于搅拌起来。污泥好氧处理系统的设计根据经验数据或反应动力学进行，消化时间根据实验确定。

4.4.8　两相厌氧消化

两相厌氧消化是近年发展起来的一种新工艺，它将产酸相和产甲烷相分别在不同的生长环境内进行，形成各自的相对优势，以便提高整个消化过程的处理效率、反应速度及稳定性，是一种高效稳定的新型污泥处理工艺。

4.5　污泥干化

4.5.1　污泥干化概述

污泥经机械脱水后含水率可达70%～80%，而污泥的填埋、堆肥和燃料化利用都要求将含水率降至65%以下，机械脱水工艺无法满足要求。在目前的技术水平下，要使污泥含水率继续降低，必须采用热干化技术（简称干化技术），从外部提供能量使其中水分蒸发。

污泥热干化处理技术是利用热或压力破坏污泥胶体结构，并向污泥提供热能，使其中水分蒸发的技术。根据最终产品含水率的不同，又可分为"半干化"和"全干化"。半干化主要指终产品含固率在50%～65%的类型，而全干化指终产品含固率在85%以上的类型。

污泥热干化处理技术具有以下优点：污泥显著减容，体积减小4～5倍；形成颗粒或粉状稳定产品，污泥形状大大改善；干化产品的含水率控制在抑制污泥中微生物活动的水平，产品无臭且无病原体，减轻了污泥有关的负面效应，使处理后的污泥更易被接受；产品具有多种用途，如作肥料、土壤改良剂、替代能源等。

4.5.2　污泥干化原理

污泥干化过程中水分的去除主要是通过表面水蒸发和内部水扩散两个过程来完成

的。物料表面的水分汽化，由于物料表面的水蒸气压低于介质（气体）中的水蒸气分压，水分从物料表面移入介质；扩散过程，是与汽化密切相关的传质过程。当物料表面水分被蒸发掉，形成物料表面的湿度低于物料内部湿度，此时需要热量的推动力将水分从内部转移到表面。

一般来说，水分的扩散速度随着污泥颗粒的干燥度增加而不断降低，而表面水分的汽化速度则随着干燥度增加而增加。由于扩散速度主要是热能推动的，对于热对流系统来说，干化设备一般均采用并流工艺，多数工艺的热能供给是逐步下降的，这样就造成在后半段高干度产品干化时速度的减低。对热传导系统来说，当污泥的表面含湿量降低后，其换热效率急速下降，因此必须有更大的换热表面积才能完成最后一段水分的蒸发。污泥在不同的干化条件下失去水分的速率是不一样的，当含湿量高时，失水速率高，相反则减低。大多数干化工艺需要 20～30min 才能将污泥从含固率20% 干化到90%。

4.5.3 影响污泥干化过程的因素

影响污泥干化工艺的因素主要包括两方面：一方面是污泥本身性质，包括絮凝剂种类及含量、污泥的黏度、污泥的成分等，研究表明不同污泥的干化曲线不同；另一方面是干化工艺参数，如干化温度，压力、干化过程中泥饼厚度等。多种因素的共同影响使得污泥的干化过程较为复杂，需要通过具体的实验来确定实际干化效果。

加入高分子絮凝剂的脱水污泥干化没有明显的恒速干燥区，整个过程干燥速度都是随含水率的下降而减少，说明污泥内部水分的扩散是干燥过程的控制因素。而加入无机絮凝剂的脱水污泥有明显的恒速干燥区和减速干燥区。不同的泥饼厚度对污泥的干化速率影响较大，厚度小的泥饼干化速率快，泥饼越薄，热量和水分的传递途径越短，干化速率越快。环境温度会影响污泥干化特性，环境温度越高，污泥干化速率越快，环境温度对干化的影响越明显。

4.5.4 污泥干化工艺

污泥干化技术主要有热干化、太阳能干化、微波加热干化、超声波干化以及热泵干化等。目前应用最广泛也是最成熟的是热干化技术。根据热介质与污泥的接触方式可将热干化技术分为三类：直接干化法、间接干化法和直接一间接法。

直接干化是利用燃烧装置向干化设备提供热风和烟气，污泥与热风和烟气直接接触，在高温作用下污泥中的水分被蒸发。此技术热传输效率及蒸发速率较高，可使污泥的含固率从25% 提高至85%～95%。但由于与污泥直接接触，热介质将受到污染，排出的废水和水蒸气须经过无害化处理后才能排放；同时，热介质与干污泥需加以分离，给操作和管理带来一定的困难。闪蒸式干燥器、转筒式干燥器、带式干燥器以及流化床干燥器等都属于直接干化类型。其中，直接加热转鼓式干燥器是最常用的直接干化设备。

与直接干化法相对应的是间接干化法，由加热设备提供的蒸汽或热油首先加热容器，再通过容器表面将热传递给污泥，使污泥中的水分蒸发。间接干化技术主要有盘式干燥、膜式干燥、空心桨叶式干燥、涂层干燥技术等。该技术有效避开污泥的塑性阶段，且污泥有机物不易破坏，另外还具有工厂化操作、占地少、自动化程度高、易操作等优点。

直接—间接联合式干燥技术，是对流和传导技术的整合，VOMM 设计的涡轮薄层干燥器，Schwing 的 INNO 二级干化系统，Sulzer 开发的新型流化床干燥器以及 Envirex 推出的带式干燥器都属于这种类型。涡轮薄层干燥工艺既采用热传导也采用热对流，其有效的热对流占换热总量的 40% 左右，热传导占 60% 以上。其优点是污泥干燥处理后含水率仅为脱水后污泥体积的 20%～25%，减量率 > 70%；可以保证对微生物及病菌的彻底消灭，并保护污泥中的植物养分和生物能不被破坏；运行经济，在能耗方面处于欧洲污泥干化能耗的下限；污泥干化过程中，无废气排放，冷凝水也可循环使用，不会造成二次污染。

4.5.5 干化热源

干化的主要成本在于热能，降低成本的关键在于选择和利用恰当的热源。一般来说，直接加热方式只可利用气态热介质，如烟气、热空气、蒸汽等；而间接加热方式几乎可以利用所有的热源，如烟气、导热油、蒸汽等，其利用的差别仅在温度、压力和效率。

按照能源的成本，从低到高，分列如下：烟气，来自大型工业。环保基础设施（垃圾焚烧炉、电站、窑炉、化工设施）的废热烟气是零成本能源，如果能够加以利用，是热干化的最佳能源。温度必须高，地点必须近，否则难以利用；燃煤，非常廉价的能源，以烟气加热导热油或蒸汽，可以获得较高的经济可行性；尾气处理方案是可行的；热干气，来自化工企业的废能；沼气，可以直接燃烧供热，价格低廉，也较清洁，但供应不稳定；蒸汽，清洁，较经济，可以直接全部利用，但是将降低系统效率，提高折旧比例，可以考虑部分利用的方案；燃油，较为经济，以烟气加热导热油或蒸汽，或直接加热利用；天然气，清洁能源，但是价格最高，以烟气加热导热油或蒸汽，或直接加热利用。

所有的干化系统都可以利用废热烟气来进行，其中间接干化系统通过导热油进行换热，对烟气无限制性要求；而直接干化系统由于烟气与污泥直接接触，虽然换热效率高，但对烟气的质量具有一定要求，包括含硫量、含尘量、流速和气量等。

4.5.6 干化工艺系统

污泥干化工艺系统主要包括以下几个部分：进料及预处理设备，干化设备，热发生器，干化产热处理设备，尾气处理设备等。根据工艺流程的不同，系统设备组成及附属设备需求也不一样。下面介绍几个主要的组成部分。

进料及预处理设备：不同进料方式所需的进料及预处理设备差别较大。对于湿污泥直接进料工艺，仅仅需要污泥输送机。而对于干料返混工艺，需要增加干料筛选、粉碎机以及物料混合器。有些工艺需要利用从干化机中出来的废气余热对污泥进行预热，因此，还需要增加污泥预热设备。

干化设备：干化设备是干化系统的核心。目前，市场上的污泥干化设备主要有：转鼓干化机、流化床干化机、转盘式干化机、桨叶式干化机、多层台阶式干化机、带式干化机、离心干化机、太阳能污泥干化机等。

热发生器：热发生器为干化系统提供热源，因此热发生器随所需热源的不同而不同。对于直接干化系统，热发生器是一个柱状的耐火室，在热发生器的前端有燃料燃烧器，通常采用空气燃烧。吹风机、燃烧器的控制装置也是热发生器的重要组成部分。燃烧产物的温度可以达到 1 700 ~ 1 800℃，对于直接干化系统，需要引入额外空气或废气，使进气温度降低导 370 ~ 450℃。对于间接干化系统，需要通过煤、气等的燃烧，加热蒸汽或热油，再将蒸汽或热油引入干化设备。

尾气处理设备：由于污泥中含有大量恶臭物质，这些物质在干化过程中随水蒸气挥发进入尾气中。因此，污泥干化系统中臭气的控制十分关键。一般来说可以通过化学法、生物法或二次燃烧对臭气进行处理。

干化产物处理设备：干化产物被排出干化器后需要进行筛选，将把具有良好分离效果、尺寸合适的颗粒选出来，并进行冷却后储存或装袋；将细小颗粒返回到混合器中，而将尺寸过大的颗粒先进行粉碎再返回混合器中。其他附属设备，如造粒机、料仓等。

4.5.7 污泥干化工艺中的安全问题

由于系统的蒸发能力一定，即热能供给不变，因此物料水分含量降低，导致系统内温度立即飞升，污泥颗粒严重过热，产生大量粉尘，这种情况仅需数秒钟，即可形成大量危险的粉尘团。可见，进料污泥含水率的变化对于整个系统安全有着重要的影响，需要严格监测和控制。干化系统的真正安全瓶颈在于最终含水率的设定，这是干化工艺最重要的参数，而半干化系统安全余量大大高于全干化系统，具有更高的安全性和适应性。

针对不安全因素，提出以下解决方案：利用惰性气体保护，在干化系统中设置氮气、蒸汽等保护装置，当系统发生异常时，向其中通入惰性气体，降低系统中的氧含量，从而避免爆炸；这种方法不可避免地会增加运行成本；严密监测进料含固率，干化系统中进料的含水率波动范围有限，因此需要对进料的含水率严密监测，然而对于其他一些偶然因素引起的局部过热现象，不可能通过控制进料含水率来避免，这种方法并不能完全保证干化系统的安全性；选择更为安全的干化热源，如水蒸气，提高系统的安全余量和提高设备的安全级别。

4.6 污泥填埋

土地填埋作为污泥的常用处置方法，在 20 世纪初就已开始使用，虽然在早些时间，人们曾认为处置污泥的主要方法有焚烧、堆肥和土地填埋 3 种，但从近代的观点看来，这些废物在经过焚烧和堆肥化处理以后，仍然产生为数相当大的灰分、残渣和不可利用的部分，需要最终进行填埋。目前，填埋处置在大多数国家仍旧是固体废物最终处置的主要方式。在技术上已经逐渐形成了国际上较为公认的准则。根据被处置废物种类所导致的技术要求上的差异，逐渐形成目前通常所指的两大类土地填埋技术和方式：即以生活垃圾类废物为对象的"土地卫生填埋"和以工业废物及危险废物为对象的"土地安全填埋"。随着人们对土地填埋的环境影响认识的不断加深，废物的填埋实际上已经成为现实可行的、可以普遍采用的最终处置途径。

由于技术、经济和国土面积等的差异，土地填埋在每个国家的废物处理处置中所占的比例不同，但对于所有国家，包括那些人口密度极大的工业发达国家在内，废物的填埋处置都是不可避免的。目前，美国、加拿大、英国、德国等大多数工业化国家，仍有70%～95%的城市污泥直接进行土地填埋；法国、荷兰、比利时、奥地利等也都在50%以上。

4.6.1 填埋技术的意义

污泥经恰当的填埋处置后，尤其是对于卫生填埋，因废物本身的特性与土壤、微生物的物理及生化反应，形成稳定的固体（类土质、腐殖质）、液体（有机性废水、无机性废水等）及气体（甲烷、二氧化碳、硫化氢等）等产物，其体积则逐渐减少，而性质趋于稳定。因此，填埋法的最终目的是将废物妥善储存，并利用自然界的净化能力，使废物稳定化、卫生化和减量化。因此，填埋场应具备下列功能：储存功能，具有恰当的空间以填埋、储存废物；阻断功能，以恰当的设施将填埋的废物及其产生的渗滤液、废气等于周围的环境隔绝，避免其污染环境；处理功能，具有恰当的设备以有效且安全的方式使废物趋于稳定；土地利用功能，借助填埋，利用低洼地、荒地或贫瘠的农地等，以增加可利用的土地。

污泥填埋这种处置方法简单、易行、成本低，污泥又不需要高度脱水，适应性强。但是污泥填埋也存在一些问题，尤指填埋渗滤液和气体的形成。渗滤液是一种被严重污染的液体，如果填埋场选址或运行不当会污染地下水环境。填埋场产生的气体主要是甲烷，若不采取适当措施会引起爆炸和燃烧。

填埋处理法与其他方法比较，其优缺点可以概括为以下几个方面：

土地填埋的优点：与其他处理方法比较，只须较少的设备与管理费，如推土机、压实机、填土机等，而焚烧与堆肥，则需要庞大的设备费及维持费；处理量将具有弹性，对于突然的污泥量增加，只需增加少量的作业员与工具设备或延长操作时间；操作很容易，维持费用较低，在装置上和土地不会有很大的损失；比露天弃置所需的土地少，因为污泥在填埋时经压缩后体积只有原来的30%～50%，而覆盖土量与垃圾量的比是1：4，所以所需土地较少；能够处理各种不同类型的污泥，减少收集时分类的需要性；比其他方法施工期较短；填埋后的土地，有更大的经济价值，如作为运动或休息场所。

土地填埋的缺点：需要大量的土地供填埋污泥用，这在高度工业区或人口密集大的都市，土地取得明显很困难，尤其在经济运输距离之内更不易寻得合适土地；填埋场的渗滤液处理费极高；填埋地在城市以外或郊区，则常受到行政区因素限制，估运输费用往往是此处理法的缺点之一；冬天或不良气候，如雨季操作较困难；需每日覆土，若覆土不当易造成污染问题，如露天弃置，良质覆土材料不易取得。

4.6.2 填埋处置技术分类

现行的土地填埋技术有不同的分类方法，例如根据废物填埋的深度可以划分为浅地层填埋和深地层填埋；根据处置对象的性质和填埋场的结构形式，可以分为惰性填埋、卫生填埋和安全填埋等。但目前被普遍承认的分类法是其分为卫生填埋和安全填埋两种。

惰性填埋法指将原本已稳定的废物置于填埋场，表面覆盖土壤的处理方法。本质上惰性填埋法着重其对废物的储存功能，而不在于污染的防治（或阻断）功能。由于惰性填埋场所处置的废物都是性质已稳定的废物，因此该填埋方法极为简单。其填埋所需遵循的基本原则如下：根据估算的废物处理量，构筑恰当大小的填埋空间，并须筑有挡土墙；于入口处竖立标示牌，标示废物种类、使用期限及管理人；于填埋场周围设有转篱或障碍物；填埋场终止使用时，应覆盖至少15cm的土壤。

卫生填埋是指将一般废物填埋于不透水材质或低渗水性土壤内，并设有渗滤液、填埋气体收集或处理设施及地下水监测装置的填埋场的处理方法。其填埋方法所需遵循的基本原则如下：根据估算的废物处理量，构筑恰当大小的填埋空间，并必须筑有挡土墙；于入口处竖立标示牌，标示废物种类、使用期限及管理人；于填埋场周围设有转篱或障碍物；填埋场，需构筑防止地层下陷及设施沉陷的措施；填埋场应铺设进场道路；应有防止地表水流入及雨水渗入设施；需根据场址地下水流向在填埋场的上下游各设置一个以上监测井；除填埋场属不可燃者外，需设置灭火器或其他有效消防设备，应有收集或处理渗滤液的设施及填埋气体收集和处理设施；填埋场于每工作日结束时，应覆盖至少15cm的土壤，予以压实。终止使用时，覆盖50cm以上的细土。安全填埋法指将危险废物填埋与抗压及双层不透水材质所构筑并设有阻止污染物外泄及地下水监测装置的填埋场的一种处理方法。

4.6.3 填埋场选址步骤及要求

阐明填埋场场址的鉴定标准依据，给每项标准规定出适当的等级一级场址排除在外的条件（排除标准）；把所有那些按入选标准不适于选作填埋场的地址登记在册（否定法），例如属于排除的地点有地下水保护区、居民区、自然保护区等；在采用否定法筛选剩余下来的地点中，根据环境条件找出有可能适合的地址（肯定法），环境条件是指比如道路连接情况、地域大小、地形情况等；根据其他环境条件（如与居民区的距离）或者说是根据初评的最重要标准审视选出的场址；把初评出来的2~3个地址为备选的填埋场场址进一步的评价，期间需要做专门的工作，比如地形测量、工程地质及水文地质勘察、社会调查等；对备选场址根据初步勘探、社会调查的结果编写场址可行性报告，并通过审查。

4.6.4 垃圾和污泥填埋场恶臭污染物的种类和成分

据初步测算，2015年全国城市垃圾和污泥产生量将达到5亿t以上，许多城市面临垃圾围城的严峻形势。目前，我国生活垃圾和生活污水处理厂污泥的填埋量占总产生量的 60% 以上。随之而来的是填埋场产生的恶臭污染，成为影响周边居民生活的突出问题，导致环保纠纷和投诉大量出现。

目前，垃圾和污泥填埋场的填埋方式主要有厌氧式、好氧式和半好氧式三种。因厌氧式填埋对环境的污染相对较小，被看作是固体废物的卫生填埋，我国多采用此种方式。填埋场恶臭物质的来源是由于垃圾和污泥中的有机物在微生物的作用下发生厌氧分解的过程中，形成的大量的各种各样的中间产物，其特点是具有强烈的刺激性气味，恶臭阈值低，恶臭强度大，此类物质通过扩散，释放到大气环境中，造成大气污染，对人和生物体都具有一定的毒害性。填埋场产生的恶臭污染物质种类繁多，化学结构复杂，其中对人体健康危害较大的有硫醇类、氨、硫化氢、甲基硫、三甲胺、甲醛、苯乙烯、酯、酚类等几十种。

填埋场在运营过程中产生恶臭污染物的主要环节和扩散方式有如下几种：在物料输送以及挪动过程中被大量散发到空气中。这主要是在垃圾和污泥运输过程中，运输车辆外表肮脏，槽罐密闭不严，垃圾渗滤液出现跑、冒、滴、漏，沿途抛洒的现象，散发阵阵恶臭；在垃圾等物料的预处理如平铺、压实、破碎和分选过程中散发到空气中。美国学者研究测试了 8 个生活垃圾填埋场，结果表明几乎所有的 H_2S、NH_3 和 VOCs 气体浓度最高值都出现在倾卸台底部和预处理中的平铺压实处，而在其他填埋区处则浓度则较低；在填埋场临时盖土覆膜的堆填区散发到空气中。在已填埋并覆土或加膜的区域，因填埋时间不长，大部分有机物正处于高速降解阶段，产气量较大。国内临时覆盖结构大多采用黏土或土工膜，气密性较差，填埋气体处于无组织释放状态；在污水调节池、厌氧塘、兼氧塘等渗滤液处理设施中散发到空气中。渗沥液收集处理池面积大且点多、面广较分散，难以收集和避免。

填埋场产生的臭味物质具有嗅觉阈值浓度低的特点，通过呼吸系统对人体产生较大的不适影响。恶臭污染物的释放和扩散与环境条件有密切的关系，气温、气压、空气中的相对湿度以及风速、风向都会显著影响恶臭散发的强度。恶臭物质的释放具有明显的季节性，冬季产生量明显少于夏季。目前，国内仅对 H_2S、NH_3 等少数几种主要恶臭污染物进行了动态研究，但对造成填埋场恶臭污染有机硫、有机胺等 VOC 类化合物未进行系统研究，人的感官对其极其敏感，嗅觉阈值最低者能达到 0.000 1mg/m³。参照韦伯—费希纳定律，空气污染物浓度成等比变化时，对人体和生态环境产生的危害程度成等差变化。恶臭给人的感觉量（臭味强度）与恶臭物质对人嗅觉的刺激量的对数成正比。当空气中的恶臭物质浓度降低 97% 时，臭味强度仅减少 50%，导致了恶臭污染物比其他大气污染物更难以治理。

4.6.5 污泥填埋场恶臭污染治理方法

物理法是采用常规物理手段如将臭气源掩蔽、稀释以及将产生出来的臭气用多空材料进行吸附等来减轻污染的方法。其共同点是不改变恶臭物质的化学性质，只是用一种物质将它的臭味掩蔽和稀释或者将其从气相转移到液相或固相，虽然原理简单，操作便捷，成本较低，但恶臭物质对人体的影响依然存在。

物理法又分为隔离法、吸附法、溶解吸收法和冷凝法等。隔离法，是将填埋场产生臭气污染的区域进行封闭隔离，对臭气污染物进行收集后，再集中处理。最常用的是对填埋区的垃圾进行临时覆土和覆膜，同时对作业区进行隔离。如北京安定填埋场采用的填埋场空气膜支撑系统，利用空气支撑膜设施对垃圾填埋场作业区进行围合密闭，使填埋作业区释放恶臭气体的方式由无组织排放变为有组织排放。同时，封闭的作业方式，能减少扬尘，蚊蝇滋生等，减轻垃圾填埋对外界环境特别是周边居民的影响。吸附法，是利用活性炭或其他比表面积大的材料作为吸附剂对恶臭气体进行吸附处理。吸附剂具有特定的吸附选择性和较高的分离效果，能脱除痕量物质，但吸附容量一般不高于40%，甚至更低。一般活性炭脱臭多用于复合恶臭处理的末级净化。吸附法还常常与其他净化方法，如吸收、冷凝、催化燃烧等，联合使用。溶解吸收法，是利用恶臭物质在某种液体中的溶解度不同而进行的分离方法。吸收法净化气态污染物，是利用适当的吸收剂从废气中选择性地去除气态污染物以消除污染。冷凝法，是通过降低饱和 VOCs 气体的温度，使 VOCs 类恶臭气体冷凝后从气体中分离。冷凝法往往与吸附、燃烧和其他净化手段联合使用，以回收有价值的产品。

化学法主要有化学反应吸收、催化燃烧、电化学氧化、光催化降解等方法。化学除臭法的共同点是使用另外一种物质与恶臭物进行化学反应，从而改变其化学结构，使其转变为臭味较小的物质或无臭味物质。化学反应吸收法，利用恶臭物质组分与特定的固体或液体化学试剂起反应，生成另一种无挥发性或溶解于试剂中的无臭物质。这种方法高效、设备简单，一般应用于集中式排放的恶臭污染物的治理。燃烧法，对于有毒、有害、不需回收的恶臭气体的处理，常用燃烧法、催化燃烧法是利用催化剂使恶臭气体在较低的温度下（300~450℃）氧化分解，从而节省燃料。光催化降解法，其原理是在紫外线照射下光催化剂 TiO_2 被活化，使 H_2O 生成羟基 – OH，然后 – OH 将 VOCs 类恶臭污染物质氧化成 CO_2 和 H_2O。对苯、乙苯、二甲苯的降解效果较好。由于受量子效率所限，难以处理浓度高流量大的废气。

生物法除臭是选取自然界存在的对恶臭物质有特定降解作用的微生物菌群进行优化培养，制成含有多种高浓度、高活性的复合微生物菌群的除臭剂，对垃圾和污泥中的有机物、有害污染物和恶臭物质等进行有效分解，达到除臭及无害化处理的效果。实验证明，除含卤素较多的有机物生物降解困难外，一般的气态污染物都可得到不同程度的降解。填埋场臭气属无组织排放污染源，恶臭物质释放面积大，浓度不稳定，释放量随着季节与时间不同会发生变化，产生的恶臭物质组成相对复杂。由于填埋场实际条件限制，除生物除臭法外，其余方法很难直接应用于作业面。目前，国内外学者通过对生活垃圾填埋场已有除臭措施的分析认为，生物法除臭是填埋场恶臭治理的最有发展前途的措施。如硝化细菌能将垃圾中的 $NH_3 – N$ 转化为 $NO_3 – N$，而 $NO_3 – N$ 被反硝化为氮气，或由真菌固定为微生物氮，从而减少 $NH_3 – N$ 的挥发，降低了空气中氨气的含量；硫还原菌和白硫细菌能将 H_2S 还原分解为 S，从而达到除臭的目的；对于嗅觉阈值较低的含硫化合物，微生物除臭机理在于破坏巯基等恶臭基团。填埋场产生较臭的硫醇类化合物，硫杆菌属和发硫菌属等对其具有较好的降解效果。

植物活性提取液除臭，指的是从树木、鲜花和草中提取的油、汁或浸膏的萃取液配方复配而成的天然植物除臭剂，近年来也逐渐应用到除臭领域。植物除臭液中的有效分子含有生物活性、化学活性、共轭双键等活性基团，可以与不同的恶臭物质发生作用，从而达到减低恶臭污染物的浓度的效果。

以上恶臭治理方法除生物法外，大多数不能直接应用于填埋场恶臭治理。对于污泥填埋场，除臭措施主要是从封堵恶臭气体的释放和减少恶臭物质的产生两方面进行，现有的方法主要针对恶臭物质产生之后的治理。其中，最直接的方法是通过改变作业面覆盖材料来控制恶臭物质的释放，研究发现砂壤土混合石灰与细骨料混凝土制造的覆盖材料对 H_2S 具有较好的消减效果。研究还发现，提高填埋场沼气的收集效率，可以有效减少恶臭气体的排放。

4.6.6　污泥填埋场恶臭污染治理中存在的主要问题

污泥填埋场恶臭污染治理中存在以下主要问题：填埋场的规划布局与城市建成区不协调，城市建设过程中没有合理划分各城市功能区，各功能区之间缺乏必要的缓冲带。特别是住宅区与填埋场距离过近，污染物缺乏必要的扩散和衰减空间；填埋场恶臭物质的组成与比例复杂，排放点分布杂乱，填埋场范围内各个位点恶臭物质种类组成的特点与恶臭强度未彻底摸清，这些臭源点的分布与强弱仅凭借场内操作人员的感官经验进行判别，导致造成所采取的除臭措施针对性不强，处理方法与药剂的使用上存在盲目性；诱使恶臭物质产生和转化的影响因素众多，目前对填埋场的环境温度、大气压、填埋深度、垃圾和污泥组分与恶臭物质产生的相关性缺乏深入研究。恶臭物质在传输、扩散过程中的降解、转化与气象条件关系未摸清，影响恶臭强度消减的关键因素以及可控关键环节有待研究；恶臭物质的释放量随时间与季节的变化规律未研究透彻，在填埋场产生的恶臭污染物中，除 H_2S 和 NH_3 等少数易采样监测的恶臭物质的变化规律有少量研究和报道外，大部分恶臭物质随季节变化的释放规律仍不清楚。

4.6.7　填埋场恶臭污染综合治理思路与方向

填埋场的恶臭扰民现象，已逐渐成为一个社会问题，要从多方面入手，进行综合治理方能有效解决，其主要治理思路和方向如下。

对新建填埋场的选址和建设进行科学规划，根据所处的地形地貌特点和各种气候气象条件，对恶臭污染物的产生、扩散和衰减进行充分的论证和测算，确保在其影响范围内无居民区；在逐步推广生活垃圾分类收集的基础上，根据其产生恶臭物质的种类 总量和速率不同的特性，进行分区域填埋，分区域防治，通过物理、化学、生物的复合方法进行处理，使恶臭强度高的物质向强度低或无恶臭的物质转变；完善填埋区沼气收集处理系统，尽可能减少恶臭气体物质的溢出量。通过机械抽风设备制造真空或施加正压，经抽气井和管网，使恶臭气体从填埋层中强制排出，进行综合利用或无害化处理；采取前端治理的措施，从源头减少恶臭物质的产生量。在生活垃圾和污泥的收运阶段添加生物或化学除臭剂，调控生活垃圾和污泥收集运输过程中温度、湿度、pH 值和溶氧量等，改变其微生态环境，抑制产生恶臭物质的细菌的活力，降低恶臭物质产生量；在填埋作业过程中垃圾倾倒与推铺时，加入微生物除臭菌剂与喷洒遮蔽剂减弱恶臭物质的气味强度。同时改进作业模式，创造利于微生物除臭菌系生长的条件，降低高强度恶臭物质的产生量；摸清填埋场内低嗅觉阈值和高浓度的主要恶臭污染物，有针对性地根据其化学特性衰减与扩散规律进行处理，通过物理和化学手段减少或固定恶臭化合物形成的前体或底物；探索改善填埋场的运行工艺，包括控制填埋体厚度、改善覆盖方式和材料、缩减和封闭作业面以及减少渗沥液积存等；因地制宜联合使用多种除臭方法，提高除臭措施的效能与操作性。

4.7 污泥处置新技术

根据目前污泥处理技术的发展，大量新兴污泥处理技术的涌现，在不断的提高污泥脱水效果，并显著的节约成本，同时生物处理技术的引入，也在不断降低污泥的有毒有害性，提高污泥的可回收利用性。

4.7.1 污泥洗涤工艺

该技术创新采用污泥洗涤工艺，首先洗出污泥中有机物质，分离无机物质污泥土，再将有机污泥浓缩进行高温厌氧消化处理。沉淀污泥经过洗涤洗出污泥中一半固体无机污泥土，减少了一半生物处理量，节省工程投资和处理费用；单独处理有机污泥，去除了无机污泥土在反应器中的沉淀，减少了设备磨损和反应器的维护；沉淀污泥经过洗涤洗出污泥中大部分容易沉淀的重金属和无机污泥土，提高了有机肥的品质；洗涤出的污泥土还可生产路面彩砖和透水砖。

4.7.2 沉淀污泥生物处理系统

工程设计创新采用地埋式、紧密型、多级消化反应器设计，几个独立的厌氧消化反应器你中有我我中有你浑然一体，节省建筑材料，采用混凝土结构造价低廉。国内外现有的厌氧消化反应器普遍采用地上式结构。地上式结构能使配备设备便于维护和有利沼渣排放预防沼渣沉淀。生物处理系统工程设计很好地解决了配套设备的维护和沼渣沉淀，系统配备设备少，只需几台水泵，就是水泵坏了更换一台用不了20min，设备检修而不会停产；沉淀污泥经过洗涤去除了容易沉淀的无机污泥土，有机污泥经过吹浮系统作用全部漂浮不会沉淀。地埋式厌氧消化反应器不仅投资少、不占用土地，而且还能防地震、防雷击和使用寿命长、减少消化系统的热量损失。

4.7.3 污泥熔化

为了减少污泥体积和利用其中的重金属黏结作用，日本曾开展污泥熔化技术研究，但还不十分深入。污泥熔化处理也是污泥热化学处理方法的一种。污泥熔化技术是把污泥加热至 1 300 ~ 1 500℃，使污泥中有机物燃烧，其残留物质可用来制作玻璃、钢铁、建筑材料等。

4.7.4 两相消化

新型的污水污泥处理工艺如高温酸化—中温甲烷化两相厌氧消化等不断出现，并逐步被应用。采用污水污泥两相厌氧消化工艺,将产酸相和产甲烷相分别置于各自的反应器中,形成各自的相对优势微生物种群,提高了整个消化过程的处理效果和稳定性。VSS(挥发性悬浮颗粒物)去除率比中温传统工艺提高了 50% 以上,比高温传统工艺提高了 35% 左右。高温酸化 0.5 天后,中温甲烷化 8.5 天,可达到中温传统法 20 天的处理效果,节省了时间。另外灭菌效果优于中温传统法,产甲烷反应器保持较高的缓冲能力,对挥发性酸积累的抵御和耐冲击负荷的能力强。

4.7.5　污泥制油

污泥制油是把含水率为 65% 的干泥,在隔绝空气下,加热升温 450℃,在催化剂作用下把污泥中有机物转化为碳氢化合物,最大转化率取决于污泥组成和催化剂的种类,正常每吨干泥 200~300L 油的产率,其性质与柴油相似。加拿大正在进行中试试验,澳大利亚 Perth 也正在建造利用热化学方法将污泥制油的工厂。

4.7.6　污泥湿式氧化

湿式氧化法是在高温(125~320℃)和高压(0.5~20MPa)条件下,以空气中的氧作为氧化剂,在液相中将有机物分解为二氧化碳、水等无机物或小分子有机物的化学过程。由于剩余污泥在物质结构上与高浓度有机废水十分相似,因此这种方法也可用于处理剩余污泥。剩余污泥的湿式氧化法处理是湿式氧化法最成功的应用领域,有 50% 以上的湿式氧化装置应用于剩余污泥的处理。

4.7.7　臭氧减量化

这一工艺是由日本的 H·Yasui 等学者提出的。此工艺中,剩余污泥的消化与污水处理在同一个曝气池中同时进行。工艺分成两个过程,一个是臭氧氧化过程,另一个是生物降解过程。

从二沉池中沉下来的污泥,一部分直接回流到曝气池中,另一部分则是进行臭氧处理然后再回流到曝气池。污泥经过臭氧处理后,能够提高其生物降解性,在曝气池中与污水同时进行生物处理。而且在经臭氧处理后,将有一部分污泥(1/3)被无机化。因此只要操作适当,可以使污水处理过程中净增污泥量与无机化污泥量相等,从而可以达到无剩余污泥的目的。

4.7.8　高速生物反应器

高速生物反应器技术是在利用土壤处理污泥的基础上发展起来的。利用土壤中的微生物处理污泥,由于系统是开放的,因而会受到气温和土壤湿度的影响,使土壤利用的时间和区域受到一定的限制。

美国 SWEC 公司在 20 世纪 80 年代开始研制开发高速生物反应器,该技术将污泥的脱水、消化和干化相结合,将土壤处理的整个过程放置在室内一个封闭的循环系统中进行。Texaco 经过近 20 年的研究开发,使高速生物反应器技术成熟并得以推广。整个操作系统的核心部分是生物反应器,它由两个区域组成:上半部分是污泥与土壤相混合的区域，使污泥负荷达到均一化，污泥的有机部分在这一区域中被生物降解；下半部分是气、液分离区，使液体不滞留于土壤中，以增加氧的传递率。高负荷率的污泥通过该系统的处理，污泥中的有机组分将降解 70% ~ 80%，悬浮固体浓度去除率达到 45% ~ 60%。从沉淀池排出浓度为 5 000 ~ 30 000mg/L 的污泥都可以直接进入该系统中，而不需要任何的预处理。相比于其他生物处理技术，该系统所需能量较少，可以连续运行，并能保持最佳温度以利于微生物的降解，特别适合于受自然条件限制或土壤湿度大的污泥处理过程。

5 污泥污染物检测与去除降解技术

污泥是污水处理厂的伴生产物，作为废水处理过程的副产品，是包含水、泥沙、纤维、动植物残体及各种絮体、胶体、有机质、微生物、病菌、虫卵等的复杂多相体系。我国污水处理厂多采用二级生化处理工艺，污泥主要产自初沉、二沉以及其他固液分离工序，含水率高（>98%），体积庞大，有机质含量为40%～50%，总氮含量4%～5%，磷（P_2O_5）含量1%～5%，钾（K_2O）含量0.5%～1%。对于生活污水和工业废水混排场合，污泥中还常含有激素类物质（E1、E2等）、毒性有机物（苯、氯酚等）、重金属（Cd、Cr等）以及各种无机盐等。研究表明污泥污染物往往具有长期毒性和不可降解性，若无序排放，将成为危险的二次污染源，通过大气、地下水、地表水和土壤等介质进入食物链，造成严重的生态风险，影响人类健康；反过来看，由于污泥含有大量有机物、氮、磷等营养物质，若经过适当处理，可以作为优质的二次资源。

5.1 污泥有害成分

5.1.1 污泥有害成分来源

污泥是污水处理后的附属品，包括有机残体、细菌微生物、无机颗粒及其凝结的絮状物等组成极其复杂，有些污泥中含有一定的病原菌，尤其是医院排放的污水除了含有各种病菌、病毒和寄生虫外，还有许多无机物质和有机物质。其中，大肠菌数为9.6×10^7～2.3×10^8个/L，细菌总数为1.3×10^6～1.5×10^6个/mL，肠道致病菌检出率达30%～100%，BOD_5为30～132mg/L，COD_{Cr}为140～650mg/L，SS为50～150mg/L，pH值为7.0～8.0，其中主要污染因子是致病病原体。另外，污泥污水中所含有的大量N、P、K等元素，如处理不当，污泥污水中的N、P有可能进入水体，造成水体的富营养化。

污水中50%以上的重金属浓缩在污水处理厂产出的污泥中，包括Pb、Cd、Hg、Cr、Ni、Cu、Zn及类金属As等。这些重金属主要来自不同类别工业所排放的工业废水，其中Cd、Cu、Ni主要来自合金、锻造和电镀过程，Pb和Zn主要来自冶金活化过程。污泥重金属形态变化复杂，不同重金属在不同污泥中形态差异较大，工业排放的污水污泥中Cu、Cr还原态占很大比例，Pb、Fe则以还原态和残渣态存在；而在生活污水中主要以可氧化态及残渣态存在，所以这种复杂的形态变化使污泥重金属具有潜在危害。

污水中的有机污染物在污水处理过程中高度富集于污泥中，富集系数高达几个数量级，其中许多有机污染物是具有生物放大效应，并有"三致"（致癌、致畸、致基因突变）作用而日益引起了人们的普遍关注。污泥中有机污染物研究现状及趋势国外学者对城市污泥中的有机污染物的关注较早，并进行了大量研究。欧盟在 2000 年发布了"污泥行动文件"，对限制污泥农用的几种主要有机污染物提出了浓度限值，主要包括 AOX ≤ 500mg/kg、LAS ≤ 200 mg/kg、DEHP ≤ 100 mg/kg、NPE ≤ 50mg/kg、PAHs≤6mg/kg、PCBs≤0.8 mg/kg、PCDD/Fs≤100ng TEQ/kg）。多数国家的污泥研究均比较关注以上几种有机污染物，而且不同国家污泥中主要有机污染物浓度变化较大，多数城市污泥均含有这几种常见的有机污染物。美国国家环保局（U.S.EPA）列出的 129 种"优控污染物"中就 114 种是有机污染物。一些国家对农用污泥中有机污染物的特征及其在农业环境中的行为、生态效应和调控措施等方面进行了一定的研究，目前我国也有了针对部分城市污泥中有机污染物种类、含量和分布特征进行了初步的分析研究。污泥中有机污染物种类和含量与污水的来源密切相关，化工（如纺织、印染、造纸、铸造等）、木材加工、电器、有机氯农药等工业污水是污泥中有机污染物的主要来源。生活污水中某些有机污染物如 LAS 的浓度也很高。通常以处理工业污水为主而产生的污泥中有机污染物的含量较高，反之则较低，就 PAHs 而言，前者比后者高 2.5～3.0 倍，有的甚至达 2 000mg/kg。

5.1.2 污泥重金属成分分析

随着我国经济社会水平的发展，污泥的成分也在发生变化。我国幅员辽阔，不同地区经济发展和生活习惯差异非常大，污水处理水平也极不平衡，必然导致污泥成分在地域上的差异。污泥成分的变化和地域性差异，直接影响到污泥处理政策制定和技术路线的选择。城市污泥化学组成因污水来源而异，但一般都或多或少的含有一定量 Cu、Pb、Zn、Ni、Cr、Hg、Cd 等重金属，因此其重金属问题一直以来都是人们担心的城市污泥农用环境风险，并且成为限制其大规模土地利用的障碍因素。了解重金属的种类和含量是对城市污泥进行合理处置利用的基础。根据国内有关污泥重金属的报道资料，我国城市污泥重金属含量普遍低于欧美等国家。以重金属平均值进行比较，即使是含量最高的 Zn(1 450 mg/kg)，也低于瑞典城市污泥 Zn 含量，更远远低于英国和美国。容易超标的 Zn、Cu、Cd、Pb 含量比英国低 96%、131%、3 500%、587%，比美国低 52%、44%、8%、39%。

国内（1994～2001 年）报道的城市污泥重金属的资料进行统计分析表明，我国城市污泥的 Ni、Pb、Cr、Cu、Zn 含量变化幅度很大，极差最高达几千毫克/千克；Zn 是含量最高的元素，均值为 1 450mg/kg。因为我国城市大量使用镀锌管道，导致城市污水中 Zn 含量较高的缘故；含量次高的为 Cu，再次是 Cr，而毒性较大的元素 Hg、Cd、As 含量往往较低，通常在几到十几个 mg/kg 范围内。有人通过对我国 111 个城市共 193 个污水处理厂污泥的重金属含量进行了分析和统计，并与 2003 年的数据进行了对比，同时也按照南北和东中西的区域划分进行了区域统计。结果表明，相对于 2003 年，Zn、Pb 的平均含量有所降低，而 Cu、Cr、Ni、As、Hg 的平均含量则有所增加，Cd 的含量大幅增加。北方污泥中 Zn、Cu、Cd、Cr、Ni 的含量要低于南方污泥，Pb、As 和 Hg 的含量则远远大于南方污泥。Zn、Cu、Cd、Pb、Hg、Ni 的含量由东向西逐渐降低；Cr 的含量则为中部最高；As 的含量由东向西逐渐升高。虽然污泥中大部分重金属含量升高，但是长期来看会逐渐降低；但是随着我国污染产业逐步向中西部转移，东部污泥中重金属含量下降的同时，中西部污泥重金属含量可能会有升高的趋势。

5.1.3 污泥有机污染物成分分析

污泥中所含有的主要有机污染物，一些污染物的含量甚至已经超过其正常土壤含量的几千倍；在我国污泥中，卤代烃类、胺类、邻苯二甲酸酯（PEs）、醚类和硝基苯类有机物含量相对较低，含量偏高的主要是多环芳烃（PAHs）。不少研究结果表明，有机污染物在土壤中的累积会造成农作物的污染，危害人类健康。截至目前国内外污泥有机污染物的限量控制标准尚未完善，国外对一些重要污染物如多氯代二苯并二噁英/呋喃（PCDD/Fs）和多氯联苯（PCBs）提出限量建议，我国则只对苯并（a）芘提出了控制标准。

多环芳烃（PAHs）是由 2 个或 2 个以上苯环以不同方式聚合而成的一组化合物，其中许多化合物具有致癌性。城市污泥中常检测到的 PAHs 化合物主要有萘、苊、二氢苊、芴、菲、蒽、荧蒽、芘、苯并（a）蒽、屈、苯并（b）荧蒽、苯并（k）荧蒽、苯并（a）芘、茚并（1，2，3 - cd）芘、二苯并（a，h）蒽和苯并（g，h，i）苝等，通常以 2~4 个苯环化合物为主，而 5~6 个苯环的化合物含量较低。国外城市污泥中 PAHs 的总含量一般在 1~10mg/kg，但有些高达几十甚至 100mg/kg 以上。与国外相比，我国城市污泥的 PAHs 总体上偏高，而且在部分城市污泥中仅单个化合物如苯并（a）蒽、蒽、荧蒽和屈的含量就大于 10mg/kg，强致癌性的化合物苯并（a）芘在北京污泥和珠海污泥中的含量超过了我国农用污泥的控制标准（3.0 mg/kg）。城市污泥中的 PAHs 随着时间的推移而呈下降的趋势。

邻苯二甲酸酯（PEs）主要包括 U. S. EPA 优控污染物中的 6 种化合物：邻苯二甲酸二甲酯、邻苯二甲酸二乙酯、邻苯二甲酸正二丁酯、邻苯二甲酸正二辛酯、邻苯二甲酸丁基苄基酯和邻苯二甲酸（2 - 乙基己基）酯。国外城市污泥中邻苯二甲酸酯的总含量一般在 1~100mg/kg 之间，美国和加拿大城市污泥的平均 PEs 分别为 312.9mg/kg 和 102.0mg/kg。与国外相比，我国城市污泥中的 PEs 相对较低，仅兰州污泥的 PEs 大于 100mg/kg。而且，我国城市污泥中的各种 PEs 化合物中以邻苯二甲酸正二辛酯为主，而国外城市污泥是以邻苯二甲酸（2 - 乙基己基）酯为主。

多氯代二苯并二噁英/呋喃（PCDD/Fs）是具有"三致"作用的全球性有机污染物。PCDDs 和 PCDFs 分别有 75 种和 135 种同系物，其中，2，3，7，8 - 四氯二苯并二噁英（T_4CDD）是目前已知的毒性最强的化合物之一。城市污泥中 PCDD/Fs 同系物的总含量一般较低，通常在 1~100μg/kg。如德国城市污泥中 PCDDs 和 PCDFs 的平均含量分别为 44μg/kg 和 3.6μg/kg。PCDDs 通常以六氯代、七氯代和八氯代二苯并二噁英为主。3，7，8 - T_4CDD 的含量一般在 1.0×10^{-3}μg/kg 左右，甚至低于检测限。

多氯联苯（PCBs）是由一个或多个氯原子取代联苯环上氢的原子而形成的一组化合物，它有 209 种同系物。城市污泥中 PCBs 的浓度一般为 0.1~20mg/kg。城市污泥中

PCBs 化合物的含量通常随着取代氯原子数的增多而增大。近年来城市污泥中 PCBs 的含量也有逐年下降的趋势。国外城市污泥中氯苯（CBs）的含量一般在 $0.1 \sim 50 mg/kg$，其中含量较高的主要是一氯代苯（MCB）、二氯代苯（DCB）和六氯代苯（HxCB），CBs 的含量也呈逐年下降的趋势。如美国 80 年代和 90 年代的城市污泥中的 CBs 含量分别为 $2.0 \sim 850 mg/kg$ 和 $0.033 \sim 19.3 mg/kg$。我国城市污泥 CBs 的含量在 $0.01 \sim 6.917$ mg/kg，主要是六氯苯和 1，2，4 - 三氯苯。

芳香族硝基化合物广泛用于医药、农药、染料、炸药的生产，其毒性大、难降解，可通过废水废气或因贮运、生产过程中的意外事故和贮存罐的不当处置而大量进入环境。由于其化学性状稳定，进入环境后将对生态环境和人体健康构成极大威胁。许多化合物如硝基苯、2，4 - 二硝基甲苯、2，6 - 二硝基甲苯、联苯胺等属于美国国家环保局（EPA）的优控污染物。我国把硝基苯、对硝基甲苯、2，4 - 二硝基甲苯、三硝基甲苯、对硝基氯苯、2，4 - 硝基氯苯列入中国环境优先污染物黑名单。但由于其苯环上带有硝基，很难被微生物降解，但可通过对细菌等的筛选驯化提高对硝基苯等的降解率。城市污泥中普遍检测到含氮有机化合物，污水在处理过程中绝大部分含氮有机化合物通过固相吸附沉淀而富集于城市污泥中。中国大陆和香港城市污泥中硝基苯类化合物经测定发现，城市污泥硝基苯类化合物的总含量在 $0.085 \sim 17.220$ mg/kg，平均为 3.436mg/kg，但含量差别比较大（STD 达 5.13mg/kg），这可能与污水来源及处理方式等有关。国外也开展了城市污泥中含氮有机化合物的分析研究，加拿大城市污泥中硝基苯的含量在 $0 \sim 9.0$ mg/kg（平均为 3.5mg/kg），2，6 - 二硝基甲苯的含量在 $0 \sim 4.0 mg/kg$（平均含量为 2.0mg/kg）。美国城市污泥中硝基苯、2，4 - 二硝基甲苯、2，6 - 二硝基甲苯的含量均低于检测限。我国城市污泥中硝基苯的含量较低，其他化合物的含量与加拿大的城市污泥相当或略高，但明显高于美国的城市污泥。

污泥中氯酚（CPs）的含量一般为 $0 \sim 50 mg/kg$，有的高达 1 000 mg/kg，甚至 8 500mg/kg 以上，如英国和美国的城市污泥中 CPs 的含量分别在 $9.8 \sim 60.5$（平均为 34.6mg/kg）和 $1.143 \sim 10 284$ mg/kg。CPs 在污泥中的含量通常也随着氯原子数的增加而增加，其中五氯酚 PCP 是毒性很强的化合物。

醚类是重要的环境有机污染物，它们普遍存在于城市污泥中。美国 EPA 把其中的 4 种醚类化合物确定为优先控制化合物，它们是双（2 - 氯异丙基）醚、双（氯乙氧基）醚、4 - 氯苯基二苯醚、4 - 溴苯基二苯醚。醚类物质在环境中存在生态毒性或起到雌激素的作用，而且在环境中较难被降解。醚类物质被广泛用于纺织加工、日用及工业用洗涤剂、金属加工、涂料和农药生产、采矿和石油开采中，最后会经城市和工业废水而进入城市污泥。我国大陆和香港城市污泥中 4 种醚类化合物在的总含量在 $0 \sim 7.743 mg/kg$，平均为 2.018 mg/kg，4 种醚类化合物中仅检测到双（2 - 氯异丙基）醚和 4 - 氯苯基二苯醚 2 种化合物，而双（氯乙氧基）醚和 4 - 溴苯基二苯醚在所测定的城市污泥中都低于检测限，但双（2 - 氯异丙基）醚的含量较高，除了个别城市（深圳、北京）污泥中未检出外，在其他城市污泥中均被检出，最高达 7.743mg/kg，平均为 2.004mg/kg，占了 4 种醚类总含量的 95% 以上。与国外的城市污泥相比，总体上我国城市污泥中醚类化合物的含量高于加拿大城市污泥中双（氯乙氧基）醚，含量为 $0 \sim$

0.30mg/kg（平均为0.10mg/kg），双（2-氯异丙基）醚和4-氯苯基二苯醚的含量均在0~1.0mg/kg。美国城市污泥中双（2-氯异丙基）醚、4-氯苯基二苯醚和4-溴苯基二苯醚的含量均低于检测限。

苯胺类化合物为芳香胺的代表，系指苯胺分子中的氢原子被其他功能团取代后形成的一类化合物。苯胺类化合物除广泛应用于化工、印染、橡胶和制药等工业生产外，还是合成药物、染料、炸药等重要的原料，在生产过程中常随废水排放而在环境中普遍存在。苯胺及其衍生物可以通过吸入、食入或透过皮肤吸收而导致中毒，另外苯胺类化合物还具有致癌和致突变的作用。苯胺类化合物在我国城市污泥中的含量相对较低。在部分城市如广州、佛山、珠海等城市污泥中没有检测出胺类化合物，在无锡等城市污泥中其含量也较低，一般在0.002~0.780 mg/kg，平均含量为0.176mg/kg，平均偏差为0.255 mg/kg，差异较显著。有分析研究表明，美国城市污泥中联苯胺的含量均低于检测限，N-亚硝基二正丙胺的含量在0.001~0.009mg/kg之间（平均含量为0.002mg/kg），而我国部分城市污泥对含氮有机化合物测定时发现，在污泥中联苯胺的含量在0~0.78mg/kg，而N-亚硝基二正丙胺均为检出。

其他有机污染物除了上述之外，城市污泥中还含有其他多种有机污染物，其中短链卤代脂肪族化合物的含量为0~50mg/kg；线型烷基苯磺酸盐（LAS）的含量很高，在50~15 000mg/kg烷基酚含量为100~3 000mg/kg。污泥中有机氯农药种类也很多，如2，4-D的含量低于7.4 mg/kg，狄氏剂含量低于64 mg/kg，DDT含量低于140mg/kg；芳香胺和烷基胺的含量也很低，在0~1.0 mg/kg。亚硝胺类的含量在0~50 mg/kg。我国城市污泥中的硝基苯类、胺类、卤代烃类、醚类等化合物的含量较低。

5.2　污泥重金属化学形态与检测技术

元素形态概念的提出是现代环境科学和生命科学领域的发展需要。传统分析化学只测定样品中待测元素的总量或总浓度。随着环境科学，尤其是环境地球化学的发展，许多学者认识到以重金属为主的污染物的总量已经不能很好地揭示其生物可给性、毒性及其在环境中的化学活性和再迁移性。事实上，重金属与环境中的各种液态、固态物质经物理化学作用而以各种不同的形态存在于环境中，因此赋存形态更大程度上决定着污染物的环境行为和生物效应，将提供污染物的毒性和再迁移性等重要信息。因此，对污染物赋存形态，尤其是与生态环境密切相关的活性形态研究，对了解污染物的环境行为和生物效应，周密设计污染物分析监测方法，寻求最佳治理方案都有极其重要的现实意义。

5.2.1　污泥重金属化学形态

从20世纪70年代开始，环境科学家和生命科学工作者认识到无机元素（特别是痕量重金属）的环境效应和微量元素的生物活性，不仅与其总量有关，更大程度上由其形态分布决定，不同的形态其环境效应或可利用性不同。不同化学形态的重金属，其毒理特性存在如下规律：当重金属以自然态转变为非自然态时，毒性增加；离子态的毒性常大于络合态；金属有机态的毒性大于金属无机态；元素价态不同，其毒性也不同。只有借助于形态分析，才能确切了解化学污染物对环境生态、环境质量、人体健康等的影响，认识元素在无生命和有生命系统中的循环。

重金属在污泥中的形态存在形式与污水的理化性质、污水处理采用的工艺、污水处理厂运行状态、各种重金属的特性等因素有关。因此，同种金属元素在不同性质的污泥中存在形式、同一种污泥中各重金属元素存在形式、同一座污水处理厂不同时间段污泥中重金属元素存在形式会不同。有研究表明，污泥中 Cu 的可氧化态和残渣态占总量的95% 左右，污泥中 Cr 的形态分布与 Cu 类似，主要以可氧化态和残渣态形式存在，但在不同类型污泥中，Cr 的两种形态分布特征并·致，Ni 的可交换与可还原态之和的比例较高，占总量的27% ~44%，表现出较强的可迁移性，Zn 被认为是污泥中具有强迁移性和易被生物吸收利用的重金属，而 Pb 在污泥中主要存在于可还原态和残渣态两种形态中，Cd 的可交换态占总量的30% 左右，也具有较强的迁移性。国内有研究者利用沉降/离心法将城市污泥划分为 4 种形态，分别为生物絮凝体、颗粒态、胶体及水溶态，研究结果表明66 ~ 84% 的 Cu、Pb、Zn、Cd、Hg 和 As 主要分配在生物絮凝体组分中，14% ~27% 的 Cu、Pb、Zn、Cd、Hg 和 As 存在于颗粒态组分中，水溶性和胶体组分含量较少；重金属 Ni、Mn 和 Zn 在低温条件下受矿物质 Al_2O_3、CaO、SiO_2 和 Fe_2O_3 的影响较大，易形成稳定的固体而存在于炉渣中；Cr 易形成氧化物而基本不受矿物质的影响，Pb 的形态转化受多种因素的制约且易于挥发。有研究表明，污泥中 70% 以上 Zn 是不稳定态的 Zn，污泥中 90% 以上的 Cu 是稳定的硫化物及有机结合态的 Cu，污泥中 Hg、Cr、Pb 和 As 等危害较大的有毒元素主要以稳定态形式存在，As 主要分布在酸溶/交换态、可氧化态和残渣态。

污泥的消化处理、热处理、堆肥处理、干化处理等污泥处理过程都会改变重金属在污泥中的化学形态，目前国外学者对重金属经污泥各种处理方式后，其形态分布和变化特征进行了广泛深入的研究。有分析结果表明，原始污泥中大部分 Cu 是残渣态，经热解处理后，大部分 Cu 是铁锰氧化物结合态；污泥中其他重金属，如 Zn、Ni、Pb 和 Cr 等，经热处理后，可交换态的重金属消失，残渣态成为优势存在形态。堆肥化处理后，明显改变了 Ni 和 Cd 的形态分布，明显降低了 Ni 的不稳定态含量，在一定程度上降低了 Cd 的生物有效性，起到一定的钝化作用，但使 Ni 和 Cd 的总量浓度略有上升。污泥中重金属在堆肥处理后，其浓度显著增加，表明了堆肥处理过程会浓缩污泥中重金属，研究发现堆肥过程不会改变污泥中各重金属元素的含量，但堆肥后污泥中重金属稳定形态的比例有所提高，变化最为显著的是 Zn，其不稳定形态的含量降低了 21%，使得污泥中 Zn 的可迁移性与毒性大幅降低。另有试验结果表明，厌氧消化处理可以使污泥中重金属稳定化，经厌氧消化后，污泥中 Hg、Cd、Pb 和 As 几乎全部以稳定形态存在，而 Zn、Ni、Cu 和 Cr 稳定形态也有所增加，其中 Cu 的稳定态含量上升 8%，Zn 的稳定态比例增加了11%，Ni 的稳定态比例也增加了 5%，Cr 的稳定态含量由64% 增加到了69%，厌氧消化工艺对可交换的离子态重金属的转化有明显的促进作用。

国内外研究表明，污泥特性对重金属形态分布具有一定影响，可以分为直接影响和间接影响两类，直接影响主要包括污泥中重金属的含量和有机及无机组分的吸附容量等，间接影响因素主要包括污泥的 pH 值、灰分含量、电导率（EC）、离子强度、阳离子交换容量等污泥特性。直接影响的研究结果表明，Cd 在污泥中的总含量较低时，主要以与有机质（特别是腐殖酸等）结合的形态存在，而 Cd 的含量高时，主要以可交换离子的形式存在；非晶体的 Fe、Mn、Al 等含量较高的金属元素存在会影响重金属的形态分布；污泥中 Ca、Al、P 等的存在也会降低污泥中重金属的生物有效性。固化/稳定处理技术可以用于修复重金属污染土壤，对电镀厂污泥进行固化稳定处理，其浸出液中铜离子浓度由 780mg/L 下降到 15mg/L，镍离子浓度由 2 245 mg/L 下降到 222 mg/L。间接影响的研究结果表明，pH 值与重金属的酸提取态含量呈极显著负相关，与 Cu 和 Pb 的氧化物结合态含量呈极显著正相关，土壤有机质含量与 Cu 和 Pb 的有机结合态含量呈极显著正相关关系；但也研究表明，较高的 pH 值反而会使 Mo 的生物有效性提高。pH 值对重金属的形态分布影响，主要通过对污泥中的物理化学和生物反应过程的影响机制来影响，重金属在环境介质表面上的键合作用，对 pH 值更为敏感；pH 值对污泥中重金属形态的分布影响是一个极其复杂的过程，对此虽然已有大量研究，但是清晰的影响机理依然没有被发现。

城市污泥是一种极其复杂的非均质体，它含有有机物质残片、细菌菌体、无机颗粒、胶体等物质，具有较高的有机质含量，其比例一般在 40% ~ 70%，重金属离子能与阴离子形成络合物，从而影响重金属形态分布。金属离子与存在污泥表面的负电性基团形成了大量的络合或螯合物，污泥中有机质表面所带 COO^-、OH^-、$C=O$ 等负电性基团解离后，其负电性会随着土壤 pH 值上升而增强，提高金属离子的络合力。污泥中的可溶性有机物会影响金属离子在固相中的形态、迁移转化以及生物可吸收性，主要通过与重金属自由离子之间的交换/吸附、络合/螯合和氧化还原等反应来实现。固相中 DOM 含量可能会对重金属形态分布有很显著的影响，而重金属也可能对 DOM 有种特殊且强烈的亲和性，固相中重金属碳酸盐结合态含量与 DOM 含量呈负相关性，而交换态和有机结合态含量与 DOM 含量呈正相关性。

5.2.2 样品预处理技术

形态分析最理想的方法是对样品中待研究的形态进行原位分析，即尽量避免对样品进行任何形式的预处理，以保持待研究形态的原始特性不变。但是环境样品和生物样品中重金属和有机污染物的含量都很低，因此除了少数灵敏度很高的分析方法外，分离富集是重金属形态分析必不可少的步骤。这不但可以提高待测痕量形态在原始基体中的摩尔分数，而且可以减少基体干扰，从而最终延伸方法的检测下限。近几十年来，分析测试仪器及技术随着电子及计算机技术的引入，取得了迅猛的发展。相对而言，预处理技术则发展缓慢，往往存在较大的局限性。因此，探索快速、高效、简便、易自动化的样品预处理新方法已成为当代分析化学的前沿课题和重要研究方向之一。

污泥等固体废弃物基体复杂，成分不均，因此样品的预处理步骤更加繁杂，使污泥中污染物的形态分析受到很大限制。目前，对污泥中污染物赋存化学形态的分析研究还很有限，大部分是借鉴土壤、沉积物等固体物中重金属分析的样品预处理技术。值得一提的是，对形态分析的样品作预处理，不能改变污染物的原始形态，因此一般不采取直接消解、灰化等方法，应用较广的有化学浸提法、离子交换法、萃取法及色谱法等。对重金属元素在污泥中赋存形态分析的样品预处理，最常用的方法是溶剂萃取法：对样品进行浸提和萃取，即用一种或多种化学试剂萃取样品中的重金属元素，根据重金属萃取程度的难易，将样品中的重金属分为不同的形态。依据使用萃取剂种类和萃取步骤的不同，又可以分为连续萃取法和单一萃取法两大类。从目前的情况来看，由于环境样品的复杂性造成萃取试剂和萃取方法的多样性，使得萃取实验结果之间的可比性变得非常困难。另外，即使相同的萃取方法，实验样品的改变也可能会导致实验结果的不同。针对性质相似的样品选用适当的和有效的化学萃取方法不仅是合理评估重金属污染程度的必要手段，而且也是萃取实验结果具备可比性的前提。对性质相差很大的样品，对其进行环境影响评价时，首先应该考虑的事情是选用合适的萃取方法。

连续萃取法是一种用萃取性能不断增强的化学试剂来逐步提取环境样品中不同活性重金属元素的方法。此方法的最大特点是用几种典型的萃取剂替代自然界中数目繁多的化合物，模拟自然条件下重金属与周围环境发生的各种反应，将非常复杂的问题得以简化。目前被广泛应用的基本上都是在 Tessier（1979）连续萃取法基础上发展起来的，一般将样品中重金属元素按照活性大小分为以下 5 种不同的化学形态：水溶态及可交换态、碳酸盐结合态、有机结合态、Fe－Mn 氧化物结合态和残留态，是当前重金属形态分析的主要方法，但也有将重金属元素划分为其他形态，或是将上述五种化学形态分得更细。利用微波热溶技术可将萃取周期大大缩短，但会引起样品表面的改变，某些含量较高的元素会发生强烈的重吸附，因此该法不适合萃取主量元素，且应考虑加入更为有效的解吸剂。近年来，就萃取过程释放出的重金属在未溶解固相上的重新吸附问题，对污染严重的土壤样品的每一步萃取都要重复进行两次，但是这样做意味着将大大增加萃取时间。此外，还有一种比较重要的连续萃取法是由欧共体标准局在 90 年代中期建立起来的，它将土壤、沉积物中的重金属分为 3 种形态：HAc 酸溶态（水溶态、可交换态与碳酸盐结合态 B1）、H_2O_2 可氧化态（铁—锰氧化物结合态 B2）和 $NH_2OH－HCl$ 可还原态（有机物与硫化物结合态 B3），因此也叫做 BCR 三级连续提取法。值得一提的是，连续萃取法是用一种或数种萃取剂替代天然环境中数目繁多的有机化合物来模拟自然条件下样品中重金属元素与周围环境可能发生的各种反应，连续分离程序不是完全特定的，因而肯定会有一些局限性，如不同相之间的再吸附、试剂的选择性差、受操作条件影响较大以及不同方法所得结果之间可比性差等，而且操作复杂、费时，因此该法有待于进一步完善。

单一萃取法通常指的就是生物可利用萃取法，也可提供有关微量重金属化学形态方面的信息，适于痕量金属大大超过地球化学背景值后的污染调查研究。这种方法评估的是土壤、沉积物中重金属能被生物吸收利用的部分，或者能对生物的活性产生影响的部分，国内通常将这部分重金属称为有效态。依据样品的组成、性质、萃取重金属元素种类以及萃取目的的不同，所用试剂也会不同。常用的萃取剂可以分为酸、螯合剂、中性盐和缓冲剂四类。酸试剂常用来评估酸性土壤中植物对重金属元素的吸收情况，常用的酸试剂有 HNO_3、HCl、HAc 等。螯合剂能同大多数的金属离子形成稳定的水溶性螯合物，所以它常用作萃取剂来萃取土壤、沉积物中可被植物直接吸收合利用部分的重金属元素。常用的螯合剂有 EDTA 和 DTAP 两种，一般适用于碱性土壤。用中性盐作萃取剂的优点是萃取结果不受土壤酸碱性的影响，缺点是萃取效率低。由于考虑了土壤体系的酸碱度，因而缓冲试剂提高了测定结果的可靠性。常用的中性试剂有：$CaCl_2$、$CaNO_3$、$NaNO_3$、NH_4Ac 和 NH_4NO_3 等；常用的缓冲试剂有：NHAc + HAc，NH4Ac + HAc（pH 值 = 4.8 或 pH 值 = 5.0），$H_2C_2O_4$ +（NH_4）$_2C_2O_4$（pH 值 = 5.0）。尽管还存在很多有待解决的问题，诸如萃取时间、再吸附、以及萃取剂的选择等，但化学萃取法仍不失为一种认识重金属环境行为的有效方法。传统的溶剂萃取是样品预处理常用的手段，但它使用有毒溶剂、操作繁琐、不易与其他分析仪器联用等缺点。

利用元素的价态或配位情况的不同，或与离子交换树脂的亲和力的不同，选用合适的淋洗液，可直接分离、分析同一元素的不同形态。水体中的自由离子和不稳定的络合物通常被认为是主要的毒性形态，所以利用离子交换树脂中交换基团的吸附能力，可测定吸附在树脂上的不稳定络合态的含量和元素的总含量，求差值则可得稳定态含量。Chelex100 是最常用的螯合树脂，胶体形态的金属不被吸附，从而将胶体颗粒及不易离解的金属离子络合物与离子态及易离解的络合物分离。此外，还有一些离子交换法应用于化学形态分析的预处理：利用阳离子交换剂修饰钨丝盘富集分离离子态和结合态镉，利用阴、阳离子交换树脂同时使用用来分离 Cr（Ⅲ）/Cr（Ⅵ）。

5.2.3 重金属分析检测技术

与各种分离富集技术配合使用的分析检测技术包括电化学法、原子光谱法、质谱法、紫外分光光度法、离子色谱法、中子活化法以及各种方法的联用技术。化学形态分析的主要目的是确定具有生物毒性的形态及其含量。当所测定的部分，如溶出伏安法中电极上富集的部分、离子交换技术中离子交换剂吸附的部分，或者其他方法测定的部分与污染物的毒性或生物有效性一致时，形态分析的目的就可以实现。因而发展可靠的分析方法和检测仪器，可以准确地测定环境中痕量污染物的化学形态。化学形态分析的分析检测技术应具备检出限低、选择性高、应用范围广、准确、方便、无损失的优势，达到尽可能详细的形态分类和尽可能超痕量的检出目的。目前，作为元素形态分离基础的现代色谱学分离技术与原子光谱仪和质谱仪等检测技术的联用大大提高了分析方法的灵敏度和选择性，在复杂体系中元素的形态分析方面发挥了重要的作用。

电化学分析方法具有选择性高、灵敏度高、分析快速、不需要分离处理、仪器价廉等优点，使其在环境污染物形态分析的应用方面有广阔的前景。阳极溶出伏安法（ASV）将总的金属形态按其电极行为特征分为电极有效态（Lbaeli - metal）和惰性态（Inert - metal），电极的有效态包括游离离子和一些简单无机化合物，是可能的毒性态；惰性态一般是一些结合紧密的有机络合物，较少具有毒性特征。溶出方式主要有线性扫描和微分脉冲两种，新的溶出方式有方波溶出、方波断续溶出、差示脉冲溶出以及计算机差谱变时溶出等。研究表明，阳极溶出伏安法的电极动力学过程与重金属穿过细胞膜进入细胞的过程类似，由其检测出的化学形态、电化学活性态与生物试验法所得的金属毒性有较好的一致性，因此 ASV 成为众多分析方法中较少的可以直接测定化学形态的方法之一，对环境污染物的形态分析具有重要意义。然而，目前应用 ASV 直接进行形态分析的研究还不是很多。选择萃取和阳极溶出并用的方法，分别测定水中四、三、二烷基铅化合物和无机铅离子，应用 ASV 对环境水样中 Al 进行形态分析时，检出限可以达到 10^{-8} mol/L；采用 ASV 测定区分溶解态和胶体态铅，并利用电化方法测定了胶体的吸附容量。ASV 优点是选择性高、灵敏度高，而且能较好反映出重金属的毒性。缺点是混合成分同时分析时容易受到基体的影响，导致极谱峰分裂或重叠，给定量带来误差。

为了提高灵敏度和选择性，将电极进行改性处理的修饰电极用于痕量元素形态分析的研究也越来越多。采用阴极溶出伏安法（CSV）研究了巴西 Cuanabara 海湾高污染区中铜的形态，发现在大多数样品中，铜以有机络合态形式存在；利用 CSV 研究了 Scheldt 河口中铜和锌的形态分布，铁的存在极大地降低了铜和锌的电极有效态，从而影响了它们的环境行为。用离子选择电极（ISE）测定天然水体中铜和锌络合物的表观稳定常数，然后由 MINEQL 模型计算了它们的形态分布；Parthasarathy 研究铜离子在液膜中的迁移时用 ISE 测定了铜离子浓度的变化，发现穿过膜的铜（Ⅱ）由游离铜离子浓度决定，结果与超滤法一致。ISE 缺点是线性响应范围在高浓度区（10^{-6} mol/L 以上），而多数环境样品中离子态金属浓度远远低于其响应范围。以 6 种儿茶酚为电活性试剂，用微分脉冲伏安法（DPV）进行天然水和生物体液中 Al（Ⅲ）的形态分析，检出限为 $10^{-4} \sim 10^{-3}$ mol/L。采用流动滴定法测定 Fe（Ⅱ）和 Cr（Ⅵ），线性范围 $10^{-4} \sim 10^{-3}$ mol/L。此外，激光微探针 MS 也可以用于分析环境和生物试样中 Cr、Pb、Ni 的化学形态。

原子光谱在所有检测系统中仍是最灵敏、最有前途的一种方法，广泛用于污泥、土壤和沉积物等环境样品的重金属形态分析中。原子吸收在环境领域中的应用始于 20 世纪 60 年代，随着仪器的发展和商品化以及使用技术水平的提高，70 年代发达国家已形成原子吸收的环境分析标准监测方法体系。我国自 80 年代开始在重金属的标准监测方法中也加入了原子吸收法，目前已从常规的火焰原子吸收方法体系发展到以石墨炉原子吸收方法为主的方法体系。由于原子吸收技术比较成熟，火焰 AAS 可直接测定环境样品如水、土壤、固体废弃物中毫克/升和微克/升级的重金属，无火焰 AAS 可测定 $10^{-14} \sim 10^{-10}$ g 的痕量成分，且仪器成熟，与 ICP – AES 相比，从仪器价格到使用消耗都较低。因此世界各国的重金属污染物监测 90% 以上均使用 AAS 法。

火焰原子吸收（FAAS）是一种成熟且应用广泛的分析技术，它具有操作简单、分析速度快、测定高浓度元素时干扰小、信号稳定等优点。FAAS 只能测定水溶液中的元素，因此在研究土壤、固体废弃物等样品时必须先进行消解处理才可分析使用，近年来一直被应用并不断得到改进。由于 FAAS 直接检出能力已日益不能满足需求，因此在分析许多样品时常要先分离富集，以提高灵敏度和选择性，才能用 FAAS 测定。有人采用单阀双阳离子交换树脂微柱并联，设计了双路采样逆向洗脱在线分离富集系统，该系统与原子吸收测量技术相结合，实现了在线分离富集火焰原子吸收光谱法同时测定水中 Cr（Ⅲ）和 Cr（Ⅵ），相对标准偏差分别为 2.9% 和 3.0%、检出限分别为 8.70μg/mL 和 10.8μg/mL；流动注射（FI）分离富集法可消除大量基体干扰，富集被测物，提高方法的灵敏度，在线分离富集法还有沉淀、共沉淀、萃取、吸附、离子交换等，这些方法可以方便地与 FAAS 联用，FAAS 可与色谱方便地连接，但往往达不到所需灵敏度。石墨炉原子吸收（GFAAS）是除 FAAS 外另一种主要的原子吸收光谱法，具有灵敏度高、用样量少、可在不同气体压力下操作等优点，广泛应用于痕量和超痕量重金属元素的测定。曾有研究者用 GFAAS 和阳极溶出伏安法测定海水中 Cu 的配位容量和形态分析，获得铜在海水中受不同有机配体的控制，讨论了低级胶体粒级的颗粒物中铜的含量水平，该法对实际水样加标回收率在 94.5% ～ 104.3% 之间；利用流动注射离子交换 GFAAS 法测定土壤中可交换态 Cr（III）和 Cr（VI）的分析方法，优化了提取方法、分离富集条件和流路参数等，检出限分别为 24pg 和 4.0pg，相对标准偏差分别为 4.7% 和 5.9%。GFAAS 发展已较成熟，但对其原子化机理、基体改进剂、动态线性范围的扩展仍有深入研究的价值；同时以钨、钽等金属丝环代替石墨管作原子化器的研究也进展较快，应该会有更多更好的 GFAAS 技术应用于痕量重金属的测定。

质谱作为检测方法在形态分析中应用也相当广泛，特别是电感耦合等离子体质谱（Inductively Coupled Plasma Mass Spectrometry，ICP - MS），以独特的接口将电感耦合等离子体（ICP）的高温电离特性与四极质谱仪的灵敏快速扫描特性相结合，自 80 年代问世以来技术发展相当迅速，成为公认的最强有力的元素分析技术。与传统无机分析技术相比，ICP - MS 技术提供了极低的检出限、极宽的动态线性范围、干扰最少、分析精密度高、分析速度快、可进行多元素同时测定以及可提供精确的同位素信息等分析特性，对复杂体系中痕量和超痕量重金属的化学形态分析十分有效。近年来 ICP - MS 在环境重金属形态分析领域的研究成果有应用于重金属 Hg 和 Cr 的形态分析等。用微波消解 ICP - AES 法测定土壤中的环境有效态金属元素，获得满意的结果；利用预富集方法与原子荧光法结合的技术，建立天然水体超痕量不同形态汞的准确分析方法，检出限达到了 0.02ng/L，实验平均回收率为 101%，该方法也适用于其他低汞含量汞的形态分析。除上述提到的分析检测技术外，红外、紫外、分光光度法、中子活化法、应用于形态分析也有报道，BCR 连续提取分类法结合 IR 等化学手段，综合分析底泥沉积物的主要和次要成分的化学组成及被提取试样污染物中 Cu、Pb、Zn、Cr、Cd 的分子存在形态；LC 分离、UV 检测同时分析了废水和土壤中 Cr（III）及 Cr（VI）；采用离子交换树脂分离/分光光度法研究了铜的形态分离分析条件，提出了铜的形态分析方法，用此法测定了珠江水中痕量铜的总量、悬浮态、溶解态、阴离子态、阳离子态、非离子态及其形态分布，结果令人满意；另外中子活化法用于 Hg 的形态分析较多，有报道中子活化分析法测定了炭样中汞的形态，其检测限达 5ng/g。

联用即分离手段如气相色谱（GC）、高效液相色谱（HPLC）、薄层色谱法（TLC）、高效毛细管电泳法（HPCE）与检测手段如原子吸收光谱法（AAS）、发射光谱法（ICP - AES）和电感耦合等离子体质谱法（ICP - MS）在线联用进行测定。当今化学界公认色谱分离技术与光谱检测技术联用能够进行令人信服的形态分析，而目前环境样品元素形态分析主要依赖联用技术。自 1980 年由 Hirschfeld 首次提出联用技术以来，各种联用手段迅速发展，其中高效液相色谱和电感耦合等离子体质谱联用技术（HPLC - ICP - MS）是发展较为完善的技术之一。原子荧光光谱法（AFS）灵敏度高，与气相色谱、氢化物发生装置联用（GC - AFS、HG - AFS）是环境中汞形态分析的有力工具之一。用 GC – AFS 测定砷的形态，用 GC – AFS 法测定甲基汞，其检出限为 0.5pgHg，也取得较好的效果。早在 1966 年原子吸收光谱就已和 GC 联用并用于汽油中的烷基铅的分析。目前 GC – AAS 联用技术已日趋成熟，广泛应用于环境样品中 Pb、Sn、As、Se、Hg、Sb、Cr、Cu、Al 和 Cd 等元素的形态分析。FAAS 可与色谱方便地连接，但往往达不到所需灵敏度，GFAAS 作为色谱的检测器灵敏度可提高三个数量级，许多人使用并进一步完善了 GC – GFAAS 联用系统。

环境污染物多以微量、痕量、超痕量存在，并由于受复杂环境因素的影响以不同的形态存在，单一分析仪器很难对复杂的环境样品进行有效的分析。虽然单就灵敏度而言 GC – MS 与某些检测技术无法相比，但由于其在复杂有机金属化合物鉴定方面不可取代的独到之处，在形态分析中的应用越来越广。电感耦合等离子体质谱（ICP – MS）在分析中样品元素注入仪器瞬间原子和离子化，因此得不到有关元素化学形态的信息。气相色谱（GC）具有分辨率高、分离速度快和效率高等优点，和 ICP – MS 在线耦合（GC – ICP – MS）在一定程度上解决了 ICP – MS 进行形态分析时的困难，近年来广为关注。由于把气态的气相色谱流出物引入 ICP – MS 的过程中要保持色谱流出物呈气体状态，不像液相色谱和 ICP – MS 联用那样直接，因此 GC – ICP – MS 的研究相对比较晚。最初的 GC – ICP – MS 研究是在填充柱上进行的，但由于填充柱的效率比较低，同时样品的消耗量也比较大，因此这之后的一段时间里 GC – ICP – MS 的发展比较缓慢，真正突破是在毛细管气相色谱柱商品化以后，目前的应用主要集中在 Hg、Sn、Se、As、Pb 等元素的形态分析。

高效液相色谱（HPLC）是一种具有高效、高灵敏度的分离手段，尤其适用于热稳定性差、分子量大、极性强物质的分离。与高效液相色谱联用于形态分析的检测方法大致可分为三类：光度法、原子光谱法如 CVAFS、CVAAS、ICP – AES、MIP、ICP – MS 和电化学法 ECD。在环境、生物样品的形态分析中，由于这些传统的检测器不能达到测定的选择性和灵敏度要求，而且难以检测多元素同位素的信号变化，以及往往由于洗脱剂的影响造成色谱图十分复杂。ICP – MS 分析技术具有极低的检测限、宽的动态线性范围、干扰少、分析精密度高、速度快和可同时测定多元素等优点，能在复杂基体中准确地分析微量、痕量元素同位素，将 ICP – MS 用作 HPLC 的检测器，跟踪被测元素同位素在各形态中的信号变化，将使得色谱图变得简单，有助于元素形态的确认和进行定量分析。目前，HPLC – ICP – MS 联用是发展较为完善的技术之一，已广泛用于环境和生命科学样品中元素的形态分析。

5.3　污泥中重金属去除技术

不论是城市污泥还是工业污泥，由于其大多含有毒性较大的重金属元素，如果处理不当将会对污水处理厂乃至使用污水污泥的地区周边生态环境构成严重危害。因此，降低或去除污泥中的超标重金属元素成为有效处置和利用污泥的关键。目前，为解决城市污泥中重金属元素对生态环境可能造成的危害以及对污泥农用的制约所开展的研究较多，但多数是从稳定和降低重金属元素毒性角度进行的，从降低污泥中重金属总量的研究相对较少。一般来说，污泥中的重金属存在的形态分为水溶态、有机结合态、交换态、残渣态及碳酸盐和硫化物结合态等，其在污泥中的有效态含量与其浓度、污泥理化性质、重金属自身形态有关。许多研究表明，金属离子的溶解度及络合稳定性与 pH 值关系密切，因此，可以通过控制土壤、污泥的 pH 值来实现污泥的形态转化，达到去除重金属的目的。目前，去除污泥中重金属的方法很多，但主要途径有两种：一是改变污泥中重金属的存在形态，使其可移动行降低，使其变为稳定状态；二是通过一些手段从污泥中去除重金属。

改变污泥中重金属形态的方法有污泥堆肥，即人工控制一定水分、C/N 比例，利用微生物发酵，将有机物变成肥料，此过程中污泥重金属因微生物影响，其形态发生变化，水溶态的重金属减少，从而减少了危害。向污泥中加入一些钝化剂也可以改变污泥中重金属的稳定状态，向污泥中加入石灰性物质，使污泥中的 pH 值提高，污泥中的重金属变成碳酸盐及氢氧化物沉淀，同时加入石灰性污泥亦可杀死污泥中的病原菌。将污泥与稳定化惰性材料掺在一起，依靠惰性材料的吸附、固化来降低重金属的迁移性，从而达到消除污染的目的。

稳定污泥重金属虽能减少重金属的直接危害，但污泥中重金属的总量却没有改变，可能随着环境改变而释放出来，从污泥中去除重金属是解决污染的长久之策，去除污泥中重金属最简便的办法就是化学方法，化学方法通常是利用各种酸溶液来降低污泥的 pH 值，是污泥中的金属化合物溶解成金属离子，使其易溶于水，或者利用强螯合剂，如 EDTA、柠檬酸的络合剂实现重金属和污泥的分离。

植物提取重金属也是比较理想的方法，利用某些专性植物的根可以超量吸收一种或几种重金属，并将其转移到茎、叶等其他部位。目前来看，利用植物吸附污泥中重金属还需深入的试验研究，培育出超富集重金属的植物，对于收获后的植物，要建立完善的处理机制，避免再次污染环境。生物沥滤是一种安全、节约成本、操作简单、效率高、速度快的去处重金属方法，生物淋滤技术是利用有氧及含硫条件下，污泥中的某些微生物吸附、络合、螯合、离子交换等方法，是污泥中的重金属变为可溶态离子形式，从而达到从污泥中去除重金属的目的。

从目前研究报道来看，去除城市污泥重金属的研究主要集中在以下几个方面：利用物理方法降低污泥重金属浓度、利用微生物方法降低污泥中的重金属含量、通过化学方法去除污泥中的重金属、采用电化学方法降低剩余污泥中的重金属含量、利用植物修复作用降低重金属含量等。

5.3.1　物理方法

物理方法主要有活性炭吸附、电极法、电磁法等。活性炭吸附法的原理是由于活性炭具有发达的内表面，在其内表面上还可以嫁接各种基团如羧基、内脂、酚羟基、荧光内脂、羰基等，采用含有基团的活性炭吸附污泥中的重金属，达到去除重金属的目的。利用活性炭吸附污泥中的重金属后，虽然重金属可以回收，但是活性炭的吸附具有专一性并且活性炭的再生效率不高。电极法是通过电流的作用来提高污泥的氧化还原电位（Eh 值）和在阴阳两极附近的溶液中的 H^+ 和 OH^- 浓度，达到调节污泥的 pH 值的作用，有利于去除污泥中的重金属离子。电磁法是利用高频电压产生电磁波，由于电磁波作用而产生热能，进而对污泥进行加热，使重金属在污泥颗粒内解析而达到修复的目的，该技术适用于一些易挥发性的重金属，如汞或硒等挥发性重金属，用此方法将其从污泥中去除，操作简单、而且经济可行。

5.3.2 化学方法

化学方法是一种易于掌握、操作相对简单的污泥重金属去除技术，主要是通过向污泥中投加化学药剂，提高污泥的氧化还原电位（Eh）或降低污泥 pH 值，从而使污泥中重金属由不可溶态的化合物向可溶的离子态或络合离子态转化，故在去除污泥中重金属主要是通过酸化作用、离子交换作用、溶解作用、表面活性剂和络合剂等的作用，使一些难溶的金属化合物转化为可溶态的金属离子或金属络合物，达到去除它们的目的。化学方法中研究最多的是酸化处理，另外就是利用络合剂的作用进行处理的方法，还有就是电化学处理方法等。

酸化处理法通常采用硫酸、盐酸、硝酸、磷酸和有机酸等化学试剂来溶解大量的金属。有研究表明当硫酸单独使用时，铜和铅的去除效果很不理想，而使用 1∶1 的盐酸/硫酸对污泥进行处理，重金属铜、铅、锌、锡的去除率都达到 60% 以上，有的重金属去除率甚至可达 100%；当用硝酸对污泥进行淋滤时，可以使铜的去除率达到 86.17%，镍和砷的去除率均达 100%；当利用有机酸中的柠檬酸对污泥中的重金属进行去除时发现，pH 值在 3~5 时重金属铜、锌的去除率可达 80%~90%，而且随着温度和酸浓度的不断增加，重金属的去除率也在提高，并且使用过的柠檬酸还能循环再利用；同时也有研究表明在酸处理时，不同的酸度对重金属的去除率也不同。早在 1982 年 Wozniak 等就曾用 HCl/H_2SO_4 为 1∶1 的溶液对污泥进行了处理。在不同 pH 值、污泥固体浓度、酸化时间等条件下测定污泥重金属去除效果，试验得到在 pH 值为 1.5 左右，污泥固体质量分数为 10g/kg 时，除对 Cr 元素的去除率低于 60% 以外，其他元素（Cd、Cu、Pb、Zn、Ni）的去除率均高于 90%，有的甚至达 100%。国内有人也利用磷酸、磷酸和双氧水混合液对生化剩余污泥进行脱除重金属的试验研究，试验结果显示当用 2% 的双氧水和 42% 的磷酸处理后的污泥中的重金属 Hg、Cd、Cr、Pb、Zn、Ni 等去除率均在 90% 以上，并且处理药剂磷酸也可以回收利用，从而降低了处理成本。用硫酸、碳酸氢氨、EDTA 等作为试剂对污泥进行了去除重金属试验，得到 Cu 的去除率为 66.8%，Zn 为 50.7% 的结果。此外，也有利用硫酸对消化污泥进行热处理和利用硝酸对污泥进行淋滤的，均取得了良好的重金属去除效果。

表面活性剂是一种在低浓度下降低水和其他溶液体系表面张力的物质。利用表面活性剂对污泥中的重金属进行去除时发现其中的十二烷基苯磺酸钠、脂肪醇聚氧乙烯醚和辛基苯基聚氧乙烯醚对污染土壤进行淋滤—洗脱试验，重金属的去除效果显著；然而在单独使用表面活性剂对重金属进行去除时发现去除的效果并不明显；同时有研究表明当表面活性与乙二胺四乙酸（EDTA）或二（过碘酸根）合铜（Ⅱ）酸（DPC）混合处理污泥时能更有效地去除重金属，其效果依次是 Cd > Pb > Zn。表面活性剂去除重金属的作用机理包括离子交换、溶解、电荷交换等。另外，表面活性剂对土壤中重金属是通过解吸作用加以去除，且其自身容易给环境带来影响，所以必须采用易降解和无毒的表面活性剂来去除污泥中的重金属。

利用有机络合剂来去除污泥中重金属的原理是在一些难溶的金属化合物中加入络合剂后，将其转化为可溶态的金属络合物予以去除。研究表明有机络合剂 EDTA、二乙三胺五乙酸（DTPA）等在除重金属上非常有效，如 EDTA 能与许多重金属元素形成稳定的化合物，使用 0.01 ~ 0.1 mol LED - TA 去除 Pb，发现 EDTA 对 Pb 的提取率可达到 60%。在动力学方面，EDTA 对重金属元素的吸附作用在前几分钟内进行得很快，而后便趋于平缓。当施用 EDTA 的量足够时，不论在何种性质基质中，特定重金属的去除率不受 pH 值的影响，EDTA 对重金属的去除效率还与重金属在污泥或土壤中的来源和分布也有关。国内外一些学者对一些螯合剂在去除污泥重金属能力方面开展了一系列的研究。1981 年，Jenkins 用 EDTA 作为提取介质对干污泥中重金属进行去除试验，并取得了较好的效果，约 44% 的 Cu 和 52% 的 Zn 被去除。EDTA 等络合剂去除重金属的机理普遍认为是络合剂与重金属元素形成稳定性更高的可溶性络合物，把污泥中一些稳定性较差的碳酸盐结合态、铁锰氧化结合态及部分硫化物形式存在的重金属元素转化为重金属络合物，在通过固液分离出来。

酸化处理方法虽然是一个处理效果好、技术成熟、耗时短的方法，但是酸的耗用量大，费用昂贵，并且酸处理后的废液的后处理需要用大量的石灰来中和，这样不但使成本增加，而且易造成新的二次污染。而使用 EDTA 等络合剂处理后的含有重金属络合物处理也是一个令人棘手的问题。

5.3.3　电化学方法

电化学修复是综合土壤学、环境工程、电化学和分析化学等而形成的一个交叉研究领域。电化学修复技术是通过在污染介质上施加直流电压形成电场梯度，以驱使介质中带电荷的污染物向反向电极进行定向移动、聚集，并经过进一步的溶液收集和处理从而实现污染介质样品的减污或清洁目的。电化学法主要是利用外加电场作用于被处理对象，使其内部的一些物质，如矿物颗粒、重金属离子及其化合物、有机物等在通电的条件下发生一系列复杂的电化学反应。通过电化学溶解、离子电迁移作用使一些重金属在阴极聚集。利用电化学技术来治理各类环境污染问题的报道较多，如土壤的电化学修复、污水的电化学处理及消毒等，但运用电化学方法来降低城市污泥重金属的文献报道较少。

电化学方法最早称为电提取法，电提取技术也被称为部分提取金属法（Partial Extraction of Metals，其英文缩写为 PEM）。PEM 法是 20 世纪 60 年代后期至 20 世纪 70 年代初期由圣彼得堡的一些学者所创立的，它是一种以电场形式激发，以物质形式记录电化学反应结果的地下电化学找矿法，由于地下矿体周围近地表的松散层中存在着离子晕，当外加电场时，离子迁移在电极附近富集，并进行一系列电化学反应，通过测量离子含量来提供地下矿体存在的信息。经过几十年的发展，该方法得到了不断的完善，取得了令人瞩目的成果。由于 PEM 法是在外加电场条件下，使地表松散层中某些金属离子产生富集，因此可以利用该原理，利用外加电场的作用，使城市剩余污泥中有害重金属发生电化学反应并在电极附近产生富集，再用一定的装置提取出这些物质，从而使污泥中的重金属含量降低。在城市污泥中，重金属元素主要附着于生物团和颗粒物上，而这些生物絮体和颗粒物由于本身对电荷的吸附作用，使一些带电离子或微小颗粒聚集在其表面，从而使得这些生物团和颗粒物具有一定的电性。在外加电场的作用下，发生如下的物理化学作用：金属离子颗粒物质在电解池中发生电化学溶解；改变电极附近物料中重金属元素的赋存状态；进行离子迁移。经过一定时间的电场作用，一些金属元素以不同状态聚集于电极附近，继而达到降低污泥中重金属含量的目的。

城市污水处理厂污泥中重金属主要以氧化物、氢氧化物、硅酸盐和不可溶盐等无机沉淀物和有机络合物形态存在，其次为硫化物，以自由离子形态存在的比例很少。电化学修复技术应用于城市污泥重金属的去除研究起步较晚，但相关研究兴趣在不断提升。电化学技术在污水污泥处理中的应用才刚刚开始，采用电化学技术降低污泥重金属含量的研究更是一个崭新的课题，目前国外仅有少数学者在开展该方面的研究。Akretche 最早报道了在实验室条件下，电动处理对污泥重金属提取效率的影响。认为电动作用下，污泥中重金属形态是影响重金属迁移和电动修复效果的重要因素。Liu 等研究发现，电动作用（5V/cm）可以明显提高工业污泥中 Cu-（O）-Si 的溶解性，使得总 Cu 中有69%以可溶形态存在，而且其中又有51%的 Cu 向阴极发生迁移。Jurate 等通过模拟实验研究表明，对城市污泥进行电动处理不仅可以增加污泥中 Cu 的可移动性，而且改变了污泥中重金属的各组分形态。Kim 等通过现场实验研究表明，污泥中重金属的去除效率主要取决于污泥中重金属的形态，电动过程对可交换态重金属的去除率平均为92.5%，而对有机态和残渣态重金属去除率分别仅为34.2% 和 19.8%。

电化学修复技术是一种被证明有效的去除重金属污染技术，对重金属离子铅、镉、铬、砷和汞均有较好的去除效果，这种无废液产生的电极法是一个值得关注的方向，但是存在技术、经济等原因的限制，而且该技术对于在酸性环境下并不易移动的金属离子则需要通过加入氧化剂使它们转变为易溶解和可移动的形式后再加以除去。为了拓展污泥中重金属去除技术的研究思路，采用无废液产生，并可回收金属的电化学法值得深入研究。

5.3.4 微生物方法

化学方法如 EDTA 的和酸处理虽然能将重金属溶解出来，并达到一定的去除率，但是存在着高成本、操作困难等不足，所以使得这些化学方法并不太吸引人们的关注。最近十几年，研究工作已经在很大程度上转向利用微生物的方法来去除污泥中的重金属。近年来，国内许多学者对采用生物方法特别是微生物方法来降低城市污泥中重金属含量作了大量的试验研究。该方法主要利用自然界中一些微生物的直接作用或者由其代谢产物的间接作用，以产生氧化、还原、络合、吸附或者溶解作用，将固相中的一些不溶性成分（如重金属、硫及其其他金属）分离出来。它最开始应用于提取矿石或者贫矿中的金属，目前它的研究正被扩展到环境污染治理领域。微生物方法能有效地去除污泥中的重金属，那是因为细菌产生的特殊酶能还原重金属，且对 Cd、Co、Ni、Mn、Zn、Pb、Cu 等有亲和力，利用微生物对重金属的络合、配位、离子交换和吸附，再通过酸化将重金属淋滤出来。微生物通过溶解和淋滤的方法把重金属从污泥中去除，主要有两个途径：直接和间接。

利用微生物来去除重金属时，除了少数重金属元素如 Pb、Cr 的去除率低于 50% 以外，其他元素如 Cu、Zn、Cd、Ni 等的去除率一般在 50% 以上，在一定条件下甚至达90% 以上。不同的微生物群落由于其活动能力和代谢机制等不同，对污泥中重金属的溶解效果不同如细菌的生长速率和数量会影响硫酸的产量，进而影响重金属的剔除效果。嗜酸细菌（Aci – dophilic）数比嗜中性细菌（Neutrophilic）数多，前者淋溶效果更好。在批式无基质的操作条件下，不同的微生物对重金属的剔除效果依次为：氧化亚铁硫杆菌 + 氧化硫硫杆菌 > 氧化亚铁硫杆菌 > 污泥固有微生物，前两种微生物混合共同作用的去除效率比单一微生物的大 10% 以上。在有 $FeSO_4$ 基质的循环式连续搅拌反应器（CSTRWR）中，虽然氧化亚铁硫杆菌和氧化硫硫杆菌对重金属的剔除效果相近，但前者所需的时间（3d）比后者（0.75d）多得多。

利用生物淋滤法去除污泥中的重金属，可直接利用污泥中的固有微生物，也可以接种微生物，尽管污泥中含有氧化亚铁杆菌，但对污泥进行接种，能加快生物淋滤过程，混合培养要 52h，单独培养则要 62h，前者显著提高了反应的效率，而且氧化硫硫杆菌能适应不同的污泥，且不用调节污泥的初始 pH 值，因而可用于对各种污泥的处理。同时研究发现在接种了硫杆菌的污泥中再添加某一些金属元素可以提高重金属的去除率，如接种了氧化亚铁硫杆菌的污泥中添加浓度为 4g/L 的 Fe^{2+}（$FeSO_4 \cdot 7H_2O$）的形式时，在经过 10d 的生物淋滤之后发现重金属的去除率分别为：Cu 是 92%，Zn 是 83%，Ni 是 54%，Cr 是 55%，Pb 是 16%；如果再增加生物淋滤的时间，使它延长到 16d，那么 Cr 的去除率明显得到了提高，去除率可达 71% 左右，但是此时 Cu 的去除率只有67%，主要是由于 Cu 又再次被污泥所吸附的原因造成的。另外，用固定芽孢菌和藻类吸附剂对污泥进行处理，吸附了 90% 以上的 Cd、Cr、Cu、Ni、Hg、Pb、Zn，再用电解质（如硫酸）或络合剂（如 EDTA）来淋滤也可以剔除大量的重金属。

有人运用生物淋滤技术去除重金属，通过对污泥进行酸化处理，然后向污泥中投加物料，在污泥中培养和繁殖大量的氧化亚铁硫杆菌（Thiobacillus ferooxidan）和氧化硫硫杆菌（Thiobacillus thiooxidans），在其作用下污泥中的难溶金属硫化物被氧化成金属硫酸盐溶出，然后通过固液分离达到去除重金属的目的。这一技术在污水污泥或其焚烧灰分中重金属去除以及重金属污染土壤的生物修复方面得到了广泛的应用。生物淋滤效果主要与温度、氧气浓度、二氧化碳浓度、起始 pH 值、污泥的种类和浓度、底物种类和浓度、某些重金属阳离子等抑制因子及 Fe^{3+} 等有较大的关系，另外在利用微生物的吸附作用降低污泥中重金属含量方面也作了一定的研究。也曾有学者对生物浸沥作了详细研究，并将其分为直接浸沥和间接浸沥，认为影响处理效果的主要因素有 pH 值、微生物的数量、温度及其污泥浓度。另外也有研究报道，用固定芽孢菌和藻类吸附剂对污泥进行处理，能吸附 99% 以上的 Cd、Cr、Cu、Ni、Pb、Zn，然后用电解质（如硫酸）或络合剂（如 EDTA）进行淋滤，也可以去除污泥中大量的重金属。有研究者设计了连续进料搅拌式反应器（CSTR），在对污水污泥进行预酸化后，引入氧化亚铁硫杆菌（Thiobacillus ferooxidan），在不断通风、搅拌的条件下停留 3d 左右，结果污泥中 Cu、

Zn、Cd、Ni、Cr 的溶解率可达 80% 左右。Tyagi 研究认为，在高固体浓度（70g/L）下仍可以去除重金属，并通过试验得出生物淋滤主要是间接机理起作用。近来一些学者发现，污泥中存在着繁殖能力极强，且能使污泥酸化降低其 pH 值的两类细菌。Blais 等对这两种细菌进行分离、培养观察后得知，这两种为硫细菌（T. thioparus VA－7）和VA－4。这样就可以不向污泥中投加酸剂进行预酸化，而是向污泥中投加单质硫使这两种硫细菌大量繁殖，使污泥中重金属在酸性条件下浸出。

另有研究表明，利用固定芽孢菌和藻类吸附作用对污泥进行处理，能吸附 99% 以上的 Cd、Cr、Ni、Cu、Zn 等，然后用化学方法进行淋滤，也可以去除污泥中的大部分重金属。生物淋滤技术运行成本较低，实用性较强，是一种经济有效、极具有潜力的重金属去除方法。然而生物淋滤法采取的主要细菌如硫杆菌，增殖速度较慢，且培养的细菌大多是从金属矿山酸性废水分离或者购买商品化的菌株，培养时间较长（10~30d），有时处理效果不太稳定，生物淋滤滞留时间较长也是限制该种方法大规模运用的主要障碍。因此，直接从污水污泥中分离并培养大量合适的细菌，使淋滤过程高效、稳定运行是今后该方法需要解决的主要问题。另外，利用生物方法尤其是生物淋滤法去除污泥中重金属的应用与研究历史较短，仍有许多技术问题需要进一步探索。

与化学法相比，微生物淋滤法费用更低。对污泥中氮、磷及有机物的破坏小，可保持肥料价值（90% N、100% P、100% K），生物淋滤方法把污泥的好氧消化和重金属淋滤结合起来，在负荷能力低和污泥固体浓度高时，生物淋滤过程最为经济。尽管微生物淋滤法剔除污泥中重金属的效果良好，但如何妥善处理高浓度重金属的淋出液也是个问题，要防止环境二次污染，通常用电解法回收重金属，但成本高。另外，在去除大部分重金属后的污泥往往酸度较高，需进行中和后才可以农用，这同样使成本增加。因此该法目前尚未达到实用阶段，仍需进一步研究和完善。

5.3.5 植物修复方法

利用植物吸附和清除土壤、水环境中的有害物质是人们很早就有的一个设想，但植物治污的英文专用名词"PhylMemediation"却是近年来提出的。国内的文献中也称为"植物修复"或"植物整治"。1994 年，HyaRaskin 对其这样定义：利用植物进行环境治理，包括从土壤和水中去除重金属和有机类污染物。植物治污主要是通过寻找和利用以下特性的植物进行环境治理：能够从环境中富集有害元素并贮存在组织中；能产生降解周围环境中某些有毒有机物的酶；能刺激根植物修复包括利用植物修复重金属污染的土壤、清除放射性核素际周围具有降解化学物质能力的细菌生长。

广义的植物修复包括利用植物修复重金属污染的土壤、清除放射性核素和利用植物及其根际微生物共存体系净化土壤中有机污染等。狭义的植物修复技术主要指利用植物清洁污染土壤或者去除含有重金属过量土壤中的重金属。有些植物的根系能够吸收环境中的有害元素硒和汞，并将其转化为挥发态的二甲基化硒和汞蒸气（HgO），这样就形成了植物挥发治污法（PhytovoLatilization）。有些元素如铅被一些植物如毛状剪股颖（Agrostiscapillaris）的根吸附后能同磷酸盐发生反应，形成不溶化合物氯磷铅石（Pyromorphyte），最终被固定在土壤中，可以减少重金属被淋滤到地下水或通过空气载体扩散进一步污染环境可能性，被称为植物固定治污法（Phytoextraction）。大多数的治污策略是利用植物将土壤中元素吸收富集到植物体内，以减少其在土壤或水环境中的残留量，被称为植物萃取治污法（Phytoextraction）。植物治污为清除环境中日益加剧的有毒元素，以及有机残留物带来的污染问题提供了一条新途径。同化学和工程治污方法相比，它的优点在于更为廉价，并能带来中长期的环境效益。因此，许多国家对利用植物治理污染的研究日趋重视。研究表明，一些植物对土壤中的重金属有较好的吸收能力，而植物自身并不会受到影响。

在应用植物修复重金属污染时，应注重研究在重金属超常环境中植物、土壤、微生物、重金属之间的关系，并着重开展如下几个方面的研究：寻找更多的野生超积累植物，进行超积累植物资源调查；建立更多的应用植物修复处理技术的示范基地，获得更多的经验数据；着重机理研究，寻找可控性因素；加强基因及转基因技术研究，培养吸收量高、生长速度快的植物，加强和相关专业的技术合作。植物修复技术的优点是处理费用低，属于原位处理技术，具有保护表土、减少侵蚀和水土流失等功效，对环境影响最小，是目前最清洁的污染处理技术，产生的废物量小，能处理的重金属种类相对较多，能对重金属进行回收。利用植物的超常规耐性对污染土壤和废水进行处理，已成为近期国内环境科学研究的热点。

不仅微生物能够转化和挥发某些元素（如硒、砷和汞），而且植物也具有同微生物一样的作用。研究表明，印度芥菜、一些农作物和水生植物均有较强的吸收并挥发硒的能力。植物稳定或固化则是利用植物降低重金属的活性，进而减少其所带来的二次污染。在这一过程中重金属含量并不会减少，只是形态发生变化。这方面最有应用前景的是铬和铅的钝化。根际过滤是利用超积累植物或耐重金属植物从含重金属的污泥中沉淀和富集有毒的重金属。许多水生植物、半水生植物和陆生植物均是根系过滤植物。

污泥中重金属的固化—稳定化是指利用物理化学方法将污泥和稳定化惰性材料掺合在一起，依靠惰性材料的吸附、固化等作用使重金属转变成低溶解性及低迁移性的稳定状态而不易被浸出，以此达到消除重金属污染的目的。固化—稳定化方法主要包括水泥固化、石灰固化、热塑性固化、熔融固化、自胶结固化等。常用的固化剂有水泥、沥青、玻璃、水玻璃等。许多学者通过大量的实验验证了此项技术对污泥重金属固定的有效性，但是固化体中重金属的长期稳定性问题和填埋场占地等问题将使固化—稳定化处理方法失去其优势。

比较几种重金属去除方法的可操作性、高效性、成本低廉性和环境安全性，发现物理方法在去除污泥中重金属时去除效率不及化学和微生物方法，但是成本较低，操作简单；而使用化学方法和微生物淋滤法降低重金属含量时，虽然重金属的去除率较高，但因费用高，操作麻烦，而且处理后的废液容易给环境造成二次污染，目前仍未能达到实用阶段。通过比较不难发现，现阶段污泥中重金属去除方法存在着去除的效率与可操作性和费用等之间的矛盾，以后的研究热点可能是利用生物的方法来去除污泥中重金属，所以以后的工作重点是寻找一种既环保、去除效率高、可操作行强，而且费用低的重金属生物去除方法，并且能在实际的处理工艺中得到应用。不管是生物方法还是物理、化学方法，还是以后研究出的更新的方法对于去除污泥中的重金属而言只能是一种补救措施。控制重金属的含量，最根本的措施是控制污染源，以尽可能降低污泥中重金属的浓度，使其达到农用的标准，从而降低污泥施用时对环境造成严重的重金属污染。

总体来看，去除污泥中重金属的处理技术并不是消灭重金属，而是将其从污泥中分离出来。以上方法对污泥中某些重金属，由于试验条件的限制与试验因素的影响，各种方法在实施过程之中都存在着不足。例如在电化学修复过程中，重金属的形态分布对重金属的去除率有重要影响，仅仅通过调节阴极区 pH 值和预酸化污泥的方式很难显著提高污泥中重金属的去除效率。利用化学提取法去除污泥中重金属，对酸的需求量很大，并且要求对重金属去除的最佳 pH 值应控制在 3~4，这就需要用大量的水、石灰来冲洗或中和污泥，这就会使仪器极易被强酸腐蚀，加大了该工艺的花费，因此这种方法并不能广泛推广。

生物淋滤对污泥中重金属的去除率较高，但是生物淋滤过程中的微生物在自然条件下不能起到去除重金属的作用，其工艺条件较严格，硫杆菌是严格好氧的，只有在充分供氧的情况下才能有效地利用微生物进行重金属的去除。根据重金属污染物的性质（如形态、种类、浓度等）、处理污染物所选择的条件（如 pH 值、电位值等）、污染程度、成本消耗、修复技术的适用范围等因素考虑，人们又相继提出了联合修复法，例如：植物与微生物修复技术综合运用，借助微生物在自然条件下，通过其氧化—还原作用、甲基化作用和脱烃作用等，使污泥中 Cu、Zn、Pb、Cd 等重金属形态得到改变，最终使重金属转化为无毒或低毒的化合物，此技术具有广泛性、高效性、不会造成二次污染等优点。微生物修复和植物修复综合利用技术，将会是生态恢复新的研究方向。也有研究表明，将电化学、淋滤和植物提取法综合应用到重金属修复中，会比使用任何单一方法效果好得多，这是由于电流能有效地将吸附的重金属从污泥中释放出来，含配位体的溶液能提高污泥中重金属的浓度，植物利用其根系巨大的表面积将金属离子或金属配位离子进行吸附、吸收和进一步转运。对于在污泥中极难转运的重金属元素，施用螯合剂可促进植物对其吸收。

污泥中重金属污染问题在中国一直未被重视，其治理工作起步较晚，迄今未形成规模，因此国内开发适合于处理污泥中重金属的新技术显得尤为重要和紧迫。但当前的治理技术多是借鉴国外已有技术，国外在污泥中重金属污染处理方面有许多先进的技术和经验，但也有其不足之处，并不完全适用于国内，只有高效率、低投入、低运行成本的处理技术，才符合中国国情，顺应中国发展。对于上述各种处理技术，各地区可以因地制宜，酌情选择，对这些技术的不足和尚待改进之处，在实际应用中可通过科学设计、优化组合，达到技术上的互补。

5.4　污泥有机污染物在土壤中的化学形态与检测技术

在我国污泥中，卤代烃类、胺类、邻苯二甲酸酯（PEs）、醚类和硝基苯类有机物含量相对较低，含量偏高的主要是多环芳烃（PAHs）。不少研究结果表明，有机污染物在土壤中的累积会造成农作物的污染，危害人类健康。目前，国内外污泥有机污染物的限量控制标准尚未完善，国外对一些重要污染物如多氯代二苯并二噁英/呋喃（PCDD/

Fs）和多氯联苯（PCBs）提出限量建议，我国则只对苯并（a）芘提出控制标准。

污染物含量差异大且种类繁多决定了污泥构成的复杂性，这大大增加了污泥有机污染物的分析难度。从污泥中分离富集有机污染物因此成为分析的关键步骤。溶剂萃取和索式提取目前仍然是被广泛应用的经典方法，此外微波协助萃取、加压溶剂萃取、超声萃取等新技术，由于污染小、效率高、易实现自动化分析等优势也在逐渐发展并获得越来越多的应用。污泥有机污染物定性研究中较为常用的分析检测手段是气相色谱—质谱联用法（GC – MS），如果结合适当的样品预处理技术可以使方法的检测限达到 ng/g。

5.4.1 污泥有机物在土壤中的化学形态

一直以来国内外对污泥的研究较多集中于重金属污染方面，已有明确的相关控制标准，然而对其中有机污染物的研究则相对较少。我国城市污泥资源化利用率不足 10%，这导致我们的相关研究更加滞后。从已有报道中可知，氯酚（CPs）、多氯联苯（PCBs）、多氯代二苯并二噁英/呋喃（PCDD/Fs）、多环芳烃（PAHs）、氯苯（CBs）和邻苯二甲酸酯（PEs）等是污泥中所含有的主要有机污染物，一些污染物的含量甚至已经超过其正常土壤含量的几千倍，不少研究结果表明，有机污染物在土壤中的累积会造成农作物的污染，危害人类健康。有机污染物在污泥中化学形态的危害与其形态和生物可利用性密切相关。由于吸附、锁定等作用，有机污染物进入土壤后，以多种形态残留于土壤中，且各形态间可相互转化。有关 POPs 等有机污染物在土壤中吸附、锁定及其与土壤组分特别是有机质的结合作用已有较多研究报道。近来研究表明，不同形态有机污染物的生物（如微生物、植物）毒性和可利用性差异很大。目前，国内外一些学者已认识到，用污染物的总量指标很难准确地评价土壤中有机污染物污染的程度、风险和修复效果；亟待搞清土壤中有机污染物的残留规律、形态及其转化的基本规律、以及不同形态的植物可利用性，这将为制定土壤中该类污染物的环境标准、评价土壤污染的风险、合理选择修复途径、保障土壤环境安全、并指导农业生产等提供重要基础依据。

有机污染物进入土壤，在其中的残留形式，可分为可提取态残留和结合态残留。前者指无须改变化学结构、可用溶剂提取并用常规残留分析方法所鉴定分析的这部分残留；后者则难于直接萃取，两部分之间的界限并不十分明显。可提取态残留物的生物活性较高，能直接对生物（植物、微生物）产生影响，但在环境中降解也快。研究认为，许多合成物和农用化学品具有与土壤腐殖质相同的结构，所以在腐殖化过程中这些外源性有机物与土壤有机质易结合成结合态残留。结合态残留可以是有机污染物的母体化合物，也可以是其代谢物。

5.4.2 样品预处理技术

近年来，为提高分析速度和减少对环境的污染，使用无溶剂萃取技术，如超临界流体萃取（SFE）以及后来出现的固相萃取（SPE）、固相微量萃取（SPME）等样品预处理技术。超临界流体萃取（SFE，Supercritical Fluid EXtraction）技术是利用超临界条件下的流体作为萃取剂，从气体、液体或固体中萃取出环境样品中的待测成分，以达到某种分离目的的一项新型分离技术。SFE 具有萃取效率高、萃取时间短（数分钟至数小时)、后处理简单且无二次污染的特点，还可与 GC、GC/MS、TLC、HPLC 及 SFC 等分析仪器联用，可进一步提高环境样品的分析速度与精度，还可实现对环境样品的现场检测，是一种新型的环境样品预处理技术。然而超临界流体萃取法也存在缺陷，如回收率较差，设备的一次性投资较大，运行成本高，而且难于萃取强极性和大分子质量的物质。有报道应用 SFE 技术对土壤中的油品等有机污染物及农药残留物等成功地进行了萃取分离。应用 SFE 技术萃取分离环境样品中的痕量金属离子，则是 20 世纪 90 年代后才逐渐开展起来的，随之发展起来原位络合超临界流体萃取技术 SFE 技术可以萃取环境样品中的金属离子包括重金属离子、镧和锕系元素及有机金属离子等。

微波萃取（ME，Microrwave Extraction），也称为微波辅助萃取（MAE，Microwave‐Asssietd Exrtactoin），是利用微波能的特性对物料中的目标成分进行选择性萃取，从而使试样中的某些有机成分（如有机污染物）达到与基体物质有效分离的目的。微波萃取由于能对萃取体系中的不同组分进行选择性加热，因而成为至今唯一能使目标组分直接从基体分离的萃取过程，具有较好的选择性；另一方面，微波萃取由于受溶剂亲和力的限制较小，可供选择的溶剂较多；此外，微波加热利用分子极化或离子导电效应直接对物质进行加热，因此热效率高、升温快速均匀，大大缩短了萃取时间，提高了萃取效率。与溶剂萃取等传统方法比较，微波萃取法具有设备简单、适用范围广、萃取效率高、重现性好、节省时间、节省试剂、污染小等特点。微波萃取用于环境样品预处理的研究较多，主要集中在土壤、沉积物和水中各种污染物的萃取分离上。萃取对象包括土壤、沉积物样品及其参考样品中的多环芳烃等有机物、有机锡化合物等。特别适合于土壤及沉积物等固体环境样品中有机污染物提取的微波萃取法，因其突出的优点，问世不久便受到美国、加拿大等国家环保部门的高度重视，并开展了卓有成效的工作。但相对微波消解而言，这一技术还很不成熟，有许多问题有待进一步探讨和论证。就目前工作来看，多数集中在微波萃取条件及基体影响，进一步简化样品预处理的步骤、探讨萃取机理，以及开发 MAE 新技术与其他技术联用，例如超临界流体萃取与分析仪器实现在线联机等方面。由于微波萃取技术极大的优点和发展潜力，它的应用前景将是十分诱人。

固相萃取（SPE，Solid Phase Extractoin）是一种吸附剂萃取，样品通过填充吸附剂的一次性萃取柱，分析物和杂质被保留在柱上，然后分别用选择性溶剂去除杂质，洗脱出分析物，从而达到分离和纯化的目的。换言之，SPE 也可以近似地看作是一个简单的色谱过程，吸附剂作为固定相，流动相是萃取过程的水样或解析过程的有机溶剂。固相萃取技术自 20 世纪 70 年代后期问世以来发展较为迅速，该技术设备简单，耗用溶剂量少，能将分离和浓缩合为一步，是样品处理最简捷、高效、灵活的一种手段。20 世纪 80 年代出现的 SPE 在线联用技术克服了离线萃取的许多缺点，使得分析数据更可靠，重现性更好，操作更方便。为克服有机物在 SPE 传统吸附剂上的共吸附问题，20 世纪 90 年代初生物免疫技术开始引入高选择性的免疫抗体吸附剂的研制与开发领域，使得固相萃取技术更成熟，应用更广泛。在国外，SPE 已逐渐取代传统的液液萃取而成为样品预处理的可靠而有效的方法。在我国应用也已经起步，并显示出良好的发展前景。此外，SPE 与色谱技术的联用实现了样品前处理及分离分析的优化组合，SPE 既可作为单纯样品制备技术（离线分析），也可作为其他分析仪器的进样技术（在线分析）。因而目前 SPE – GC（GC – MS）联用已成为最为成熟的在线方式，广泛用于环境样品中多环芳烃等有机物分析中。

固相微量萃取法（SPME，Super Phase Micro Extraction）是近年来由加拿大的分析化学工作者研究出的在固相萃取的基础上结合顶空分析建立起来的一种新的样品预处理技术。该技术是基于在一定的浓度范围内，待测物被固定相所吸附的量与其在样品中的原始浓度成线性关系的原理，因其携带方便、操作简便、测定快速、高效的特点，且是一种无溶剂的样品预处理方法，因此在短短几年时间就广泛应用于各个研究领域。SPME 最初出现的时候是应用于环境样品的分析，至今其在环境样品中分析的发展的也是最快，应用最多的有固态（如沉积物、土壤等）、液态（地下水、饮用水、废水等）及气态（空气等废气）的样品分析。采用 SPME 技术进行预处理可成功地分析了污泥中的苯系及其卤代物，利用 SPME 技术分离并分析了土壤中的有机金属化合物。随着一些无机吸附剂及生物吸附剂的出现及 SPME 方法的完善，固相微萃取将可以用于无机分析和生物分子分析。今后随着联用技术的发展及 SPME 自身的发展，将可能与更多的分析仪器联用，促使固相微萃取用于更多领域的分析。

5.4.3　有机污染物分析检测技术

国内外文献中报道的有机污染物测定方法种类较多，其中主要为色谱法。常用方法有气相色谱法（GC）、气相色谱/质谱联用（GC – MS）、高效液相色谱法（HPLC）、液相色谱/质谱联用（LC/MS）、超临界流体色谱（SFC）等。

气相色谱法（GC）是利用不同物质在固定相和流动相分配系数的差别，使不同化合物从色谱柱流出的时间不同，以达到分离目的。气相色谱法提供保留时间和强度二维信息，得到的是二维谱图，通过色谱峰的保留时间来定性，色谱峰高和峰面积来定量。气相色谱仪检测器的检测器常见的有热导池检测器（TCD）、氢火焰离子化检测器（FID）、电子捕获检测器（ECD）、火焰光度检测器（FPD）等。气相色谱法具有高效的分离能力和高的灵敏度，且操作简便，价格相对低廉，是分离混合物的有效手段。由于气相色谱法只适合分析小分子、易挥发、热稳定、能气化的化合物，即能够气化而不分解的物质。目前，单纯利用气相色谱测定持久性有机污染物的情况比较少，一般都将其与其他技术联用，从而扩大适用范围。

气相色谱—质谱联用（GC – MS）可以同时发挥气相色谱法的高分离能力和质谱的高灵敏、高鉴别能力的优点，弥补了单一使用气相色谱法的不足。气相色谱分离后的流出物呈气态，待测化合物分子大小也符合质谱分析要求，而且可采用内标法或外标法定量测定痕量组分。因此，只要待测组分适于 GC 分离，GC – MS 就成为联用技术中首选的分析方法。目前，GC – MS 是国内外学者分析测定环境介质中的 PAHs、有机氯农药等 POPs 的常用方法。同时，GC – MS 也被 ISO 推荐作为测定土壤多环芳烃的标准方法。

高效液相色谱法的分离机理是基于混合物中各组分对两相亲和力的差别。近年来，在液相柱色谱系统中加上高压液流系统，使流动相在高压下快速流动，以提高分离效果，因此出现了高效（又称高压）液相色谱法（HPLC）。目前，在液相色谱中主要应用 C8 或 C18 等反相液相色谱柱，且多以水、甲醇、乙腈等溶剂为流动相，柱后所联检测器主要有紫外（UV）、荧光（FD）、二极管阵列（DAD）、示差折光检测器等类型。HPLC 与经典液相色谱相比有以下优点：速度快，通常分析一个样品在 15～30 min，有些样品甚至在 5 min 内即可完成；分辨率高，可选择固定相和流动相以达到最佳分离效果；灵敏度高，紫外检测器可达 0.01ng，荧光和电化学检测器可达 0.1pg；柱子可反复使用，用一根色谱柱可分离不同的化合物；样品量少、容易回收，样品经过色谱柱后不被破坏，可以收集单一组分或做制备；适用范围广，样品不需气化，只需制成溶剂即可。从 20 世纪 70 年代以来，HPLC 被广泛的应用于大气颗粒物、水体、土壤及沉积物等环境样品中 PAHs 的分析与分离。

液相色谱/质谱联用（LC/MS），相对于已被广泛应用的 GC－MS，LC/MS 更适用于难挥发性、热稳定性较强、极性较大的持久性有机污染物的测定。目前，LC/MS 技术已突破了色谱与质谱间的连接难题，同时多种商品化的接口相继问世，LC/MS 应用愈发广泛。例如，MS 测定 PAHs 时常用的离子源有大气压光电离源（APPI 源）、大气压化学电离源（APCI 源）等。LC－MS 技术将液相色谱的分离能力与质谱的定性功能结合起来，实现对复杂混合物更准确的定量和定性分析，简化了样品的前处理过程，使样品分析更简便。LC－MS 使用的液相色谱柱为窄径柱，缩短了分析时间，因此检测限低，分析时间快，自动化程度高。但由于液质联用仪价格昂贵，且目前还没有商品化的谱库可对比查询，只能自己解析谱图或建库，限制了 LC－MS 技术的进一步推广应用。

超临界流体色谱（SFC）是以超临界流体作流动相的一种色谱分离技术。SFC 既具有 GC 的主要优点（溶质在流动相中的高扩散系数），又具有 LC 的主要优点（流动相对溶质的良好溶解能力）。SFC 与其他色谱法相比较情况如下：与高效液相色谱法比较：实验证明 SFC 法的柱效一般比 HPLC 法要高，当平均线速度为 0.6cm/s 时，SFC 法的柱效可为 HPLC 法的 3 倍左右，在最小板高下载气线速度是 4 倍左右；因此 SFC 法的分离时间也比 HPLC 法短。与气相色谱法比较，由于流体的扩散系数与黏度介于气体和液体之间，因此 SFC 的谱带展宽比 GC 要小；SFC 中流动相的作用类似 LC 中流动相，流体作流动相不仅载带溶质移动，而且与溶质会产生相互作用力，参与选择竞争。在应用范围上，SFC 法比起 GC 法测定相对分子质量的范围要大出好几个数量级，基本与 LC 法相当。SFC 法尤其适用于样品中多环芳烃（PAHs）的分析，结合 FID 检测器可以使定量工作变得非常方便。

5.5 污泥有机污染物降解技术

目前，我国对城镇污水处理厂污泥的研究和治理主要集中在重金属、病原菌范畴，污泥中的微量有机污染物，由于对综合指标贡献较小而被忽略，研究较少。污泥中的有机污染物因为污水处理厂污水来源的不同而异，即使不同的污水处理厂或同一污水处理厂在不同时期产生的污泥，其中，有机污染物的种类和含量也是不同的。此外，城市污泥中除了常见的有多环芳烃（PAHs）、多氯联苯（PCBs）、多氯代二苯并二噁英/呋喃（PCDD/Fs）、可吸附有机卤化物（AOX）、直链烷基苯磺酸盐（LAS）、壬基酚（NP）、邻苯二甲酸（2－乙基己基）（DEH）、邻苯二甲酸酯类（PEs）、氯苯（CBs）、氯酚（CPs）等，还含有烷基酚、有机氯农药、硝基苯类、氨类、卤代烃类、醚类等化合物。这些有机污染物绝大部分具有生物放大效应，并有致癌、致畸形、致突变的作用，有机污染物含量较高的城市污泥如果进入土壤，会给周边环境带来污染。

欧盟各国在1980～1990年就开始禁止有关PCBs工业产品的使用。在瑞士的19个污水处理厂和英国的14个污水处理厂污泥的监测中发现PCBs含量普遍较低。有关研究也发现，多数城市污泥中的PCBs含量较低，对污泥农用没有风险。我国在20世纪60～70年代就开始禁止使用含PCBs的产品。近年来我国城市污泥中PCBs的含量有逐年下降的趋势，监测数据也表明，我国污泥中的PCBs含量较低，目前含量为早期使用残留。长江三角洲地区46个城市污水厂污泥中所含PCBs的测定结果表明，大部分低于0.1mg/kg，仅2个样品含量超过《我国城镇河水处理厂污染物排放标准》（0.2mg/kg），并且发现城市污泥中的PCBs污染可能与废旧变压器处理不当或城市油漆使用量过高、剩余油漆处置不合理等有关。从国内外对污泥中PCBs的研究发现PCBs在逐年下降，这为控制污泥施用的环境风险提供了一定的数据依据。韩国6个污水处理厂的污泥调查结果表明，样品中PCDD/Fs含量在0.189～1 092ng/TEQ·kg，大多数污泥样品均低于欧盟污泥土地利用标准中100 ng/TEQ·kg的要求。相对来说，我国污水处理厂污泥中的PCDD/Fs含量较低，大多数都处于方法的检测限以下。污泥中的PAHs是美国环保局优先考虑的有机污染物，在国内外污泥样品的分析中均有检出，但是含量变化范围较大，总含量一般在1～10mg/kg，有的因污水来源复杂而超过了100mg/kg。长江三角洲41家代表性城市污水处理厂的污水污泥中PAHs含量浓度为8.543～55.807mg/kg，生活污水污泥中的PAHs浓度为24.691mg/kg，均明显高于国外污泥中的PAHs浓度。

NP主要源于壬基酚聚氧乙烯醚（简称NPEs）。NPEs是合成洗涤剂主要原料，应用非常广泛。NPEs随着废水的排放与处理，可转化为更持久和毒性更高的产物NP，并富集到污泥中。美国、欧盟、加拿大和日本等逐渐减少并全面禁止NP和NPE的制造和使用。由于计划生育政策的实施，使用含有NP的避孕药在我国也较为常见。有学者从2003年起连续3年对4个污水处理厂调查结果，所有的污泥样品都检测到NP类物质，浓度范围在1～128mg/kg。北京4个污水处理厂调查发现，剩余污泥中NP含量在3～22mg/kg，调查北京市某污水处理厂的浓缩池污泥中NP含量为177mg/kg，通过评分和排序得出在中国城市污水处理厂应当优先控制的4种污染物中就有NP。我国污水处理厂的污泥中均可检测到NP，但目前我国对于污泥土地利用的NP含量没有限制。按照欧盟有关污泥土地利用的NP限值（50mg/kg）标准，我国NP含量较高的污泥中需经过生物发酵等预处理，使其发生降解，以避免其土地利用过程中带来明显的环境风险。

我国污泥中有机污染物PAHs含量为1.4～169mg/kg、PAEs10.5～114.2mg/kg和PCBs65.6～157μg/kg，PCDD/Fs含量范围330～4 245ng/kg，PCDD/Fs国际毒性当量浓度为3.47～88.24ng/TEQ·kg。我国部分污泥中苯并（α）芘含量超过了GB18918—2002规定值3mg/kg，且有机污染物特别是PCDD/Fs、苯并（α）芘毒性大、残效长，迫切需要降解处理。为使污泥农用达到安全、环保的目标，研究并控制污泥中有机污染物对环境的影响和风险，尤其是研究和控制污泥中 PAHs 和 NP/NPE 对环境的影响和风险，是将来污泥研究的重点之一。目前，各国治理难降解有机污染物的方式各不相同，常用的处理方法有电离辐照方法、和微生物方法等。

5.5.1 电离辐照方法

电离辐照降解，用于污泥电离辐照的主要有 γ 源和电子加速器两个系统。γ 源主要采用的是 $^{60}Co\gamma$ 射线。将污泥置于 5kGY 的 $^{60}Co\gamma$ 射线下辐照 24h，污泥有机污染物中易降解物含量增加，难降解物含量降低，水溶性有机物大分子组分向小分子组分转化。将污泥置于 $^{60}Co\gamma$ 射线下辐照，辐照剂量达 4kGy 时，几乎所有卤代联苯降解；辐照剂量达 6kGy 时，大约 90% 三氯苯降解；辐照剂量达 8kGy 时，60% ~ 90% 四氯苯被降解；五氯联苯（PCP）的消耗与辐照剂量成线性关系。电离辐照可在较短时间内有效降解有机污染物，但操作成本较高，且要注意防止运行过程中产生辐照污染。

5.5.2 微生物方法

微生物降解污泥中有机污染物，主要是驯化微生物降解和堆肥。驯化微生物，即从污泥中驯化分离出优势微生物，对污泥中某种或某些特定有机污染物进行有效降解。如有研究对污泥驯化筛选出高效苯胺降解菌群，当初始苯胺浓度低于 800mg/L 时苯胺降解率达 100%，初始苯胺浓度达 1 000mg/L 时去除率在 60% 以上。分离驯化的芽孢菌属（*Bacillus*）153 号、无色杆菌属（*Achromobacter*）411 号、假单胞菌属（*Pseudomonas*）512 号对有机氯农药六六六的降解率分别可达 59.6%，56.9% 和 56%；产碱杆菌属（*Alcaligenes*）288 号、无色杆菌属（*Pseudomonas*）410 和 411 号对 DDT 降解率分别为 59.0%，47.5% 和 45.1%，对 PP' – DDT 的降解率分别为 59.9%、57.6% 和 49.6%。微生物驯化后对有机污染物降解较为显著，且环境友好。

堆肥即利用污泥中好氧微生物发酵，借助混合微生物群落对多种有机物进行氧化分解，使其转化为类腐殖质。不同的污泥来源、堆肥方式和调理剂会影响污泥中有机物的降解。其中，木屑为调理剂的处理效果比稻草好；通气堆肥的处理效果比翻堆好，而间歇通气的降解效率可达到最高。目前，污泥中有机污染物降解主要采用堆肥。城市污泥堆肥过程中，一方面可通过微生物作用降解有机污染物，另一方面会衍生其他的有机污染物。因此，需进一步研究合适的堆肥条件以及优势菌种的适宜生长条件，使原有有机污染物最大程度降解，并避免衍生其他有机污染物等。堆肥在污泥中有机污染物的降解中应用较多，环境友好，但需深入研究并缩短其降解时间。

根据 2010 年环保部发布的《城镇污水处理厂污泥处理处置污染防治最佳可行技术指南（试行）》，以及 2011 年国家发改委、建设部发布的《城镇污水处理厂污泥处理处置技术指南（试行）》，城市污泥土地利用在我国是一种主要的、最佳且可行的污泥处置方式。然而关于污泥土地利用过程中，有机污染物带来的环境风险研究在我国几乎处于空白。目前，我国一些学者对污泥中的有机污染物进行了研究，但还处于起步阶段，对污泥中有关有机污染物的形态、转化、降解机理等缺乏深入系统的研究，因此在目前的状态也无法为污泥土地利用，尤其是污泥农用提供科学的参考，更无法成为我国制定有关有机污染物标准的依据。从国内外污泥中有机污染物浓度分布状况可以看出，不同国家因为污水来源及经济发展状况不同，其污泥中各有机污染物含量也存在较大差异。国外对污泥中有机污染物的研究比较系统和成熟，各国的研究重点也各有侧重，这些研究成果为污泥土地利用，尤其是污泥农用提供很好的参考。污泥中含有较高含量的有机污染物进入土壤后，很有可能带来环境污染风险。因此如何在污泥土地利用前消减降解有机污染物含量，降低其在土地利用时的环境风险，是未来研究的重点。物理方法、化学方法处理难降解有机污染物，费用贵并且治理效果不令人满意。生化方法处理难降解有机污染物与其相反，有着广阔的前景。但由于难降解有机污染物的生物毒性，常抑制不同菌种的繁殖、生长，因而处理效果不很明显。因此，若采用多种手段进行综合整治，作为一项成本低、效果好的治理方法，能分解难降解的有机大分子，降低其生物毒性，为以后彻底去除有机污染物提供良好环境，将是今后治理难降解有机污染物的最佳方法。

6 污泥资源化利用

近年来，我国城市污水处理厂的污泥产生量在急剧增加，随之在城市化水平较高的几个城市与地区，污泥出路问题日益突出，处理处置的难题逐渐引起了人们的关注。目前我国污水处理与发达国家差距并不大，但污泥处理处置还处在刚刚起步的阶段，与发达国家差距很大。我国在1998年，污水处理率只有40%，二级处理只有25%，主要是因为国家投入过少，重视不够，而在1998年后，国家实行积极的财政政策，随后四五年时间里，国家大力向基础设施，特别是污水处理方面大量投入，使我国污水处理设施建设明显进步。由于资金紧缺，我国在建设污水处理设施的同时没有把污泥处理设施一并考虑进去。

在技术层面，污泥目前处理的一个主要方法是厌氧消化处理，相对好氧消化处理更为复杂，所以我国在2001年出台的城市污水处理技术政策，只是规定10万t以上的要采用厌氧消化处理，10万t以下的是好氧消化处理，但实际上采用厌氧消化工艺的比较少，大多数是采用好氧消化工艺处理污水，造成我国大部分污水处理厂的污泥没有得到妥善的稳定化处理。污泥的处理处置主要是指污泥的稳定化、无害化、妥善安全处置这三个阶段。稳定化是指污泥的中的有机物发生减量，实际上在污水的处理过程中就应该要做到的，但因为我国污水处理厂技术选择上的原因，影响到污泥的稳定化处理，而未经过稳定化、无害化处理的污泥进入环境中，不管用什么方式去处置，都可能会产生二次污染。

我国目前的污泥的主要处置方式是自然堆放或和城市垃圾一起混填埋，这些方式都不太合理，容易产生污染问题。厌氧发酵方法在污泥处理上是比较好的一种方法，是目前最有效的一种方法。西方发达国家在污水在处理过程中，大部分采用厌氧消化方法来处理。在厌氧发酵过程中产生的沼气，可用于发电作为污水处理厂用电，污泥产生的沼气利用率高的其发电量能供污水处理厂40%以上的用电。另外，瑞典等国家把沼气净化后用作家庭燃气，用作汽车的驱动燃料，而我国目前采用厌氧消化技术的处理污泥的污水处理厂才20多座，采用干化焚烧只有1~2座，并且在沼气的进一步利用上，也处在空白阶段。

污泥现在的处理技术主要有填理、焚烧、倒海和农用等。污泥倒海会造成海洋严重污染，而填埋、焚烧浪费了良好的有机肥料资源，填埋占用大量土地，对环境造成二次污染。污泥在焚烧过程中形成大量含有重金属和毒性有机物的烟雾而污染大气，残余物也富含污染物，再进行填埋处理也易造成环境污染，而且处理费用昂贵，因此随着污染产量的迅速增加，这些处理方法在经济上也将难以承受。目前，污泥农用是普遍认可的一种经济有效的污泥资源化利用方式，美、法等发达国家的污泥农用率已达60%以上，而我国则不足 10%。我国是一个发展中的国家，又是一个农业大国，污泥农用应是一条重要的污泥处置途径。

从经济发展、资源开发利用、城市生态环境环保等方面看，城市污染处理的理想出路应该是资源化利用，以促进城市的可持续发展。因此加强城市污染资源化利用的研究和实践，解决污泥处置中的难题，避免城市生态环境污染，节约处置费用，变废为宝，使之具有良好的生态效益、环境效益、经济效益和社会效益，是城市可持续发展的必然要求和趋势。降低污泥处理成本的有效手段之一是通过适当资源化处理使其获得附加经济效益，反补到污水处理总成本之中；而此过程的直接环境效益是避免了污泥二次污染。可以说，污泥资源化处理是未来污泥处理的主流发展方向。由于污泥资源化产品使用目的和场合不同，污泥有效利用的组分和形式也不同，因此污泥资源化处理在技术上具有多样性。

6.1 污泥资源化概况

我国城市污泥处理问题在 20 世纪 90 年代才提上议事日程。除了对污泥缺乏科学认识外，也由于污泥处置技术难度高、投资大、回报不确定等原因，国内涉足于此领域的企业很少且规模不大。在我国现有的污水处理设施中，有污泥稳定处理设施的还不到 25%。在为数不多的污泥消化池中能够正常运行的很少，有些根本就没有运行。

目前，污泥资源化技术，是充分利用污泥中的有用成分，实现变废为宝，符合我国可持续发展的战略方针，有利于建立循环型经济，近年来获得广泛的关注。

6.1.1 污泥资源化定义

污泥资源化利用，是指将污泥进行适当的处理后，从废弃物变为可以利用的资源。污泥是污水处理厂对污水进行处理过程中产生的沉淀物质以及污水表面漂出的浮沫所得的残渣，作为一种资源同时又是污染物的身份日益得到了人们的重视。污泥资源化利用的重要性日益凸显，同时资源利用处置是一种很有发展前景的途径，对我国实现可持续发展的要求很有益处。学术界对以污泥资源化作为污泥根本出路基本达成了共识，但是对污泥资源化的技术内涵尚缺乏总结和归纳，造成人们对污泥处置与污泥资源化利用在概念上产生混淆。确切来讲，污泥资源化的技术内涵应包括以下几方面：有用组分或潜在能量再利用；消除二次污染，所得产品获得市场认可。在此基础上，可以初步提出污泥资源化的定义：根据不同使用场合，通过各种物理、化学和生物工艺，提取污泥有价组分，将其重组或转化成其他能量形式，获得再利用价值，并消除二次污染。污泥资源化技术发展存在两大基本驱动力，一是国家环境标准越来越严格，对污泥排放的约束不断提高到法律层面，致使必须寻找合适的污泥出路；二是污泥后期处置造成污水厂运行成本高居不下，运营商迫切需求从污泥资源上获取二次利润，以减少总的运行开支。

以一座二级污水处理厂为例，产生污泥量占总处理污水量的 0.5%~1.0%（体积），如进行深度处理，污泥量还可能增加 0.5~1 倍。随着工业生产的发展和城市人口的增加，工业废水与生活污水的排放量日益增多，污泥产出量迅速增加。大量积累污泥，不仅将占用大量土地，而且污泥中有机物含量高，容易腐化发臭；颗粒较细，密度较小，含水率高且不易脱水；污泥中还含有氮、磷、钾等植物营养素，可以作为肥料；干燥污泥具有较高热值，可以燃烧；由于城市污水中混有医院排水和某些工业废水，污泥中常常含有寄生虫卵、细菌和重金属等有害物质。如何妥善科学地处理处置污泥是全球共同关注的课题，当今的共识是将污泥视为一种资源加以有效利用，在治理污染的同时变废为宝。

我国污水厂在建设过程中，大多数污水处理厂基本实现了污泥的初步减量化，但未实现污泥的稳定化处理。据统计，约80%污水厂建有污泥的浓缩脱水设施，然而却有80%的污泥未经稳定化处理。污泥中含有恶臭物质、病原体、持久性有机物等污染物从污水转移到陆地，导致污染物进一步扩散，使得已经建成投运的大型污水处理设施的环境效益大打折扣。根据污泥资源化产品使用目的、场合和污泥有效利用的组分及形式的差异，污泥资源化处理在技术上表现多样性。按照所获产品种类不同，可将污泥资源化技术分成堆肥利用技术、能源化技术、建材化技术、材料化技术、污泥蛋白质利用技术。

6.1.2 国外污泥处置及资源化现状

随着全世界工业生产的发展，城市人口的增加，工业废水与生活污水的排放量日益增多，污泥的产出量迅速增加。国外污泥处理处置资源化技术将为我国污泥处理处置提供一定参考。

欧洲国家，污泥处理处置技术工艺主要紧扣四化，即污泥稳定化、减量化、无害化、资源化。随着人口增加，土地资源匮乏，污泥的卫生填埋需占用大量土地、耗费可观，使其应用受到制约。1999年欧盟的固体废弃物土地填埋法令（于2006年起实施）要求所有欧洲国家用于土地填埋的固体废弃物中有机物含量必须逐年递减，其中污水厂污泥也是该法令规定的固体废弃物种类之一。根据欧盟的统计数据表明，由于法规政策的导向作用使污泥处置方式有了很大的变化，污泥填埋所占比例大幅度下降。欧盟成员国中，法国、德国、比利时、荷兰、卢森堡、爱尔兰等国家污泥填埋有逐年下降的趋势。而关于污泥的土地利用，在欧洲环境委员会的网站上，有关污泥的专栏中提到，污泥是一个好东西，但是有风险；需要控制风险后，再使污泥回到土地。而因为土地非常少，欧洲对于污泥的土地利用，态度非常鲜明，即要以保障营养物最大程度循环利用的基础上，进一步限制有害物质进入土壤。

美国的污水厂，本身即是一种水资源回收设施。目前，在美国将污水处理厂看做是水资源回收设施成为一种新的理念。污泥处置的方法和工艺多种多样，如何合理的利用这些技术进行污泥的处理处置，才是问题的关键。污泥处置的厌氧消化技术，可以采用各种高温高压、脉冲电磁、超声波和化学处理等污泥预处理工艺，提高污泥可生物降解成分；可采用热水解工艺；也可采用高温厌氧消化或者二段法（酸化、气化分别进行）等三种主要方式。在美国近17%的厌氧消化池接纳高浓度有机废物，采用厌氧消化的污水处理厂中85%进行沼气回收利用；其中，49%用于消化池加热，27%用于厂内供热，22%采用热电联产技术进行热能和电能回收，采用热电联产技术的污水处理厂中

88%采用内燃机和微型涡轮技术。比较而言，若是我国污水处理厂的理念进一步提升，作为一个城市的水源厂，再生水可以完全作为一个城市的补充水。如果我们污水处理厂既是一个水源厂又是一个能源厂、一个资源厂，那我们污水处理厂将由城市的负担变为城市的财富。

日本十分重视"生物质"的利用。污泥的循环利用包括了将污泥用于农田绿化、建筑材料、能源利用、有价资源回收等。日本污泥的填埋在近几年所在比例大幅减少，而土地利用开始逐年增加，特别是建筑材料的利用增加更快。目前，污泥炭化再利用、油温减压干燥以及生物质综合等污泥处理处置方法在日本也得到了很好的应用，尤其是生物质的利用，日本高度重视下水污泥的处理。在2009年开始采用"生物质循环利用率"，即下水道中有机物被有效用以气体发电等能源利用和绿农地利用的比例，来衡量污泥利用效率，利用了污泥的生物质才算污泥得到应用。生物质的利用主要体现在两个方面：一是将生物质转化为能源；二是将生物质转换为十分珍贵的有机质（以腐植酸为代表）。在2008年，日本的下水道生物质循环利用率为23.4%，其中沼气利用占13%，污泥燃料占0.7%，绿农地利用为9.7%，目标定的是在2012年达到39%。总体而言，日本的污泥处理处置主要有以下特点：第一，高度重视污泥处理，资源化利用水平不断提高；第二，重视精心管理，设施运行非常高效；第三，切实保障费用，为下水道污泥处理处置免除了后顾之忧。

纵观国外污泥的处理处置技术，虽各不相同，但都同样追求污泥的合理化资源利用。我国要借鉴这些国外的成功技术，还应该结合国情，总结现有的污泥处理工艺，总体是以体积减量处理为基础，以稳定化处理为核心，以资源化利用为目标，以对环境总体影响最小为宗旨。

6.1.3　我国污泥处置及资源化现状

我国污泥处置起步较晚，相应的技术也不成熟，各项技术仍尚处于逐步探索阶段。20世纪90年代才把我国城市污泥处理及资源化问题提上议事日程。除了对污泥缺乏科学认识外，也由于污泥处置技术难度高、投资大、回报不确定等原因，国内涉足于此领域的企业很少，且规模不大，与国外先进国家相比差距很大。在我国现有的污水处理设施中，有污泥稳定处理设施的还不到25%，处理工艺和配套设备完善率不到10%。在为数不多的污泥消化池中能够正常运行的很少，有些根本就没有运行。

目前，污泥处理技术大致可以归结为两大类：抛弃型和资源化技术。抛弃型，污泥作为废物不利用，这其中包括填埋、焚烧、投海等。填埋法简单易行，成本低，污泥不需要高度脱水，填埋法产生的最严重问题是填埋液容易进入地下水层，污染地下水环境。焚烧法是最彻底的处理方法，但是污泥在焚烧时会产生有毒有害气体而造成空气污染，此外焚烧法的处理成本十分昂贵。投海法是指对于靠近海岸的大型污水处理厂，直接将污泥投放到海里的一种方法，但此法并未从根本上解决环境问题，它同时也造成了海洋污染，对海洋生态系统和人类食物链已造成威胁，受到越来越强烈的反对。这些污泥处置方式在实际应用中发挥了一定的作用，但随着环境标准的更加严格化，其应用中的弊端就明显暴露出来了。资源化技术，充分利用了污泥中的有用成分，实现变废为宝。后者符合可持续发展的战略方针，有利于建立循环型经济，近年来获得广泛关注。

污泥的最佳处置途径是资源化利用，它不仅可以处置污泥，而且还可以充分利用资源，节约资源，为污水处理厂的污泥处置与处理找到一条化害为利、变废为宝的合理出路，实现经济利益与社会效益同步增长。污泥堆肥土地利用、建材利用、厌氧发酵工业化制气技术等都能够充分利用污泥中有机物含量高的特点，不仅可以解决污泥出路问题，也产生大量的有用物质，节省了大量的土地面积，是适合我国国情的有前途的污泥处置方法。鉴于污泥土地利用所涉及的研究与利用等方面的种种问题，要想达到安全有效的目标，需要政府有计划的组织环境保护部门同农业部门开展污泥土地利用方面的科学研究，以经济、安全、合理、有效、有益的原则利用污泥，以发挥其巨大的经济效益、社会效益和生态效益。

6.1.4 我国污泥资源化存在的问题

目前，我国污泥资源化存在以下问题：城市污泥处理技术设备落后，管理水平和处理投资低，需要加大对城市污泥的管理力度，培养更多的环境工程方面的人才，加强法制法规的管理来保护我们的环境；必须根据我国的国情选择适合城市污泥处理处置的方法，加大对污泥资源化的研究，寻找更好的资源化方法，加强与国际方面的交流以寻求更先进的资源化方法；在污泥处理的过程中要避免造成对环境的二次污染，寻求更加经济的处理方法，加强对城市污泥处理新技术的研究，寻求更合适的工艺来处理我国的城市污泥；在能源日益稀少的今天，如何能充分的利用城市污泥也就是污泥资源化将是我们的研究方向。

节能减排建设需要优化结构，推动资源的有效互动。根据污泥资源所含成分的特性，具有优化能源结构的特点，将推进节能减排和生态环境保护建设发展，主要包括以下内容。

一是，可通过干馏提取污泥资源里面所含有的油气等，这不但可用于制造一些化工产品的材料，也可做燃料，具有一定的工业发展前景以及提高新能源的循环利用，其经济效益优于对污泥资源的传统常规处理。

二是，将污水处理厂的污泥采用微生物发酵的方式进行资源化加以开发利用，合成燃料，将减轻当前燃料对石化资源的过分依赖。充分利用微生物发酵工程，不但可以分解或消灭病菌（病原菌、蛔虫卵、蛆虫卵等），而且可以分解污泥中的有机物质，使这些有机物经发酵反应分解成稳定物质。这些稳定物质不但能减少污泥的产出量，消灭有害物质，而且对于节能减排也能做出一定的贡献。

三是，随着厌氧消化的进行，消化过程中产生的甲烷（CH_4）可以用于发电、生产生活或者其他工业用途。使城市污水处理厂污泥达到的减量化，其减量化主要借助于脱水，将有机物转化生成沼气，沼气可燃燃烧，产生大量热量。根据估算，$1m^3$沼气的燃烧产生的发热量相当于 0.7kg 汽油燃烧或者 1kg 煤燃烧产生的热量。所以说，加大工业化厌氧消化工艺制沼气，将促进低碳经济的发展。

四是，污泥资源中的有机物含量丰富，燃烧时释放出很高热量，对此污泥资源可以经特殊工艺制作合成燃料。研究表明，将 50% 的煤、35% 的消化污泥、15% 的添加剂

（含固硫剂）配制成的合成燃料，其热效率比煤热效率要高 14.71%。

五是，根据污泥具有一定的黏结性，可以将污泥资源与无烟粉煤混合加工成煤球，可改善高温下煤球的内部孔结构，提高煤球的燃烧率，燃烧时污泥经高温被处理，防止其对环境造成的污染，也降低了灰渣中的残炭。其资源化利用程度步伐加快，生产出了高效的适用于农业生产的有机肥料；大气污染程度低，有害物质（二噁英、酸性物、粉尘等）产出量少；生产、生活环境健康，降低了污染物（如臭气）的产生量；根据污水处理厂污泥资源的特性，能源化发展处理污泥资源对于优化能源结构，促进节能减排建设具有深远意义。

6.2 堆肥化处理

污泥农田林地利用是较佳的利用方式之一。一方面，在污泥农用前最好进行堆肥化处理，目的是人为的促进生物降解作用，把有机物转化为稳定的腐殖质，使植物养分形态更有利于植物的吸收，同时杀死细菌及寄生虫卵，以免对植物和土壤造成污染。另一方面，还可消除臭味、杀死病原菌和寄生虫。世界各国普遍采用的堆肥方法有静态和动态堆肥两种，如自然堆肥法、圆柱形分格封闭堆肥法、滚筒堆肥法、竖式多层反应堆肥法以及条形静态通风等堆肥工艺，这些方法都在不断发展和完善。目前，污泥的堆肥多采用高温快速发酵工艺。污泥经堆肥化处理后，植物可利用形态的养分增加，重金属的生物有效性减小，可作为农田、绿地、果园、菜园、苗圃、庭院绿化、风景区绿化等的有机肥料。

6.2.1 堆肥化定义

堆肥化（composting）是利用自然界广泛存在的微生物，有控制地促进固体废物中可降解有机物转化成稳定腐殖质的生物化学过程。堆肥化制得的产品成为堆肥（compost）。

根据微生物生长的环境可以将堆肥分为好氧堆肥化和厌氧堆肥化两种。好氧堆肥化是指在有氧存在的状态下，好氧微生物对废物中的有机物进行分解转化的过程，最终的产物主要是 CO_2、H_2O、热量和腐殖质；厌氧堆肥化是在无氧存在的状态下，厌氧微生物对废物中的有机物进行分解转化的过程，最终产物是 CH_4、CO_2、热量和腐殖质。通常所说的堆肥化一般是指好氧堆肥化，这是因为厌氧微生物对有机物的分解速度缓慢，处理效率低，容易产生恶臭，其工艺条件也比较难控制。在欧洲的一些国家统一对堆肥化进行了定义，指在有控制的条件下，微生物对固体和半固体有机废物的好氧中温或高温分解，并产生稳定的腐殖质的过程。

应该指出的是，堆肥化的好氧或厌氧都是相对而言的。由于堆肥化物料的颗粒较大，而且不均匀，好氧堆肥化过程不可避免的存在一定程度的厌氧发酵现象。此外，在我国对于堆肥这个名词的理解，与国际上还有一定的差别，在应用时要注意到这一情况。例如，在我国目前的国情下是作为城市生活垃圾的主要处理处置手段，国家在很多城市大力推行堆肥化技术。其中的所谓简易堆肥化技术，就是建立在厌氧条件下的发酵分解过程。这种堆肥化方法的特点是建设投资与运行成本低，普适性强，易于在经济欠发达地区实行。但是，由于生产出的堆肥化产品质量低、肥效差，没有太大的商品价值。而在国内经济较发达地区所推行的则是好氧堆肥化技术。由于需要对原料垃圾进行较严格的分选、强制通风和机械化搅拌，对设备的要求高、运行能耗大，建设费用和运行费用也比前者高。但是它发酵周期短，并能连续操作，生产出的肥料质量也高，还可以进一步制成有机颗粒肥料。

6.2.2 堆肥化原理

在堆肥化过程中起重要作用的微生物是细菌和真菌。这些微生物以废物中的有机物为养料，通过生物化学作用，使之分解为简单的无机物，并释放出微生物生长所需的能量。其中，一部分有机物转化为新的细胞物质，即微生物的繁殖。

细菌是目前已知的最小的活生物体，其基本特征是单细胞。自然界中，细菌以不同的形式存在，如球形、杆形、螺线型及其他中间类型。大多数细菌的分裂形式是二等分，分成两个相同的子细胞。细菌的尺寸很小，通常只有 $0.5 \sim 10\mu m$，因此，其比表面积很大，容易让难降解的有机物进入细胞，并进行代谢活动。细菌的含水率约为80%，有机物约占其总固体成分的90%。真菌是有机营养型生物，比细菌结构复杂，可以分为霉菌和酵母。霉菌属好氧菌，而在酵母的代谢活动中则能观察到好氧和厌氧两种现象。真菌能在低水分条件下生长，能从具有高渗透压的物质中提取水分，其适应的pH 值范围也较宽，一般为 $2 \sim 9$。

有机物的好氧生物分解十分复杂，可以用下列通式来表示：有机物 + O_2 + 营养物 → 细胞质 + CO_2 + H_2O + NH_3 + SO_4^{2-} + … + 抗性有机物 + 热量，污泥堆肥工艺流程见图 6 - 1。

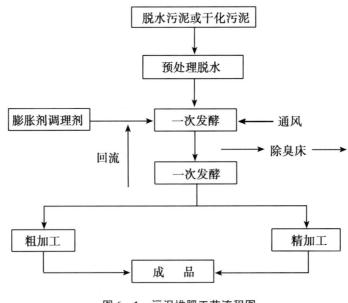

图 6 - 1 污泥堆肥工艺流程图

6.2.3 我国污泥堆肥化现状

污泥堆肥土地利用与传统的污泥直接土地利用明显不同。在我国，污泥堆肥主要有两种方式，一是污泥直接消化或污泥和垃圾等其他物质混合堆肥后农用；二是污泥经过堆肥发酵制成复合肥农用。污泥直接消化后农用目前比较成熟的方法是中温厌氧消化处理，它具有产气率高、含水率低等优点，但该种方法由于一些病菌（如蛔虫卵）等几乎没有减少，因此其推广应用受到限制；而采用污泥经过堆肥发酵制成复合农用肥的方法是堆肥时，一次发酵周期为 7d ~ 10d，二次发酵周期为一个月左右，堆肥的最佳温度为 50 ~ 65℃。通过堆肥过程的生化反应，使污泥达到稳定化和无害化的要求，堆肥后无蚊蝇滋生、基本无臭味，外观呈较松散，已达到腐熟程度，既杀死了污泥中的有害细菌，又能提高其肥效。同时污泥堆肥可明显促进植物生长，使土壤的理化及生物学性质改善，在非食物链植物上等施用污泥堆肥对环境的不良影响很小。这种处理方法在我国已经有了相关的研究，只要控制好污泥中所含城市垃圾中的不稳定成分，该方法具有很好的发展前景。

另外，还有人研究开发了污泥—化肥复合肥系列产品进行农用，该方法充分利用了污泥中的营养元素，实现了氮、磷、钾的平衡，有机无机平衡，集用地养地功能与一体，较单纯施用化肥或有机肥都更优具有优越性。其工艺流程为：污泥→风干脱水→高温脱水灭菌→化学脱水→投配无机肥→破碎筛选→造粒→烘干→冷却筛选→成品。采用上述工艺生产的污泥—化肥复合肥，风干脱水即自然晾晒，可节约能耗；而高温脱水灭菌在烘干机中进行，温度控制 400 ~ 420℃，既可以保证有机质不会分解，又可以杀灭病菌、病毒和寄生虫卵；化学脱水可以脱除多余的水分，又可以减少一直利用高温脱水所耗费的能量。在经检验重金属等的污染物含量符合国家标准，并通过了有关部门的鉴定。使用后作物产量提高 5% 左右，价格大致与无机复合肥持平。

近年来，国内先后建成了一些机械化程度较高的堆肥厂，如无锡、杭州、武汉、上海等地的机械化堆肥技术，包括较完整的前处理、发酵、后处理工艺和设备，其堆肥技术在产品质量、运行操作可控性、环境质量等方面的指标都达到了较高水平。天津市污水处理研究所在纪庄子污水处理厂进行的污泥高温堆肥的试验和研究中，探索出了一套少加甚至不加调节剂、简单而便于操作管理的污泥堆肥工艺，同时提出了工艺流程和技术参数，为生产线的设计与建设提供了技术依据。以堆肥处理前、后消化污泥的提取液为试验液，以草履虫为试验对象所进行的综合毒性研究表明，两者的半致死浓度相差近10 倍，说明堆肥对毒性有机物的降解效果是显著的。

北京市环境保护科学研究院总结多年研究成果，吸取国内外各类机械堆肥装置的优点设计、研制了污泥动态发酵器，该装置效率高、能耗低，便于操作管理和设备化。根据所研制的设备，提出以污泥动态发酵器为核心的污泥制复合肥新工艺路线，建成了 1 条年产 5 000t 复合肥生产的装置。生产线包括污泥动态发酵器、混合搅拌器、圆盘造粒机、烘干机、筛分机等组成，运行以后设备稳定可靠、经济效益明显。该研究提出的污泥动态发酵无害化及污泥制肥工艺，将在北京市高碑店等污水处理厂的污泥处理处置中得到应用，对于解决北京市的污水污泥处置问题，会起到很好的作用。可以说，该项技术的成果转化和推广应用已经有了良好的开端。

6.2.4 堆肥产品的利用

土地利用是一种积极的、生产性的污泥处置方法。污泥的土地利用是将经过妥善处理至符合一定标准的污泥或其产品作为肥料或土壤改良材料,用于农田利用、园林绿化利用或土地改良等场合,是一种积极的、可持续的污泥最终处置模式。污泥利用前需堆肥化处理,堆肥化若采用静态条垛工艺,成本最低,但其生产周期长、占用土地多,且对周围环境的影响比较严重;若采用发酵仓,其设备投资和运行费用将增加,而且若要制成复合肥还需烘干造粒设备,这样其成本优势就大大削弱了。

一般来说,各国家对于污泥处置方式的选择应兼顾到环境生态效益与处置成本、经济效益之间的平衡。一种有效的、适合本国具体情况的污泥处置方法应该是在环境上卫生、社会上被接受及经济上有效的方法。污泥土地填埋对污泥的土力学性质要求较高,需要大面积的场地和大量的运输费用,地基需作防渗处理以免污染地下水,填埋场的废气可能污染环境等,近年来污泥填埋处置所占比例越来越小;焚烧法的技术和设备复杂、耗能大、费用较高,并且有大气污染问题;污泥投海受到地理位置和国际海洋有关公约的限制以及对海洋生态系统和人类食物链已造成威胁,中国政府已于1994年初接受三项国际协议,承诺于1994年2月20日起,不在海上处置工业废物和污水污泥;污水污泥用作建材是近年处于研究阶段的新课题,尚有许多技术难题需要解决。因此,上述几种方法的使用在我国受到限制。

从污泥的成分看,其中有机物、氮、磷等的含量均高于一般农家厩肥,还含有钾及其他微量元素。若施用于土地中,对土壤物理、化学及生物学性状有一定的改良作用。污泥中的有机物质可明显改善土壤的结构性,使土壤的容重下降,孔隙增多,土壤的通气透水性和田间持水量提高。从而改善土壤的物理性质。施用污泥也可提高土壤的阳离子交换量,改善土壤对酸碱的缓冲能力,提供养分交换和吸附的活性位点,从而提高土壤保肥性。污泥中丰富的各种养分,明显地增加土壤氮、磷养分,并能有效地向植物提供养分,减少化学肥料的施用量,从而可降低农业生产的成本。此外,污泥可以使土壤中微生物量增加和代谢强度提高而改变土壤的生物学性状,所以污泥土地利用是适合我国目前的经济发展状况是一种积极的、生产性的污泥处置方法。

污泥中的营养成分含量高于常用的农家肥,有机腐殖质(初沉池污泥含33%,消化污泥含35%,活性污泥含41%,腐殖污泥含47%),可改善土壤结构,提高保水能力和抗侵蚀性能,是良好的土壤改良剂。我国城市污水的各种污泥中,所含肥分见表6-1。

表6-1 我国城市污水处理厂污泥肥分表

污泥类别	总氮(%)	磷 (以 P_2O_5 计)(%)	钾 (以 K_2O 计)(%)	有机物 (%)	脂肪酸 (mg - 当量/L)
初沉污泥	2 ~ 3	1 ~ 3	0.1 ~ 0.5	50 ~ 60	16 ~ 20
活性污泥	3.3 ~ 7.7	0.78 ~ 4.3	0.22 ~ 0.44	60 ~ 70	/
消化污泥	1.6 ~ 3.4	0.6 ~ 0.8	0.24	25 ~ 30	4 ~ 5

　　实践证明，用污泥作为肥料使用，土壤的持水能力、非毛细血管孔隙和离子交换能力均可提高3%～23%，有机质增加35%～40%，总氮含量增加70%，团粒增加25%～60%。此外，污泥还能够改变土壤的生物学性状，使土壤中微生物总量及放线菌所占比例增加，土壤的代谢强度提高，许多单位都通过实验论证了污水处理厂的污泥作为肥料利用的可行性。

　　污泥土地利用，这种方式主要是将污泥用于农田等施肥，垦荒地、贫瘠地等受损土壤的修复及改良，园林绿化建设，森林土地施用等污泥中含有丰富的有机质和植物所需的营养成分如氮、磷、钾等及各种微量元素如Ca、Mg、Cu、Zn、Fe等，是非常有价值的资源。其中，有机物的浓度一般为60%～70%，含量高于普通农家肥，因此能够改良土壤结构，增加土壤肥力，促进作物的生长。将污泥施用于农田，可促进作物生长。在园林用地、森林土地中施用污泥，可改善树木草坪、花卉的生长情况，又不会进入食物链，对人类健康没有影响，是近年来发展较快的污泥利用途径。

　　污水处理厂可将原生污水污泥委托专业单位制成肥料或土壤改良剂。但是，对原生污水污泥及其制品的施用，有以下几点建议：原生污泥运输环节应加强管理，避免跑、冒、滴、漏；污水污泥制成的肥料仅可用于园林绿化以及经济作物种植等产品，不与人类食物链发生接触的农业，同时应加大肥料施用期与施用量对土地和作物的影响研究；加强对污泥制品流通环节的管理，避免污水污泥的二次污染和威胁人类食品安全。在农田利用方面，污泥中含有大量植物所需的营养成分和微量元素，施用于农田后会提高土壤有机质和氮、磷钾等的含量，增加土壤的肥力，从而促进作物的生长。污泥肥效可高于一般农家肥，也不像化肥会使土壤板结，因此施用污泥既可肥田，又有利于土壤质量的改良，并减少了农业生产的成本。

　　污泥在农田上循环利用，是最古老、最经济的方法。实践证明，污泥农用资源化是一种具有广阔前景的污泥处置方法，有利于农业可持续发展，倍受世界各国重视。美国农用污泥的比例已经从1982年的40%增至1992年的49%，其干污泥产品Milorganite已有65年的商业史，且市场竞争力还呈增强的趋势。目前，英国、法国和荷兰等国城市污泥农用率达50%左右，卢森堡达80%以上。污水污泥是一种天然有机肥，其中不但含大量有机物，同时还含有大量的能够促进农作物生产的氮、磷、钾及其他微量元素，而且含量一般高于农家厩肥。同时，污泥与化肥合用，可用于制作复混肥。将污泥泥饼经自然风干，使含水率降低至15%～20%，将干化污泥与氯化钾、氯化钱、过磷酸钙等养分单价较低的化肥混合，经破碎、过筛等工艺后，可制成颗粒状复混肥，其中干化污泥与其他肥料以体积比1：4～1：2混合为宜。污泥施用于农田后，具有能够改良土壤结构，增加土壤肥力，促进作物的生长及能够回收利用有机质等优点。由于污泥中的有机物质可以改善土壤的物理性质，施用污泥后，土壤中N、P、K、TOC等营养成分及田间持水量、CEC、团粒结构、土壤空隙度都相应增加，土壤结构得以明显改善。

　　污泥施用于农田会通过农作物与人类的食物链发生关系，因此应将污泥农用和其他形式土地利用区别对待。中国科学院南京土壤研究所的一项研究发现，在其试验的土地上连续施用污泥10年后，土壤中Cd、Zn、Cu含量均很高，种植的水稻、蔬菜受到严重的污染；并且污泥施用越多，污染情况越严重。因此，未经专门处理的污泥不适合应用于与人类食物链发生关系的农业。在应用实践中，因污泥中含有病菌、寄生虫、病原体及重金属等对农作物不利的因素，因此污泥用做农肥要注意3个关键问题，首先污泥中重金属会造成土壤污染；其次污泥中的病原体会对环境造成影响；再次防止污泥中的高浓度N、P对地下水造成污染。

污泥除了可用于农田外，还被使用在森林土壤中。一方面，污泥中的营养成分和微量元素可促进树木生长；另一方面，污泥用于造林或成林施肥，不会威胁人类食物链，而且林地处理场所因远离人口密集区，对人体健康影响较小。由于森林环境的影响，也由于林地、荒山往往比农田更缺乏养料，可使污泥中病原微生物存活时间大大缩短，使过量的N、P养料得以充分利用。当把污泥和泥炭1：1混合后用于林地，树木的高度和直径及密度都要比单独应用泥炭高。应用1年后，林地土中的总氮、速效氮、总磷、有机物质含量和阳离子交换量，与不施用或施用化学肥料相比都有显著提高，林地的体积密度、水容量及孔性也都有所改善。污泥在林地上的应用，主要注意的问题是N、P等物质污染地下水，木材材质是否受到影响。

近年来，城市污泥越来越多的用于园林绿化、花卉栽培等施用于花卉、草坪等既远离食物链，又可就近消化污泥，还能减少化学肥料的用量。把城市污泥作为有机肥料用于城市园林绿地的建设，实现城市废物的循环利用，不仅是有效的污泥处置途径，而且也是城市绿化的要求。干污泥和污泥堆肥用于城市绿化及观赏性植物，既脱离食物链，减少运输费用，节约化肥，又可使花卉的开花量增加，花径增大，花期延长，草长的更高，草坪绿色保持的时间更长，土壤的成分与结构都显著提高。将污泥与木屑混合堆肥，作为育苗和花卉基质，效果不亚于用泥炭土开发的花卉基质。而在经济上，由于不需再购高价的泥炭土，代之以污泥为原料，变废为宝，经济效益更佳。由于园林的土壤含有高浓度腐殖质，可抑制重金属离子的迁移，故园林可以常年施用，施用的主要控制因素是防止地面径流所含硝酸盐对地面水的污染，施肥量应以树木的需氮量来控制。施用时，可把园林划分为若干区，每3～5年灌溉一个区，轮流施用。园林绿地施用污泥可促进树木、花卉、草坪的生长，提高其观赏品质，并且不易构成食物链污染的危害。上海市曾经对稳定化污泥施用于园林绿化进行探索，结果表明在污泥稳定化后，其污染物控制指标、卫生学指标都达到相应标准，适量施用可促进植物长势，可以作为栽培介质土，也可以作为有机肥。当污水污泥施用于质地黏重的绿化土壤中时，重金属可被表层黏粒吸附，下层土壤中重金属含量几乎空白，不会对地下水造成污染。因此，污泥的林地和市政绿化的利用是一条很有发展前途的利用方式。

根据城市污泥的特点，其中含有大量氮、磷、钾和有机质，也具有较强的粘性和吸水性，可以用作受损土壤的改良剂。较常见的受损土壤有采矿残留矿场、取土后的凹坑、垃圾填埋场、地表严重破坏地区、采煤场、各种采矿业开采场、露天矿坑、因化学作用而退化的土地、森林采伐地、森林火灾毁坏地、滑坡和其他天然灾害需要恢复植被的土地等。这类土壤一般已失去正常特性，无法直接种植。

受损土壤施用污泥堆肥后，可改善土壤结构，促进土壤熟化。美、英、德等许多国家对污泥改良土地进行了大量研究，Kardos等人利用费城污水处理厂的污泥修复被二氧化硫破坏的土壤，污泥施用量为每周 2.5～5cm，结果 10% 的土壤被修复可再植被，其中 13% 的土壤被恢复成农田。另有研究表明，在矿山恢复系统中，施用污泥可提供有机碳并改善土壤肥力，改良矿山废弃地的理化性质和防治水土流失，利于迅速有效的恢复植被，并提高矿山废弃地微生物的活性。特别是污泥应用于铅锌尾矿的垦植，不仅增加土壤全碳及氮、磷、钾含量，而且降低尾矿基质的 Zn、Pb、Cd 全量及 Pb 和 Cd 的二乙烯三胺五乙酸（DTPA）提取量，继而降低了植物器官对 Zn、Pb、Cd 的吸收和积累。该研究中介绍的污水污泥具有一般污水污泥的物理特性，同时其营养元素含量达到土壤改良剂的标准，具有制作土壤改良剂的应用潜力。用污泥改良土地的示范点遍及美国各州，改良的对象包括酸性露天剥采挖出物、深层采掘无烟煤的废弃物、表层土壤覆盖的露天采矿的挖出物、取土坑、退化的半干旱草地等。施用的污泥有液体污泥、脱水污泥、堆肥化污泥、消解污泥、脱水污泥与污泥堆肥的混合物等。

深化土地改革，优化土地结构升级，修复与改良土地荒漠化，是加大土地开发整理复垦力度的根本保证。根据城市污水处理厂污泥的特点，其所含成分对于土地改良具有不可或缺的成效。污泥中所含的富营养成分，其黏度较高、吸水性较强，是修复与改良土地荒漠化的改良剂。比较常见的荒漠化土地一般缺少有用的土壤成分。这类土地土壤大多已经失去了土壤应有的正常性质，需要优化升级以后方可进行直接种植。加入适量的经过一定处理的污泥可以增加土壤所含的植物生长所需的营养成分，改善土壤性质，促进土壤结构升级。这样不但促进了地表植物的生长态势，而且加大了土壤整理力度，恢复了生态环境，促进了协调可持续，具有良好的社会价值和经济价值。研究结果表明，经过一定处理的污泥，随着其施用量的逐渐增加，矿场废弃地的土壤质量不断提高，改善了水土流失现象。因此，把污泥的特性用于土地荒漠化建设，促进土地结构的优化升级，不但加大了土地资源整理力度，而且为日益增长的污泥产出量提供了可观的应用前景。施入污泥可以增加土壤养分，改良土壤特性，促进土壤熟化。这样既促进地表植物的生长又避开了食物链，恢复了生态环境，有良好的社会和经济效益。曾有对矿山废弃地的复垦进行了研究，结果表明随污泥施用量的增加，废弃地有机质含量的提高，土壤理化性质改善，水土流失减少。

污泥堆肥产品还可与市售的无机化肥素、氯化铵、碳酸氢铵、磷酸铵、过磷酸钙、钙镁磷肥、氯化钾和磷酸钾等共同生产有机—无机复混肥。污泥的肥料化利用是一种积极的、有效而安全的污泥处理方式。几十年来各国普遍采用，特别是美国近年来污泥与工业废料生物堆肥技术取得了进展，部分污水处理厂取消了污泥厌氧消化处理工艺，污泥肥料的土地利用非常广泛。我国各地区的污水处理厂和科研部门也在污泥的处理、处置和利用方面进行了大量的研究工作，并取得了可喜的成果，污泥的土地利用已得到普遍的认同。它集生物肥料的长效、化肥的速效和微量元素的增效于一体，在向农作物提供速效肥源的同时，还能向农作物根系引植有益微生物，充分利用土壤潜在肥力，并提高化肥利用率。另外，还可根据不同土壤的肥力和不同作物的营养需求，合理设计复混肥各组分的比例，生产通用复混肥及针对不同作物的专用复混肥。其主要生产工序为：堆肥、无机化肥、添加剂→粉碎→配料→混合→造粒（圆盘造粒机、挤压、喷浆）→干燥→成品。

稳定农村农业经济作物生产，增加粮食产量和种植面积是国家重视农村农业发展的根本要求，污泥资源利用在农业现代化建设中，更能体现其高效的肥料价值。污水处理厂污泥中含有的植物生长所需的必备养分（如有机营养物质、钾、氮、磷等），其含量高于农业发展常用农家肥（如牛粪、羊粪、猪粪等）。可以说，其养分与菜籽饼等优质的有机农肥不相上下，并且在一定程度上能够改良土地成分，优化土壤结构。在一定条件下对污泥进行处理，经过生物发酵处理后，有机物由不稳定状态转变为稳定较高的腐殖质物质。其处理以后的产品一是不含致病菌和杂草种子，并且没有腐臭味，使污泥资源的运用更为安全灵活，经过处理以后的产品具有高效的富营养物质，是一种优化土壤结构的绿色产品；二是充分利用污泥中的富营养物质，并向污泥中添加一些必要的无机富营养化学成分（如氮、磷、钾等），加工合成适用于农业生产有效肥料。当污泥中的重金属元素经过处理，使其含量很低，达到农用有机复合肥含量标准时，得到一种比较环保的、理化性质稳定的混合物，从而大大提高肥料的利用价值，可明显促进农业植物生长，使土壤的结构和性质得到优化与改善，在植物种植上施用处理后的污泥产品对生态环境没有过多的影响，反而在一定程度上优化生态质量，只要污泥中的不稳定成分得到有效控制，其处理后污泥产品便具有高效的肥料价值，利用于农用生产和生态环境建设，更具有优越性和发展潜力。

6.2.5 堆肥产品中重金属的影响及其控制

由于固体废物的来源不同，其堆肥产品中可能含有一定量的重金属，如 Cu、Zn、Ni、Cr、Pb、Cd 等，其含量也一般都会大于土壤背景值。有研究表明，重金属对农作物、土壤微生物活动及土壤肥力均有影响。重金属在土壤中的迁移转化等环境化学行为相当复杂，对植物液可能存在毒害作用。因此，堆肥应用于农业的重金属污染问题一直受到人们的密切关注，并且成为堆肥大规模土地利用的关键性限制因素。

土壤作为开放的缓冲动力学体系，在与周围的环境进行物质和能量交换过程中，不可避免地会有外来源金属进入这个体系。同时土壤是一个十分复杂的多相体系，其固相中所含的大量黏土矿物、有机质和金属氧化物等能吸进其内部的各种污染物，特别是重金属元素。虽然堆肥中存在的重金属形态，在短时间内不易被淋失及被作物吸收，但堆肥的长期使用能增加土壤中总的重金属含量，增加作物对重金属的吸收及积累。当累积量超过土壤自身的承受能力和允许容量时，就会造成土壤污染。

堆肥中重金属元素能否被植物所吸收，主要取决于含该元素矿物的有效态（有效性）。重金属的生物有效性（bioavailability）指重金属能被生物吸收或对生物产生毒性的形状，可由间接的毒性数据或生物体浓度数据评价。重金属的化学形态与其生物产生毒性的形状，可由间接的毒性数据或生物体浓度数据评价。重金属的化学形态与其生物有效性和环境移动性有很好的相关性，将植物所吸收的有效态重金属占土壤中重金属总量的百分率称为重金属的生物有效性，它能更好的表征堆肥中重金属想植物体内的转化趋势。

在正常的自然环境中，重金属的碳酸盐结合态、铁锰氧化态和有机结合态在外界环境发生变化时，可以转化为可交换态。即土壤酸度增加，使重金属的碳酸盐结合态转化为可交换态；土壤氧化还原电势改变，使重金属的铁锰氧化态被转化为可交换态；土壤的氧化状态改变也可导致重金属的有机物结合态转化为可交换态。

植物对重金属的积累受到多种因素影响，包括土壤类型、土壤环境的 pH 值、Eh、有机质、阳离子交换量、含重金属元素的化合物种类等。当上述条件发生改变时，立刻会影响土壤对重金属的吸附和解吸能力，影响重金属元素的形态及含重金属的矿物在土壤溶液中的溶解度。堆肥中的重金属作为一种外源污染物，其行为既不同于土壤中原有的重金属，又与以无机盐形式外加的重金属在化学行为和有效性上存在明显差异。研究表明，作物中的重金属含量虽然与堆肥的施用量没有直接的线性关系，但作物对重金属的积累量却与堆肥的施用量呈显著正相关。

为了有效控制堆肥产品对植物的影响，需要采取不同的控制措施。首先，采取源头控制，对堆肥的原料进行控制，重金属含量高的污泥不适应采用堆肥技术处理。其次，对堆肥产品进行严格管理，对于以农用作为堆肥产品出路的需要严格监控，防止重金属含量高的堆肥进入农作物的生产环节。最后，可以通过一定的技术途径降低堆肥中重金属的生物有效性，例如通过向土壤中加入无机改良剂（包括石灰、沸石、磷肥等）改变施用堆肥土壤中的重金属形态，石灰采用粉状或以溶液形式加入，使土壤 pH 值升高，提高土壤颗粒对重金属的吸附量，降低重金属的生物有效性；加入有机改良剂（如植物秸秆、泥炭或腐殖酸、活性炭等），改变重金属在施用堆肥土壤中的存在形态，使其由活性状态转变为不能被植物吸收的稳定态。

6.3 污泥燃烧化回收能源

污泥中含有机物质，因此具有燃料的价值。不同来源和性质的污泥，其干燥基发热量有所不同，但据研究都在 6 000 KJ/kg，有些污泥的热值高达 12.56，略低于煤饼。环保要求的提高使得污泥处理技术的要求也随之提高，污泥热解研究也越来越受到关注。它的主要优点有：具有较小的固体体积、热解产生的气体和油有较高的热值、与焚烧法比温度低，进入热解气中的污染物少等。国外对污泥热解技术的研究开始于 20 世纪 80 年代，之后发展较快。目前，国内对于热解法的研究还处于实验阶段，以慢速热解为主，也出现了流化床快速热解研究等。

污泥作为替代辅助能源的关键是污泥引燃，具体方法是在污泥中掺入煤粉、重油作为引燃剂，是两个独立的基本过程，一是将混合厌氧消化污泥（含水率80%）加入轻溶剂油，蒸发脱油制成含水率2.6%、含油率0.15%的燃料；二是将未消化的混合污泥经机械脱水后加入重油，蒸发脱油制成含水率5%、含油率10%的燃料。据文献报道，常州市第一热电厂安装了 7 台污泥燃料锅炉，单机处理能力为20t/h 污泥，基本解决了一个市污水厂所有污泥。研究还表明，污泥中的有机质在低温无氧受热（250～300℃）条件下可发生部分热裂解，转化为燃烧特性优越的油、炭和可燃气，转化率可达 70%～80%。

6.3.1 污泥燃烧化定义

污泥燃烧是一种高温热处理技术，即以一定量的过剩空气与被处理的有机废物在焚烧炉内进行氧化燃烧反应，废物中的有害物质在高温下氧化、热解而被破坏，是一种可同时实现废物无害化、减量化、资源化的处理技术。

污泥燃烧最大的优点在于大大减少需最终处置的废物量，具有减容作用、去毒作用、能量回收作用，效果很好；另外，还有具有副产品、化学物质回收及资源回收等优点。国外已有较成熟经验和工艺，可以直接借鉴使用。但总体来说焚烧的成本最高，是其他工艺的 2 ~ 3 倍。今后应从降低成本和减少二次污染角度着手生产新设备。

6.3.2 回收能源

城市污泥中含有大量的有机物，占 70% ~ 80%，其中有一部分能够被微生物分解，产物是水、甲烷和二氧化碳，还含有部分纤维木质素，脱水后具有一定的热值。另外干污泥具有热值，可以燃烧，所以通过制沼气、燃烧及制成燃料等方法，可以回收污泥中的能量。污泥的燃烧热值与污泥的性质有关，见表 6 - 2。

表 6 - 2 不同污泥的燃烧热值

污泥种类	热值/（kJ/kg）
初次沉淀污泥（新鲜）	15 826 ~ 18 190
初次沉淀污泥（消化）	7 200
新鲜活性污泥	14 900 ~ 15 210
初沉污泥与腐殖污泥混合（新鲜）	14 900
初沉污泥与腐殖污泥混合（消化）	6 740 ~ 8 120
初沉污泥与活性污泥混合（新鲜）	16 950
初沉污泥与活性污泥混合（消化）	7 450

可以看出，干化污泥作为燃料，开发潜力很大。通过焚烧既可以达到最大程度的减容，又可以利用热交换装置（如余热锅炉）回收热量，产生的蒸汽用来供热采暖或驱动汽轮机发电。污泥焚烧过程的核心设备是焚烧炉，目前使用的焚烧炉有立式多层炉、回转窑炉、流化床炉、喷射焚烧炉等，应用最广泛的是流化床焚烧炉。

目前，污泥燃料化的方法有污泥能量回收系统和污泥燃料。污泥能量回收系统是将剩余活性污泥和初沉池污泥分别进行厌氧消化，混合消化污泥离心脱水至含水率 80%，加入轻溶剂油，变成流动性浆液，送入四效蒸发器蒸发，后脱轻油成含水率 26%、含油率 15% 的污泥燃料。污泥燃料是将未消化的混合污泥经机械脱水后，加入重油，成流动性浆液送至四效蒸发器蒸发、脱油，制成含水率 5%、含油率 10% 以下的污泥燃料。

污泥燃料化被认为是有望取代现有的污泥处理技术最有发展前途的方法之一。据预测，在欧洲未来的 10 年里，采用燃料化的污泥量将翻一番。污泥燃料可以用于发电，也可用于厂区水泥的生产，既节约了煤炭资源，其污泥燃烧灰还可以作为生产水泥的原料。污泥燃料非常适合纸浆造纸厂应用，有利于降低造纸厂的能耗。污泥燃料热值较高，性质比较稳定，可以方便控制。表 6-3 是城市污水厂与其他燃料发热量对比表。

表 6-3　城市污水处理厂污泥与其他燃料发热量对比表

燃料种类	发热量（kJ/kg）
褐煤	24 000
木材	19 000
焦炭	31 500
一沉池污泥	10 715 ~ 18 191.6
二沉池污泥	13 295 ~ 15 214.8
混合污泥	12 005 ~ 16 956.5

此外，污泥经过低温热解，能够产生污泥衍生燃料。此种燃料在实际应用中有很好的推广价值，也为污泥处理提供了一条新的途径。污泥焚烧成本较高，在污泥的性质或量大，不能农用时可考虑采用。另外，还可用污泥、煤及其他添加剂配制合成燃料，作为工业窑炉或生活锅炉的辅助燃料。

6.4　利用污泥生产沼气

污泥厌氧消化不仅能够使污泥处理基本实现稳定化、无害化和减量化，而且污泥消化过程中产生的沼气可用于发电，是一种可再生的清洁能源；另一方面，剩余的熟污泥可根据其成分特点用做肥料、燃料或填埋，实现资源化。这对于我国这样的能耗大国来说具有更重要的意义。污泥是一种污染物，但更是一种潜在可利用的宝贵资源。污泥厌氧消化沼气利用是实现污泥减量化、稳定化、无害化和资源化相统一的有效手段。面对全球环境污染、能源危机等严峻形势，这种可同时削减污染和产生生物能的经济实用技术，符合可持续发展，建设资源节约型、环境友好型社会的国家发展战略，因此必将具有越来越广阔的发展前景。

6.4.1　沼气定义

沼气是有机物在厌氧条件下经厌氧细菌的分解作用产生的以甲烷为主的可燃性气体，是一种比较清洁的燃料，$1m^3$ 沼气燃烧发热量相当于 1kg 煤或是 0.7kg 汽油。沼气中甲烷的含量占 50% ~ 60%，二氧化碳的含量占 30% 左右，另外还有一氧化碳、氢气、氮气、硫化氢和极少量的氧气。污泥进行厌氧消化即可制得沼气。目前污泥厌氧消化的主要工艺有高负荷消化池、两级消化法、厌氧接触消化法和二相消化法等。

6.4.2　污泥生产沼气的原理

污泥生产沼气的原理是通过污泥中的厌氧菌群的作用，使有机物经液化及气化而分解成稳定物质，病原菌、寄生虫卵被杀死，使固体达到减量化和无害化。这些菌群可分为两类：兼性厌氧菌和专性厌氧菌；污泥的消化过程分酸性消化阶段和碱性消化阶段。在酸性消化阶段：高分子有机物首先在胞外酶的作用下水解与液化。这一过程把多糖水解成单糖，蛋白质水解成肽和氨基酸，脂肪水解成丙三醇、脂肪酸，然后渗入细胞体内，在饱内酶的作用下转化为醋酸等挥发性有机酸和硫化物。在这种情形下，常有大量的氢和少量的甲烷游离出来。氢的产生是消化第一阶段的特征，故第一阶段也称氢发酵。兼性厌氧菌在分解有机物过程中产的能量几乎全部消耗为有机物发酵所需的能源，只有少部分合成新细胞。因此酸性消化时细胞的增值很少。产酸菌在低 pH 值时也能生存，具有适应温度、pH 值迅速变化的能力，在有氧或无氧条件下都能生长。在碱性消化阶段，专性厌氧将消化过程第一阶段由兼性厌氧菌产生的中间产物和代谢产物分解成二氧化碳、甲烷和氨。由于消化过程的第二阶段的特征是产生大量的甲烷气体，所以第二阶段被称为甲烷发酵。甲烷菌的生产条件比较苛刻，只要有空气和光的存在就会立即停止活动，因此必须保持绝对厌氧的环境。甲烷菌生长的最适 pH 值是 7.0 ~ 7.6，超过这个范围，其活性将会受到很大阻碍。对中温菌最适宜的温度是 $[(30 \sim 37) \pm 2]$℃，高温菌是 (53 ± 0.5)℃，它们都对温度的变化和毒性物质非常敏感，生存条件非常苛刻。专性厌氧菌在其他物质的分子中摄取它生存所需的氧，而不依赖空气中的氧。这种细菌的酶能够溶解并分解细胞外的不溶性有机物，或完全分解进入细胞内的溶解物，所以它可使兼性厌氧菌的中间产物和代谢产物溶解，用来作为其本身生长和繁殖所需的能量。甲烷菌还在没有太阳能和叶绿素的情况下转化二氧化碳的能力。二氧化碳的还原作用是在消化第一阶段产生的氢存在的情况下进行的，反应如下：

$$CO_2 + 2H_2 \rightarrow CH_4 + O_2$$

实验证明，甲醇，乙醇，丙醇，异丙醇和大量生成的乙酸、丙酸、丁酸、甲酸，最终均能被甲烷菌所利用。

6.4.3 沼气利用

对日处理能力在 10 万 m³ 以上的大型二级污水处理设施产生的污泥，宜采用厌氧消化制沼气。沼气的利用途径很多，在实际工程中主要用于沼气发电和用沼气发动机带动鼓风机。在污水处理厂的运行费用中，电费开支始终占了很大部分，而按我国目前的技术水平，利用沼气解决污水厂 30% 的能源需求是可以做到的，国内已有不少成功的先例。因此利用污泥制沼气，不仅可以解决污泥出路问题，而且对节能和降低污水厂运行费用都有很大意义。

沼气作为能源利用，已有很长的历史，中国的沼气最初主要为农村户用沼气池在 20 世纪 70 年代初，为解决的秸秆焚烧和燃料供应。自 20 世纪 80 年代以来，建立起的沼气发酵综合利用技术沼气为纽带，物质多层次利用、能量合理流动的高效农产模式，已逐渐成为我国农村地区利用沼气技术促进可持续发展的有效方法。沼气燃烧发电是随着大型沼气池建设和沼气综合利用的不断发展而出现的一项沼气利用技术，它将厌氧发酵处理产生的沼气用于发动机上，并装有综合发电装置，以产生电能和热能。沼气发电具有创效、节能、安全和环保等特点，是一种分布广泛且价廉的分布式能源。燃料电池是一种将储存在燃料和氧化剂中的化学能，直接转化为电能的装置。当源源不断地从外部向燃料电池供给燃料和氧化剂时，它可以连续发电。依据电解质的不同，燃料电池分为碱性燃料电池（AFC）等。

用污泥生产沼气已经有 100 多年的历史，但作为规模化、工业化的生产却是近 20 年左右的事。现代工艺是在电脑化控制的反应容器内，根据处理物的各种不同条件随时对容器里的厌氧环境进行调节，达到充分利用自然界普遍存在的微生物，参与有机物逐级发酵降解（水解、酸化、气化），最终实现甲烷化。发酵产物（沼气）中主要是气态的甲烷和二氧化碳，将其收集后用作清洁燃料。另一方面，对温室效应而言，甲烷气体是 CO_2 的 22 倍。所以，在处理污泥等废弃物的同时，采集、利用含甲烷达 50% 左右的沼气并加以利用，除具有一定的经济效益外，对减轻温室效应具有重大意义。排出的残渣（仅剩原总量的 40% 左右）中因存在环状化合物的聚合物腐殖酸，可做城市绿化的基肥、土料。

厌氧发酵/工业化制气的主要优点是资源化程度高，产生高热值沼气的同时生产了有机肥料；大气污染小，无二噁英、酸性物及粉尘产生；生产环境好，臭气产生量极小；针对城市生活污泥的特点，厌氧发酵/工业化制气处理技术具有十分广泛的应用前景。

6.5 低温热解

污泥热解技术是近些年来为改进污泥焚烧而发展起来的污泥处理技术，其能量平衡优于污泥焚烧。该技术是将污泥在常压无氧或低于理论氧气量的条件下加热干燥至一定温度（高温 550~1 000e，低温 <550e），由于干馏和热分解作用将污泥中的糖类、脂类和蛋白质等有机物转变成碳氢化合物，最终产物为油、反应水、不凝性气体和半焦四种，部分产物的燃烧可作前置干燥与热解的热源，剩余能量以油的形式回收。无氧热分解可促使污泥中有机物发生还原作用，产生可供回收利用的低碳石化燃料，如甲烷或乙烷等。国外对污泥热解技术的研究最早报道可追溯到 1939 年的法国专利，但直到 20 世纪 70 年代末，德国科学家 Bayer 和 Kutubuddin 等对热解工艺进行了比较深入的研究。在国外，污水厂污泥低温热化学转化工艺逐步由实验室走向实用过程；而在国内，对于污泥热解法的研究还处于实验阶段。

6.5.1 低温热解定义

低温热解，是目前正在发展一种新的热能利用技术，即利用污泥有机物的热不稳定性，在 400~500℃、常压和缺氧条件下，借助污泥中所含的硅酸铝和重金属（尤其是铜）的催化作用将污泥中的脂类和蛋白质转变成碳氢化合物，最终产物为油、反应水、不凝性气体和碳等四种可燃产物，产品具有易储存、易运输及使用方便等优点。污泥低温热解制油工艺流程如图 6-2。

污泥低温热解产生的衍生油酸度高、气味差，但发热量达到 29~42.1MJ/kg，而现在使用的大能源，即石油、天然气、原煤的发热量分别为 41.87MJ/kg、38.97MJ/kg、

20.93MJ/kg，可见污泥低温热解油具有较高的能源价值。另外，热解油的大部分脂肪酸可被转化为酯类，酯化后其熟度降低约 4 倍，热值可提高 9%，气味得到很大改善，热解油的酯化工艺使得其更加易于处理和商业化。热解前的污泥干燥就可利用这些低级燃料（燃料气、碳）的燃烧来提供能量，实现能量循环；热解生成的油（质量上类似于中号燃料油）还可用来发电。第一座工业规模的污泥炼油厂在澳大利亚柏斯，处理干污泥量可达 25t/d。

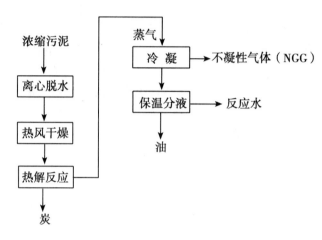

图 6 - 2　污泥低温热解制油工艺流程

6.5.2　低温热解制油

近年来，许多国家都着手研究污泥的资源利用和新的处理方法，美、英、日等国主要研究的是热化学液化法，即在 300 个、100 个大气压左右将脱水污泥反应成油状物；而德国和加拿大以热分解油化法为主。

污泥低温热解制油是目前正在发展的一种新的热能利用技术，是利用污泥有机质在加热条件下的部分热裂解，从而产生活性衍生燃料。其原理是通过无氧加热污泥，干燥至一定温度（小于 500℃），由干馏和热分解作用将污泥转化为油反应水不凝性气体（GNN）和炭四种可燃产物，过程所需的能量可以由产生的燃料提供，剩余能量以燃料油形式回收。据报道，污泥低温热解制油的处理费用（包括污泥脱水油水分离碳的燃烧和除渣）不到污泥焚烧费用的 60%。

在此工艺中，干污泥在无氧环境下被加热至 300 ~ 350℃保持 30min 左右，然后由冷却器收集油、水混合物，在反应釜内没有压力的情况下继续加热到 450℃，由冷却器收集轻油、焦油和气体。燃料油的产出率一般在 16% ~ 20%，热值33.3MJ/kg，衍生油的元素和化学组成分别如表 6 - 4 和表 6 - 5 所示。由此可见，产油的热值高，收集起来后可以作为能源储存，并在油热解过程中以蒸汽相存在，可被明火点燃，性质稳定。同时，热解产生的污泥炭，其性质稳定，可以作为掺煤或热解补充能源。

表 6 - 4　衍生油的元素组成

物料	反应温度（℃）	有机质含量（%）	元素组成				
			C	H	N	S	O
油Ⅰ	300	100	68.4	10.0	5.6	0.9	15.1
油Ⅱ	420	100	71.4	10.3	2.0	0.4	15.9

表 6 - 5　衍生油的化学组成　　　　　　　　　　（重量%）

物料	反应温度（℃）	苯系物	脂肪酸	硬脂酸甲酯	酚类	酰胺	脂肪氰	烃类	沥青烯
油Ⅰ	300	0.45	47.13	7.68	0.13	22.54	9.73	0.24	12.1
油Ⅱ	420	2.11	38.81	5.49	0.11	1.931	27.89	0.36	23.2

低温热解制油有许多优点：设备较简单，无需耐高温、高压设备；能量回收率高；对环境造成二次污染的可能性小，经评价，处理后污泥中的重金属绝大多数进入炭和油中，在以后的使用过程中会被进一步氧化达到无害化；与焚烧技术投资相当或略低，运行成本仅为焚烧法的 30% 左右。

随着科学技术水平的提高，热解法处理污泥在污泥处理体系中占有重要地位。与其他污泥处理方法相比，以低温热解为主要反应机理的污泥低温热化学转化技术显示出能量经济性及二次污染可控性等显著优势，主要表现为：灭菌效果好、处理迅速、占地相对较少、处置后污泥性质稳定，固体体积大幅减小，存在于碳基中的重金属对自然析出有相当强的抵抗力，可以实现及时处理，缓时利用，污泥不必进行远距离输送，节省了运输费用，生产的产品便于储存和运输；能量回收率及利用率高，经济性优于焚烧处理，该技术把污泥分解成气、液、固三种形式，再分别利用其中的能量，整个热解过程为净能输出过程，热解后回收的热解油的燃烧效率比直接焚烧高 4 倍左右；环境安全潜力大，由于热解在低温下进行，避免了二噁英类物质的产生温度段，并且根据研究表明，污泥中的重金属可被钝化，热解产生的气体通过焚烧处理，最终排放到环境的污染物较少；热解产物的可利用性好，液态产物由于热值较高，各种性能类似柴油，可作为重油类燃料使用，由于热解产物中含有大量的脂肪酸类物质，也可作为化工产业的原料，不凝结气态产物也可作为燃气加以利用，固体产物可作为工业吸附剂，热值高的也可作为劣质固体燃料。

污泥低温热解效果亦好，污泥可通过干馏提取油、气等，不但可做燃料也可用于制造四氯化碳等化工产品，具有工业化利用前景，且能量回收率，高经济性优于焚烧处理，是大有前途的处理方法。在热解机理和动力学研究方面还有很多工作需进一步探讨，在工艺和设备的改进方面有待新的突破。这种技术正逐步经过实验室走向实际应用阶段，该工艺技术可靠、成本小于直接焚烧的 80%，同时还可获得油，成本将更低，应该具有很好的发展前景。

6.6 建材利用

深入贯彻节约资源，鼓励资源综合利用，推动战略性新兴产业的健康发展，是深入贯彻落实科学发展观的基本要求。污泥资源化利用发展作为现代新兴产业之一，充分利用污泥资源中的有效成分，其应用前景广阔。这种污泥资源化利用方式，既无需依赖土地作为其最终消纳的归宿，又能替代一部分用于制造建筑材料的原料，节约许多资源，并可充分利用污泥热值，节省能耗，是一种有潜力的污泥资源化新途径。

污水处理厂污泥中除了有机物外往往还含有 20% ~ 30% 的无机物，主要是硅、铝、铁、钙等。与许多建筑材料常用的原料成分相近，可以分别利用污泥中的无机成分和有机成分制造建筑材料。这些有效成分，即使对其进行焚烧，去除了其中含有的有机物，无机物仍然以灰渣的形式存在，常规处理是做填埋处置，这种处理方式将占用大量的土地资源。为此，加强资源的综合利用，具有保护环境的优势，是一种经济有效的资源化利用方法。

建筑材料利用，不仅可以减少污泥填埋所占用的土地，减少自然资源消耗，而且可以使资源得到循环利用，变废为宝。污泥的建筑材料利用主要有以下几种情况：制作水泥、制作生化纤维板、制砖、替代沥青细骨料和陶粒等。

6.6.1 制作水泥

我国是世界水泥生产大国，对照国外经验，利用生产水泥消纳废物的潜力很大。因此，把污泥作为生产水泥的原材料，不但是增强污泥资源化综合利用的有效的方法，而且是有效消除日益增长的污泥产量的重要途径之一。利用城市污水处理厂产生的脱水污泥为原料制造水泥技术，约 60% 为废料，水泥烧成温度为 1 000 ~ 1 200℃，燃料用量和二氧化碳的排放量也较低，因而该水泥被称为环保水泥。由此可知，污泥生产水泥既是污泥资源化的重要途径，也是行之有效的方法。污泥的化学成分是不稳定的，离散性较大，它与很多因素相关，污水来源、处理设备、堆放时间及工业废水所占比重等相关。污泥化学成分类同黏土，故可部分或完全代替黏土来烧制水泥熟料。污泥中含有部分的有机质（55% 以上）和可燃成分，它们在水泥窑中煅烧时会产生热量；污泥的低位热值是 11MJ/kg 左右，在热值意义上相当于贫煤。贫煤含 55% 灰分和 10% ~ 15% 挥发分，并具有热值 10 ~ 12.5MJ/kg，所以用污泥代替黏土来生产水泥是可行的。

日本从 1994 年起就开始了以污泥、垃圾焚烧灰作为原料生产生态水泥的研究，2001 年在千叶县建成世界上第一条生态水泥生产线。生态水泥的制作工艺与普通水泥基本相同。一般生产 1t 生态水泥需用垃圾灰 0.5t、脱水污泥 3t、石灰石及黏土等原料 0.3t。上述原料经磨粉、均化、成粒，在 1 350℃ 温度下煅烧成熟料，再加入石膏，粉磨制成生态水泥。生态水泥的性能与普通水泥相近，只是凝结时间短，在配制混凝土时须加入缓凝剂，另外该水泥含 Cl 较高，只能配制素混凝土。

我国近年来也开展了利用污泥生产水泥的研究。污泥具有较高的烧失量，扣除烧失量后其化学成分与黏土质原料相近，进行生料配料计算，理论上可以替代 30% 黏土质原料。上海新型建材研究开发中心在充分论证及实验室试验成功基础上，分别在湿法回转窑和四级预热器回转窑水泥厂进行了多次工业试验，分别将污泥从窑尾、窑头、窑中加入进行比较，共处理污泥 500t，生产熟料 3 000t，生产水泥 4 000t，取得了有益的经验，为工业化大规模利用污泥奠定了基础。试验结果表明，采用污泥配料后，熟料的矿物组成、岩相结构、物理性能没有发生大的变化，该熟料生产的水泥对混凝土性能也未产生大的影响。对这种水泥熟料进行重金属浸出毒性试验，结果符合 GB5085—85《有色金属工业固体废弃物污染控制标准》的要求。由于污泥含水率较高，更适合湿法水泥窑处理。

水泥熟料的煅烧温度为 1 450℃左右。用污泥生产水泥时，污泥中可燃物的热量，可以在煅烧水泥熟料时得到充分利用；污泥灰烬的成分与水泥原料相近，可作为生产水泥的原料加以利用；污泥中的重金属元素在熟料煅烧过程中参与了熟料矿物的形成反应，被结合进熟料晶格中。因此，用污泥作为原料生产水泥，除可实现资源、能源的充分利用，还可将其中的有毒有害物质分解或固化，使危害减到最小。另外，水泥厂地域分布广、生产量大，便于污泥的就地消纳。

污泥用于湿法水泥生产已经有了成功的经验，但湿法生产在水泥工业中所占的比重是很小的，遍布全国各地的是干法和立窑水泥厂。将污泥用于干法和立窑水泥生产中的关键问题是污泥水分的去除。常见的方法是利用热能将污泥烘干，国外有成熟的污泥干燥机，但价格昂贵。北京安川技术有限公司的处理方法有独到之处，该方法是向污泥中添加酸碱双组分发热剂（碱性发热剂为石灰），在污泥专用干燥系统中充分混合，混合过程中反应放热可将污泥中水分蒸发，同时杀灭污泥中的细菌，然后利用系统中的造粒机造粒，污泥处理物最终水分为 10% 左右、粒径 <10mm，其化学成分中 CaO 含量较高，可以作为水泥的原材料。另外，该方法的处理成本也比较低。

6.6.2 制作生化纤维板

污泥制作生化纤维板，污泥中含一定数量的细菌蛋白，利用活性污泥中所含粗蛋白（有机物）与球蛋白（酶）能溶解于水及稀酸、稀碱、中性盐的水溶液这一性质，可使污泥制成生化纤维板，将污泥在碱性条件下加热、干燥和加压，会发生一系列的物理、化学性质的改变，使其发生蛋白质的变性作用，从而制成活性污泥树脂（又称蛋白胶），然后使与经漂白、脱脂处理的废纤维压制成板材，即生化纤维板。

生化纤维板的制造工艺包括污泥脱水、活性污泥树脂调制、填料（废纤维）预处理、混合搅拌、预压成型、热压、裁边等七道工序。生化纤维板的物理力学性能可达到国家的三级硬质纤维板的标准，能用来作建筑材料或制造家具。

6.6.3 污泥制砖

污泥制砖的方法有两种，一种是用干污泥直接制砖；另一种是用污泥焚烧灰渣制砖。用干污泥直接制砖时，应该在成分上做适当调整，使其成分与制砖黏土的化学成分相当。当污泥与黏土按重量比 1：10 配料时，污泥砖可达到普通红砖的强度。将污泥干燥后，粉碎成制砖的粒度要求，掺入黏土与水，混合搅拌均匀，制坯成型焙烧。

一般情况下，污泥焚烧灰的成分与制砖黏土成分接近，制坯时只需添加适量黏土与硅砂，比较适宜的配料重量比为焚烧灰：黏土：硅砂＝100：50：（15～20）。利用污泥焚烧灰制砖，焚烧灰的化学成分与制砖黏土的化学成分是比较接近的，制坯时应加入适量的黏土与硅砂。最适宜的配料比（重量比）约为焚烧灰：黏土：硅砂＝100：50：15。有报道昆明工贸有限公司于2000年投资1 200万元，引进国内先进技术，研究生产出优质的人造空心砖。

这种轻型砖与传统的黏土实心砖相比，具有轻质、高强度、保温隔热、抗震等功能，在该产品材料中，活性污泥占30%～40%，用这种陶粒空心砖代替普通黏土烧结实心砖，既可节约土地，又节约能源及钢材，降低污染，提高综合效益，变废为宝，利国利民。

6.6.4 替代沥青细骨粒

沥青混合物中必须加入细骨粒才能增强沥青的黏度、稳定性和耐久性等。日本1997年开始探讨用污泥灰的可行性，替代沥青细骨粒的部分功能。日本东京下水道局用下水道污泥燃烧得到的灰代替沥青细骨料，为下水道污泥灰的回收再利用指明了一条新路。经实验分析，加入了污泥灰的沥青混合物，其各方面性能与传统的材料制成的混合物相同。平均每年节约成本1 000万日元，减少9t二氧化碳的排放。

为了提高沥青混合物的黏度、稳定性和耐久性等，要向其中添加细骨料。目前，一般多用石灰石粉末做细骨料，东京开始探讨改用下水道污泥灰的可行性。经分析，加入了污泥灰的沥青混合物其各方面性能和传统材料制成的混合物相同。

6.6.5 生产陶粒

利用污泥作主要辅助原料生产节能型人造轻集料陶粒。污泥扣除烧失量后其化学成分与黏土相近，理论上可代替黏土参与陶粒的配料。目前，国内研究者研制了污泥—粉煤灰陶粒、污泥—黏土超轻陶粒等。其主要工艺过程为：粉煤灰（黏土）、脱水污泥、外加剂→配料→混合均匀→造粒→干燥→预烧→烧结→冷却→产品。

1994年，美国威斯康星isconsin公司建成世界上第一家利用城市污泥主原料为粉煤灰生产陶粒的工厂年产量约10万m³，由于产品质量好，得到政府和污水处理厂补贴，企业经济效益和社会综合效益很好。到2002年年底，美国已建成同类工厂6家，欧洲和日本也正在建设利用污泥生产陶粒的工厂。我国广州华穗轻质陶粒制品厂自2000年起利用猎德、大坦沙污水处理厂产出的污泥作主要辅助原料生产超轻陶粒，产品质量好，生产成本低，企业经济效益好，获得圆满成功。此法在高温下焙烧，可彻底消除污泥的各种污染，有效保护生态环境、水质资源和土地资源，并生产出使用价值高的节能型新型墙体材料—陶粒，适应市场需求，企业经济和社会效益好，发展前景广阔，应大力推广。

6.6.6 其他建材材料

污泥熔融制得的熔融材料可以做道路建设衬垫材料，如路基、路面、混凝土骨料、地下管道衬垫等，相比以往的处理方式（例如焚烧污泥灰渣作原料），具有明显优势，其投资小、成本低、污泥热值可以得到充分利用；利用有害的城市垃圾焚灰和污泥制成有用的建筑材料生态水泥，不仅生态水泥混凝土的流动性较好，凝结时间较短，析水率较小，这些性能均有利于混凝土的施工作业；微晶玻璃类似人造大理石，外观、强度、耐热性均比熔融材料优良，产品附加值高，可以作为建筑内外装饰材料应用。

利用有害的城市垃圾焚灰和污泥制成有用的建筑材料，不仅有效地利用了再生资源，而且对环境保护来说无疑是一大贡献。

6.7 其他污泥资源化技术

6.7.1 利用海水的磷资源化技术

日本北九州市1995年利用靠近海边的优势开发了消化污泥脱水分离液（富含磷）和（富含镁）混合制磷镁胺肥料的技术（又称MAP法）。在一般采用活性污泥法的污水处理厂里，浮上浓缩后的剩余污泥和重力浓缩后的初沉污泥经厌氧消化后，消化污泥脱水得到的脱水污泥用做肥料或填埋，而得到的脱水分离液再次返回水处理系统进行处理。由于脱水分离液中含高浓度的磷，使处理水中磷含量增加，排放后会造成水体的富营养化。利用含丰富镁成分的海水与脱水分离液反应制得磷酸镁胺肥料，反应的方程式为：

$$Mg^{2+} + NH_4^+ + PO_4^{3-} \rightarrow MNH_4PO_4 \cdot 6H_2O \text{（MAP）}$$

MAP提取后的水中，磷含量大大减少。该法与活性污泥法组合可使排入水体中的磷含量减少20%。回收的MAP中，磷酸含量30%，氮含量5%，镁含量15%，可作有效的磷酸型肥料。若在MAP中再投加一些钾成分，就可得到更高质量的肥料，施用于农田、花园、草坪等。

6.7.2 污泥制动物饲料

污泥中含有大量的有价值的有机质（蛋白质和脂肪酸等）。例如，含有28.7%～40.9%粗蛋白，26.4%～46%灰分，26.6%～44%纤维素和0%～3.7%脂肪酸，其中70%的粗蛋白以氨基酸的形式存在，以蛋氨酸、胱氨酸、苏氨酸和缬氨酸为主，各种氨基酸之间相对平衡，是一种非常好的饲料蛋白。但是采用何种技术，如何将污泥中的营养成分转化为饲料蛋白，目前研究的还不够深入，长期利用污泥蛋白产生的有毒物质在动物体内的累积，造成的潜在危害和长远影响还有待于进一步研究。

6.7.3 污泥制活性炭或炭化污泥

污泥中含有大量的有机物，其含量随社会发展水平而增高。它具有被加工成类似活性炭吸附剂的客观条件。由污泥活性炭制得的吸附剂对COD及某些重金属离子有很高的去除率，是一种优良的有机废水处理剂。用过的吸附剂如不能再生，可以用做燃料，在控制尾气条件下燃烧，原污泥中的有害因子同时被彻底氧化分解。污泥制活性炭的研究在我国刚刚起步，许多方面的工作还有待深入。

此外，近年来日本还开发了制炭化污泥的方法，如将污泥隔绝空气，在还原条件下加热，是污泥中20%左右的有机物质炭化，这种炭化污泥与木炭类似，具有以下特性：密度小、质量轻；空隙多，比表面积大；润湿时可吸附污泥体积30%～40%的水分；良好的脱色除臭性能；吸收太阳光热量的效能高；富含热值；适合微生物在其表面生长。目前，炭化污泥已用作土壤改良剂，提高农作物产量，或用作污泥脱水助剂，改善污泥脱水性能以及用作废水脱色除臭剂等。

6.7.4 污泥制石油化工原料

日本九州大学研究了在亚临界条件下从污泥中回收石油化工产品的方法。首先在亚临界、铁催化剂的作用下，于250℃反应生成丙酮、丁酮，所使用的铁催化剂价格便宜、易于被磁选回收。再用价廉的沸石做催化剂生成苯、甲苯和二甲苯。该法不用化石燃料就可生产石油化工产品，在生产过程中不排放 CO_2，并使污泥量大大减少。

6.7.5 制作饲料添加剂

实践证明，把污泥资源用于畜牧业生产具有广阔的前景，其既是处理处置污泥的有效方法，也是优化农村经济发展的基本要求。伴随着社会的进步，人类对肉蛋奶等的需求不断增长，这就要求畜牧业发展稳定生产。然而，畜牧业产出地的资源有限，制约了畜牧业的生产，而城市污水处理厂污泥资源的部分有效成分恰恰可以弥补畜牧业产出地的有限资源，污泥中所含有的特殊生物（如细菌、原生动物、后生动物、藻类等），其体内含有丰富的蛋白质，这些生物蛋白质经过一定工艺技术提取后，可把其作为动物饲料的添加剂，是价值较高的可利用资源，在一定层面上促进了畜牧业的生产。对污泥中所含的特殊生物的进行了加工，提取出蛋白质，并对这些可以作为动物饲料添加剂的蛋白质的可行性进行了验证分析。研究表明，污泥中含有大量的蛋白质，丰富的脂肪酸，其中28.8%～40.8%的干污泥量是粗蛋白，28.8%～40.8%的干污泥量是纤维素，3.8%左右的是脂肪酸，剩下的是灰分。以蛋氨酸、胱氨酸、苏氨酸的形式存在的占粗蛋白的70%，可将其加工成含蛋白质的饲料，与粮食混合后饲养家禽。还可以用污泥养殖蚯蚓、提炼动物用维生素 B_{12}。除此之外，剩余沉淀物中的重金属含量很低，符合国家相关要求。把污水处理厂污泥中的生物蛋白质提取分离加工成产品用于动物饲料的添加剂对于畜牧业发展具有优越性，符合营养学和安全性两个方面的相关要求，促进了畜牧业的发展，巩固和发展了污泥资源循环利用的好形势。

保定市污水处理总厂环保局开发出了用污泥养蝇蛆，生产动物蛋白饲料的方法。蝇蛆食性杂，污水处理厂的活性污泥是蝇蛆的一种很好的饲料。一对蝇蛆在适宜的条件下5个月内能繁殖190亿头，生产数百吨粗蛋白，其营养成分完全可以和鱼粉媲美。

6.7.6 污泥合成燃料技术

城市污泥中含有大量的有机物，占70%～80%，脱水污泥发热量也很高，我国部分城市污泥的热值见表6-6。利用坝煤50%、消化污泥35%、添加剂（含固硫剂）

15%配制的合成燃料，其热效率比坝煤热效率高1 471%，环保测试结果表明，炉渣含碳量、二氧化硫排放量、林格曼黑度等级均比坝煤低。另外，污泥具有黏结性能，活性污泥作为黏结剂将无烟粉煤加工成型煤，而污泥在高温气化炉内被处理，防止了污染；污泥作为型煤黏结剂，可改善在高温下型煤的内部孔结构，提高型煤的气化反应性，降低灰渣中的残炭。研究表明，污泥添加量为2%（干基），白泥添加量为3%（干基）时，所制型煤抗压强度、跌落强度、热稳定性与白泥型煤相当，且污泥型煤无二次污染，其气化成分符合氨原料气的要求。

表6-6 我国部分城市污泥的热值

污泥源	污泥种类	挥发性固体（%）	热值（kJ/kg）	
			干基	无灰基
天津	初沉	45.2	10.72	23.7
纪子庄	二沉	55.2	13.3	24.0
污水厂	消化	44.6	9.89	22.2
上海东区污水处理厂	剩余污泥		21~25	

经该技术合成的燃料燃烧产生的烟气，可以通过常规的气体净化装置去除其中的酸性气体及其他大气污染物，为污泥处理提供了一条新的途径。

6.7.7 污泥制取吸附剂

近年来，一些学者研究发现，来源于污泥热解的衍生材料可以作为很好的吸附剂，我国学者也从污水污泥中制取了吸附材料，一般的工艺过程如图6-3所示。

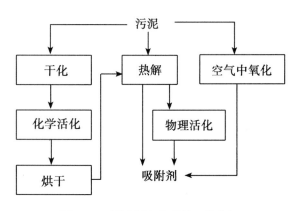

图6-3 污泥制取吸附剂工艺流程

从工艺过程可知，污泥制取吸附剂的途径有3条，针对不同的污泥、所制吸附剂的不同用途，可相应采用不同的制取方法，而不同的制取方法所产生的吸附剂的性能差别很大，一般所制得的吸附材料性能为：化学活化＞物理活化＞空气中氧化。影响吸附剂性能的主要因素有：活化药剂的种类、浓度、热解时间、热解温度和活化温度等，例如利用污泥制取的吸附材料性能（表6-7）。

表6-7 污泥衍生吸附剂性能（物理活化，炭化温度500℃）

性能项	吸附剂	性能项	吸附剂
压伸压力（kg/cm）	60~70	碘值（mg/g）	248
强度（%）	22	比表面积（m²/g）	705
容重（g/L）	579	微孔（m²/g）	203
水容重（%）	59	总孔（mL/g）	0.39
苯吸附（%）	27	中孔（mL/g）	0.05
硫容量（mg/g）	767	微孔（mL/g）	0.25

对于该种吸附剂的应用，由于其中含有大量的重金属的氧化物，致使其不但可以作为吸附剂，同时也是良好的催化剂，所以虽然从相关参数上比较其不如商业活性炭，但应用效果却与商业活性炭效果接近，甚至有时会超过活性炭。有学者正在从事这方面的研究，通过化学活化法，选取氯化锌作为活化药剂，在不同的活化温度、药剂浓度及不同的热解条件下，获得的吸附材料经过SEM电镜微观分析和ASAP2010表面分析，相应的性能参数与商用活性炭相比很接近。利用制成的吸附剂对有机和无机有害气体的净化研究正在进行，实验室初探效果显著。

6.7.8 其他利用途径

从污泥中提取出微生物絮凝剂，不仅可用于油水分离，还可用于去除污水中的悬浮物、有机物。污泥中的有机物具有较高的热值，且具有一定的黏结性能。特别是活性污泥可作为黏结剂将无烟粉状煤加工成型煤，而污泥在高温气化炉内被处理，防止了二次污染。在高温下，污泥作为黏结剂可改善型煤的内部孔结构，提高型煤气化反应性，降低灰渣中的残炭，提高炭转化率。

污泥既是黏结剂，又起了疏松剂的作用，且污泥热值也得到充分利用。为生化污泥处置和利用，提供了一条新途径，提高了炭转化。同时，污泥的热值也得到了利用。

6.8 污泥资源化存在问题

随着社会的发展进步，人们环境保护意识的不断提高，国家环境法律法规的不断完善，国内外对资源的需求量的不断增长，大力发展循环经济，开发利用城市污水处理厂污泥资源将成为循环经济发展的重要方面，开发和利用低成本、高效率、环境污染小的资源已经成为社会的基本需求。资源的开发利用需以经济、安全、合理、有效、有益为准绳，实现其经济价值、科技价值和生态价值的共同进步，是促进污泥资源发展利用的具体体现。

处置与处理城市污水厂污泥，是长期以来一个值得深入研究的课题，其最佳的处置途径是无害化资源化和能源化，最终为城市污水厂如何处置与处理污泥找到一条化害为利、变废为宝的科学出路，从而实现经济效益与社会效益的同步增长。目前，用于城市污水厂污泥资源化利用技术如低温热解制油技术、堆肥土地利用技术等都是比较好的资源化利用技术，它们充分利用污泥中有机物质含量高的特点，不仅可以解决污泥的出路问题，还可以产生大量的有用物质，节省了大量土地面积，是适合我国国情有前途的污泥资源化方法。我国污水处理率不断提高，随之产生的污泥量不断加大。作为一类二次资源，污泥含有丰富的营养物质和可用的无机组分，应在兼顾环境效益、社会效益和经济效益的前提下，尽可能加以资源化利用。污泥资源化处理和利用是我国污水处理厂可持续发展的根本出路和必然选择，同时也是我国环境保护产业的大势所趋。选择何种污泥资源化技术，应综合考虑该地区污水处理的工艺特征、污泥性质以及行业需求。目前，我国污泥资源化技术研究尚处于探索阶段，仍存在一些问题，如若真正实现污泥资源化应用，首先应不断加强技术探索；其次政府应在政策上加以正确引导，在经济上给与适当补贴，促进我国污泥资源化技术快速成熟，成为一种充满朝气的环保产业。

6.8.1 政策问题

国家计委、建设部、国家环保部《关于推进城市污水、垃圾处理产业化发展的意见》拉开了产业化发展的序幕，并为各项具体政策的制定提供了依据。污泥资源化是人类社会推进生物资源循环利用，实现经济的良性循环发展，创造人与和谐的都市生态环境建设的重要内容。国外一些发达国家已将污泥资源化列为重要目标，通过建立资源利用，限制填埋、焚烧等法规促进污泥资源化产业的发展。美国、澳大利亚、德国、加拿大等发达国家的污泥资源化率均已超过 50%。为了保障污泥处理处置按照规划目标稳步推进，一些国家制定了相应的管理措施：国外在相关法规制定中，对于污泥污染控制设备和管理方式制定了高标准的要求。例如，针对填埋要求，设计地下水监测装置，以鼓励污泥回收利用的研究和推广；建立特殊的污泥管理基金，用于资助那些主动收集利用污泥工厂的建设和设备更新；在国家污泥管理政策中制定灵活、积极的税收政策和经济手段，针对污泥产生、回收、利用的系统制造者、收集者、处理者、回收利用者、污泥产品的购买者，采用不同的税收方式和经济政策以建立一个有利的市场和环境；国家和各级地方政府，都负有制定相应污泥管理计划的责任和义务，国家统筹规划，各级地方政府主要关注当地的实际情况；加强公众的宣传教育，获得人们的理解和支持，有助于污泥产品的推广和使用，并使得公众自觉地加入到污泥治理的行列中来。

在我国要牢固树立和落实科学的发展观，解放思想，改变观念，切实推进污泥资源化设施建设、运营的市场化进程。改革现有的管理体制和价格机制，根据国家开放市政基础公用设施建设与运营的有关政策，鼓励外资与民企并购国企或购买股权经营污水处理及污泥资源利用，鼓励各类所有制经济参与投资和经营管理体制，实现污泥资源化设施建设的投资多元化、运营企业化、管理市场化的开放式、竞争性的建设运营格局。

政府行使环境产权必然以污泥零排放为最高目标，制定与落实各项相关政策，推动污泥资源化产业的发展，发挥政府的服务与监督职能。政府为提高公用事业的效率和服务质量，保障公众利益及特许经营者的合法权益，促进公用事业发展，根据政府职能向"服务、监督"转变的发展方向，按照"政府引导、市场化运作、产业化发展"的思路，通过市政公用设施特许经营授权及签署特许经营合同，明确政府和企业之间的相互责任与利益，切实发挥政府的服务与监管职能，强化企业在市场经营活动中的主导作用，科学区分污泥无害化处理与资源化处置的政策界线。在污泥资源化水平较低的运营初期，要保证由财政污泥处理专户支付的污泥高温好氧堆肥消毒处理费用，实现污泥的稳定化、无害化处理，努力实现固废治理与资源化的协调发展及相互促进，利用价格杠杆与相关政策，不断提高污泥的资源化率，促进公用市政设施建设运营投融资体制改革。

我们不能单纯计算污泥处理处置与污泥资源化补贴政策的到位所拉动吨水处理成本的提高，或与低水平污泥处理处置成本作简单对比，因为后者是以成倍加大环境外在性成本为代价的。污水处理费源于民，用于民，收了人民的钱为人民办事是政府应当坚持的基本准则，也是人民政府的基本职能与应尽的责任。城市污水处理厂及污泥的处理处置其市政公用设施的社会公益性体现了城市居民的利益，居民为此支付税费（排污费、垃圾费等）；否则，其结果只能以牺牲环境为代价，最后损害的是社会公众的长远利益和城市整体投资环境。

在技术政策层面，把污泥资源化放在首位，坚持污泥综合处理的发展方向，根据不同工艺制定"鼓励生物资源化"、"推荐其他方式的资源化"、"允许稳定化、减量化、无害化处理处置"、"限制生污泥填埋、非标外运、排放"和"禁止净泥直排"等技术政策，并与污泥补贴数额、按污染物排放当量收费直接挂钩，利用政策与经济杠杆促进技术进步，从根本上杜绝污泥对环境的二次污染。

由于历史与体制的原因，我国排水行业历来"重水轻泥"，污泥的处理处置问题始终没有得到妥善解决，直至构成严重的环境二次污染。"重水轻泥"的错误认识与实践导致城市污水处理厂的污泥得不到及时有效的处理处置，或直接外运，或非标填埋，或直接排入海、江河，造成严重的环境二次污染，大大弱化了污水净化厂的环境功能，成为新的环境污染源。泥水并重对策的提出与实践，就是要坚持污水处理与污泥处理。同步规划、同步设计、捆绑招标、同步施工、同步验收、同步运营的方针，严格执法，杜绝非标排放；坚持中水与污泥资源化并举的方针，采取多种方式，经济的，荣誉的，政策的，市场的，积极鼓励使用资源化产品。

在产业政策层面，污泥资源化产业的制度设计和相关政策，要充分体现全面、协调、可持续的科学发展观，促进循环经济的发展，维护生态平衡。从宏观上要设计合理的规章制度和科学的政策导向，坚持政府服务、监督与市场化运作并举的方针，积极推动污泥资源化产业的健康发展；微观上，制定科学合理的污泥处理处置价格，利用价格杠杆，实现固废处理和资源利用的动态平衡，限制高耗能、高污染的干化、焚烧、填埋处置方式。

逐步提高排污费是建立城市污水处理厂运营投资补偿机制的首要前提和基本保障，明确将污泥处理处置的运营费用列入排污收费列支范围，坚持成本准入的原则，切实保障处理经费的及时支付。由于缺乏有效的监督管理机制，各级政府挤占、挪用污水处理费的现象屡屡发生。国家对污水处理费的用途早有明确规定，只能用于污水处理（包括污泥处理）的运行开支，不包括再建投资。由于我国目前大多数城市的污水处理收费标准偏低，收取率不高，需要根据项目的实际情况逐步实现污泥的经济价值，以此为基础建立起科学的价格补偿机制。即：在投资、运营保本微利的原则下一次承诺，分期兑付。污泥补贴基数低于测算值或社会平均物价水平时，随污水处理费上调按比例调整，随污水、污泥处理量增加按比例调整，随物价上调按比例调整，要保证污水处理和污泥处理设施的同步运行，特别是对于以资源化为目标的污泥处理设施，应予以重点保证与支持。

污泥后处理运营成本及资源化处置价格的确定基于以下因素：当地污水收费现行标准及未来调价空间；污水处理费的收取率；污水处理厂运营管理体制；污水处理成本；污泥含固率；污泥初级产品的终端市场接受价格；污泥发酵填充物料价格及来源；当地劳动力价格；投资回报期望值。具体来讲，污泥补贴价格制定应遵循的原则是：成本准入，合理收益、节约资源、促进发展，由政府财政部门会同监管部门负责制定或调整。污泥的后处理成本应当包括成本、税费和利润 3 部分。由于污泥资源化产品享受国家免征所得税（5 年）和增值税的优惠政策，从生产之日起，前 5 年计价范围仅包括成本与利润两部分。

6.8.2 环境问题

城市生活污水、污泥是大工业的产物，是城市发展过程的衍生物，是城市生态环境的重要组成部分。阿根廷世界环境与发展大会通过的《布宜诺斯艾利斯宣言》警示人类的生存必须建立在环境与发展协调的基础上，即发展要注意保护环境，发展不能以损害环境为代价。用生态理论与科学发展观反思我国固体废弃物处理处置稳定化、减量化、无害化的基本方针，不难看出，认知固废的角度和相应采取的策略存在着较大的偏差。尽管可能与我国目前的经济发展水平相适应，但总体判断是消极的，把经济发展与环境保护对立起来作为一个国家的产业政策甚至是有害的。对城市污水污泥来讲，"减量化"与"稳定化"是手段，"无害化"是其直接目的。手段的失效，目的就无从谈起。考证厌氧消化—填埋、热干化—焚烧等常规的处理处置方式，其处理过程及剩余物处置无法实现污泥的最终无害化处置。因此，资源化是污泥最彻底、最安全、最经济的处置方式。

按照生态理论的观点，污泥是生物圈有机质链条的重要组成环节，长时期缺失（焚烧、填埋）将导致区域生态的失衡。《污水污泥使用或处置的标准》（美国联邦法规总则中的第 40 项），于 1993 年 3 月 22 日实施。首次将污泥定义为"生物固体"：生物固体是污水处理后产生的一种可以有益回收再利用的初级有机固体产品。随着人们生活水平的提高，污染总量的加大，对环境标准的要求将会越来越严格，从而也使治污成本迅速上升，进而加大能耗，增加环境和社会负担。我们必须考虑到社会总支出和环境保护的协调，以及社会和环境的承受能力。不能一方面不计成本追求污泥处理处置的"绝对安全"，另一方面由于能耗的加大与成本的上升造成新的消耗性污染。

可持续发展的社会在技术和经济上都是可能的。资源化是处理处置过程的统一，处理是为了利用，结果决定过程。因此，资源化真正实现了污泥的无害化处置。把资源化放在首位的观点是人类对自然本质的感知。坚持资源化为主的方针，促进循环经济建设，维护区域生态平衡，本着节俭、安全、环境、资源的方针，选择市场化、产业化的发展道路，以科学、公平、持久的态度对待污泥的处理处置。

污泥走资源化道路，必须考虑产品的环境安全性，即不发生重金属等有害物质的二次污染问题。从我国具体情况来说，目前污泥的土地利用是最为可行、最为现实的利用方法，污泥肥效相当于优质的农家肥，但重金属是限制污泥大规模土地利用的最重要因素。一般地，生活污水污泥养分较高，重金属主要以 Zn、Cu 为主，其他金属含量较低。污泥的多数重金属是由工业污水带入的，如皮革行业污水中含有较高的 Cr，电镀污水中含较高的 Cd，冶炼制造行业含较高的 Pb，塑料行业含较多的 Hg。如果能从源头治理，严格控制进入城市污水处理系统的工业废水的排放量和排放标准，从而使污泥中重金属的含量低于国家有关规定，就可以大力开发利用污泥生产有机肥料，既可解决大量污泥的处置和环境问题，又可改善我国大面积农田有机肥缺乏的状况，对于实施绿色农业、生态农业有重要意义。建议有关部门对此予以重视，同时需要科研部门、环保部门和排放废水的企业等各个环节通力合作，才能实现这一目标。

目前，重金属是限制污泥大规模土地利用的最重要因素。重金属不像有机物可以通过降解除去，其溶解度一般很小，在污泥中性质较稳定，较难去除。这些重金属随污泥进入土壤，长时间积累就可能对环境造成一定的危害。因此，应尽可能减少其在污泥中的含量。目前，主要通过化学和生物学两种方法来降低污泥中的重金属含量，生物学方法相对投资费用低，易于操作，具有较为乐观的应用前景。污泥的资源化利用和环境风险受到气候条件、土壤性质、植物种类、污泥性状和用量以及研究对象等多因子的影响，是一个多元系统中的复杂问题，因此污泥使用时应考虑污泥的数量和质量、土地条件及环境监测等。我国缺乏一套较为完善的污泥土地利用技术规范，尤其对污泥及施污泥土壤中有机污染物的研究较少。这种现状不利于污泥土地利用的规范化管理和土壤生态环境的保护。

污泥在土地利用前虽经过了高温堆肥处理，但其中的重金属较难除去。施入农田后重金属会通过食物链富集，国内许多研究者的研究结果都表明，长期施用污泥的土壤种植的粮食、蔬菜均受到一定程度的污染。在目前污泥中的重金属含量难以有效控制的情况下，污泥的林地和市政绿化利用是一种合理的利用方式。林地、园林绿地使用污泥可促进树木、花卉、草坪的生长，提高其观赏品质，同时又避开了食物链。随着城市绿地的扩大和生态环境治理要求的不断提高，利用污泥生产的有机肥是很有发展前景的。

由于污水来源于生活污水和工矿废水，污水污泥的有害成分是非常复杂的，污泥中潜在的二噁英污染物引起了人们的关注。最近的研究表明，焚烧过程的排放构成了环境中二噁英的本底来源，除此之外，二噁英还主要来源于废水处理（包括生活污水和工业污水）形成的污泥，并且污泥中二噁英含量较高。鉴于二噁英的毒理特征，以往的二噁英污染事件及我国对污泥的处理方式，急需查明堆肥与填埋处理污泥中的二噁英现状，并以次为依据制定二噁英的排放标准及其在环境中的限额。

6.8.3 市场问题

污泥资源化产业的发展在很大程度上取决于其资源化产品的最终出路。不能把政府引导、市场化运作片面理解为由市场承担资源化产品的最终处置和出路的全部责任，而应当是政策与市场共同努力的结果。政府负有政策引导和制度设计的责任。一般讲，企业市场经营目标与政府环境保护要求存在着现实冲突，政府除了通过法规与契约来限制企业可能对环境的损害性排放，但仍然不能绝对避免企业为了追求利润而做出损害环境的行为，在制度设计层面只有基本满足经营者的合理利润需求的法律规范才是有意义的。

市场本身没有为环境保护提供强有力的制度保证。因此，单纯依靠市场机制确定产品价格只能反映边际私人成本而不能反映边际社会成本，不能实现资源的优化配置。国家必须采取适当的经济政策对生产活动进行干预，结合经济活动中的环境外部效应，确定恰当的边际社会成本，减小乃至消除边际私人成本与边际社会成本之间的差距。我们要把污泥资源化产品的最终处置纳入政策法规和利益调节机制，而绝非是单纯就污泥补贴的讨价还价，最终伤害的仍然是环境和社会公众利益。

生物固体资源化的事实不能完全代替无害化处置的可能。事实与可能之间的差距是由于污泥有害物质及肥料市场的不确定性及污泥资源化的比例受到客观因素限制所造成的。例如，由于污泥一定时期的有害成分超标，不适于资源化；又由于肥料销售的季节性以及市场变化等等，都会影响污泥的资源化效果。因此，百分之百资源化的提法是不科学的，以强调市场化而推卸政府的职能是不负责任的。要从政策导向与制度设计层面解决资源化产品的出路问题。以产品销路来简单判断资源化的有效性的观念应当改变。资源化的首要目的是固体废弃物处理，政府的政策导向与制度设计要符合这样一个需求。国内外都是如此。资源化产品要以政府购买为主，指令性把资源化产品与城市绿化结合起来，与城市建设结合起来，与生态恢复结合起来。资源化与经济效益要以无害化为前提，其处理结果不一定仅仅以肥料产品的方式销售，至少可以实现卫生填埋（减量、稳定）。山西沃土生物有限公司把污泥资源化概括为 3 个方面：农业利用、土地利用和建筑材料，努力实现资源化基础上污泥环境的零排放。

总体而言，污泥是一种很有利用价值的潜在资源，目前已开发了多种资源化利用方法，无论哪种方法都存在利弊，应根据本地区的技术水平、经济状况和污泥性质来确定最佳方案。

7 污泥资源化工程案例

随着污泥量的不断增大，各国都会根据各自的地理环境、经济水平、技术措施和交通便捷等因素制定适合自身国情的污泥处理方法。环境标准越来越严格，所以污泥处置总体上是朝着以废治废和变废为宝的资源化道路发展。污泥经过浓缩、脱水、消化、堆肥、干化等工艺处理达到减量化、稳定化和无害化的过程就称之为污泥处理，而通过土地利用、焚烧发电及综合利用使污泥能够达到长期稳定并对生态环境没有造成不良影响的最终消纳方式，则称之为污泥处置。我国污泥处理处置的常规工艺流程（图7-1）。

根据《城镇污水处理厂污泥处理处置污染防治技术政策（试行）》污泥减量化、稳定化、无害化和资源化要求，及我国污泥处置技术实际发展情况，目前通常采用的污泥资源化方法有混合堆肥、高温好氧堆肥、生产沼气、建材利用和焚烧发电等，最终的资源化处置方式主要有土地利用和干化焚烧发电等。

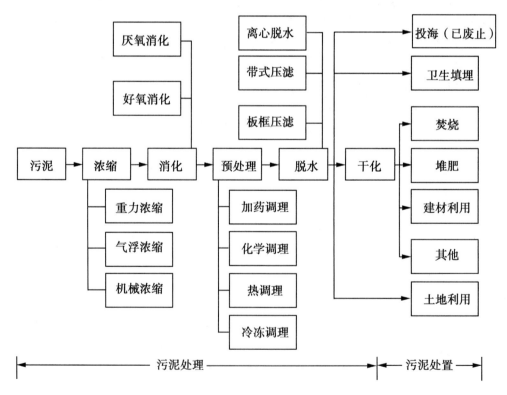

图7-1 污泥处理处置常规工艺流程

7.1 污泥与垃圾混合堆肥

堆肥是指将污泥等有机废弃物在一定的条件下（如 pH 值、C/N、通气、水分、温度）进行好氧堆沤，使之转化成类腐殖质的过程。污泥经堆肥化后，病原菌、寄生虫卵等几乎全部被杀死，重金属有效态的含量也会降低，营养成分有所增加，污泥的稳定性和可利用性大大增加。有研究对比，堆肥前后污泥中有毒有机物含量发现，污泥中有毒有机物的降解率平均在 60% 以上。一般污泥经过堆肥化处理后，水浸提态重金属的量会减少，即生物有效性重金属减少，因此可通过控制污泥堆肥条件来提高污泥堆肥的质量。随着污泥处理技术的发展，污泥堆肥化的工艺也在不断发展更新，现在多采用污泥和垃圾或秸秆、树叶等复合堆肥的方法，其稳定效果更好。

7.1.1 混合堆肥工艺

污泥与垃圾堆肥法是通过机械设备对污泥和垃圾混合物料进行好氧性高温发酵，再自然堆放厌氧中温发酵的一种方法，主要包括污泥和垃圾前处理、好氧高温发酵、厌氧中温发酵、后处理等部分。

污泥与垃圾前处理：城市垃圾由有机废物和无机废物组成，有机类废物主要由食品垃圾、园林垃圾、各种纸制品、塑料、橡胶和皮革制品、纺织制品等组成，无机类废物主要由玻璃和陶瓷制品、尘土、碎砖、乱石等组成。根据统计和实测资料数据，城市垃圾中有机物和无机物之比一般为 55∶45 左右。有机物可分为易被生物降解的物品（食品垃圾、动物垃圾等）和不易被生物降解的物品（纸制品、塑料、纺织制品等），用于混合堆肥的垃圾最好以易生物降解的有机物垃圾为主，不易被生物降解的有机物及无机物在垃圾前处理过程中要去除掉。经过前处理的垃圾，其颗粒直径不大于 15mm，含水率 30%，孔隙率 45% 左右，才可用作污泥的分散剂，掺入污泥中进行混合堆肥。城市污泥有机物含量 50% ~ 60%，C/N 比一般在（10 ~ 20）∶1 的范围，经脱水后其含水率为 70% ~ 80%，是生产肥料的极佳原料。但污泥的含水率高、黏性大、无结构强度，如不掺入分散剂改变其性能，空气难以进入，不易进行好氧发酵。因此，用污泥生产堆肥，必须使用适当的分散剂，以增加其结构强度，提高其孔隙率。污泥和垃圾的前处理，实际上是以垃圾用作污泥的分散剂，混合均匀，进入后续工艺。污泥与垃圾混合质量比为 3∶7，混合后最佳含水率为 45% ~ 55%。在实际应用中，可通过检测混合物料的含水率，来调整污泥与垃圾的混合质量比。

好氧高温发酵：好氧高温发酵系统采用达诺（Dano）式滚筒发酵工艺。经处理后的混合物料进入达诺式滚筒。在运行过程中，滚筒不断转动，使筒内混合物料进行一系列的物理作用和生物作用，即一边混合摩擦一边发酵。在发酵的初期，中温微生物（嗜温菌，最适宜生长温度 25 ~ 45℃）比较活跃，担负了有机物的分解代谢。这些嗜温微生物在转化微生物的过程中产生生物热，加之混合摩擦产生的机械热，使滚筒内温度迅速升高，运行 10h 左右，可达到 60 ~ 70℃。嗜温微生物受到抑制甚至死亡，由高温微生物（嗜热菌、放线菌等）取而代之。此时，除了易腐烂有机物分解外，一些较难

131

分解的有机物也逐渐被分解，腐殖质开始形成，混合物料初步稳定化。经过高温后，混合物料需氧量逐渐减少，温度也继续下降，嗜温微生物又开始活跃起来，继续分解有机物并使混合堆肥腐熟。实践证明，混合物料温度达到 50 ~ 70℃ 时，可杀灭其中的寄生虫卵、病原微生物和杂草种子，满足我国混合堆肥卫生标准（GB 7959—87）的要求。达诺式滚筒在运行过程中的需氧量，通过鼓风机供给，保证反应所需的氧量不低于氧扩散控制条件（$O_2 \geqslant 10\%$），通气量以 $4.0 ~ 6.0 m^3$ 空气／（m^3 堆肥·h）为宜。滚筒内的温度通过排气通风方式控制，当温度超过 70℃ 时，启动鼓风机通风，带走热量，使温度下降到 50℃ 时停止通风。由于微生物的活动产生热量，使温度上升，至 70℃ 时重新通风，循环至后期。达诺式滚筒发酵工艺运行周期 3 ~ 5d，可完成中温—高温—中温的发酵过程。

自然堆放厌氧中温发酵：经达诺式滚筒好氧发酵后的物料自然堆积（每堆物料质量约 30 ~ 50t），将剩余的可分解有机物缓慢氧化，这期间物料内部属于中温厌氧发酵。完全稳定与腐熟所需要的自然堆放厌氧中温发酵周期为 20 ~ 25d。污泥与垃圾的混合物料通过好氧高温发酵和自然堆积中温厌氧发酵后，成熟的堆肥呈黑褐色，无臭味，蚊蝇及虫类不繁殖，致病菌及物料中的植物种子被有效地杀灭与破坏，含水率 30% 左右，C：N ＝ （30 ~ 40）：1，质量减少率在 20% ~ 30%，体积减少 30% ~ 40%。

堆肥的后处理：熟化后的物料经过筛选、造粒、烘干、大包等过程，完成污泥与垃圾混合堆肥工艺的全过程。

7.1.2 甘肃省某市污水处理厂污泥处理工程

甘肃省某市污水处理厂日处理污水 $3.0 \times 10^4 m^3$，污泥产量约 18t/d，含水率 75%，运往市垃圾处理厂进行混合堆肥生产。垃圾处理厂的规模为 200t/d，混合堆肥生产规模为 50t/d，每天收集的垃圾出一部分用于堆肥外，其余作为卫生填埋。

垃圾与污泥的前处理，由混合污泥与垃圾数量确定，按照污泥与垃圾的质量比 3：7 计算，处理 18t 污泥需要的垃圾量为 41t，则混合物料总质量为 59t。在堆肥的过程中，由于温度升高、水分蒸发等因素的影响，质量减少率在 20% ~ 30%，故若达到混合堆肥 50t/d，物料总质量约需 65t（其中，污泥量 18t、含水率 75%；垃圾量 47t、含水率 35%），混合物料含水率 46%。收集到垃圾处理厂的城市垃圾先堆放在干化厂风干 1 ~ 2d，由机械铲车将干化后的垃圾堆放到垃圾斗，通过板式给料机（1 台、规格 10t/h、功率 7.5kW），连续均匀地输送到磁选机（1 台、功率 4.0kW），分选出的废金属回收，经磁选后的垃圾由皮带输送机（1 台、规格 10t/h、功率 5.0kW）送到垃圾滚筒筛（1 台、规格 10t/h、功率 7.5kW），将大颗粒物料（≥50mm）选出，经消毒后卫生填埋；小于 50mm 的颗粒垃圾用皮带输送机（1 台、规格 10t/h、功率 5.0kW）送到破碎机（1 台、规格 10t/h、功率 5.0kW）；破碎后的垃圾颗粒直径为 10 ~ 15mm，再由皮带输送机（1 台、规格 10t/h、功率 15kW）送到滚筒混合机（1 台、规格 15t/h、功率 10kW）。

在好氧高温发酵阶段，混合均匀的物料用皮带输送机（1 台、规格 10t/h、功率 5.0kW）送到达诺式滚筒（3 台、规格 180mm、长度 36m、功率 45.0kW），连续运行 72 ~ 96h 后，送往堆场。达诺式滚筒内物料的充满度为 80%，配离心式鼓风机（2 台、

1 用 1 备、风量 20m³/min、风压 350kPa）供氧和通风，供氧量以 5.0m³ 空气/（m³ 堆肥·h）计算。

在厌氧中温发酵阶段，经过达诺式滚筒发酵后的物料用皮带输送机（1 台、规格 10t/h、功率 5.0kW）送到堆场，进行厌氧中温发酵，周期为 25d。每天一堆，其尺寸为长 × 宽 × 高 = 7.0m × 7.0m × 1.5m，堆场面积约为 1 600m²，长款各取 40m。

在混合堆肥的后处理阶段，后处理的目的是对堆肥进一步加工，使之成为粒状产品，以供市场的需要。主要设备有皮带输送机（1 台、规格 10t/h、功率 5.0kW）、滚筒筛（1 台、规格 10t/h、功率 7.5kW）、造粒机（1 台、规格 10t/h、功率 22.0kW）、烘干机（1 台、规格 10t/h、功率 18.0kW）、冷却机（1 台、规格 10t/h、功率 15.0kW）、自动包装机（ZCS50 - 1 型）。污泥与垃圾混合堆肥工艺如图 7 - 2 所示。

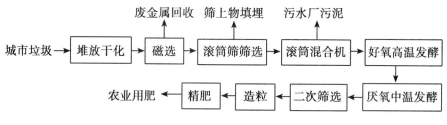

图 7 - 2　污泥与垃圾混合堆肥工艺流程

7.2　污泥好氧堆肥

污泥好氧堆肥是指在有氧条件下，好氧细菌对污泥进行吸收、氧化、分解。微生物通过自身的生命活动，把一部分被吸收的有机物氧化成简单的无机物，同时释放出可供微生物生长活动所需的能量，而另一部分有机物则被合成新的细胞质，使微生物不断生长繁殖，产生出更多的生物体的过程。在有机物生化降解的同时，伴有热量产生，因堆肥工艺中该热能不会全部散发到环境中，就必然造成堆肥物料的温度升高，这样就使一些不耐高温的微生物死亡，耐高温的细菌快速繁殖。生态动力学表明，好氧分解中发挥主要作用的是菌体硕大、性能活泼的嗜热细菌群。该菌群在大量氧分子存在下将有机物氧化分解，同时释放出大量的能量。

据此，好氧堆肥过程应伴随着两次升温，将其分成三个阶段：起始阶段、高温阶段和熟化阶段。在起始阶段，不耐高温的细菌分解有机物中易降解的碳水化合物、脂肪等，同时放出热量使温度上升，温度可达 15 ~ 40℃；在高温阶段，耐高温细菌迅速繁殖，在有氧条件下，大部分较难降解的蛋白质、纤维等继续被氧化分解，同时放出大量热能，使温度上升至 60 ~ 70℃，当有机物基本降解完，嗜热菌因缺乏养料而停止生长，产热随之停止，堆肥温度逐渐下降，当温度稳定在 40℃，堆肥基本达到稳定，形成腐植质；在熟化阶段，冷却后的堆肥，一些新的微生物借助残余有机物（包括死后的细菌残体）而生长，将堆肥过程最终完成。

7.2.1 河北保定污水厂制造有机复合肥工程

河北有保定市排水总公司下辖银定庄和鲁岗 2 个污水厂，日处理污水 $16 \times 10^4 t$，年产含水率为 75% ~ 80%，湿污泥 $2.7 \times 10^4 m^3$，其处理规模为 $8 \times 10^4 t/d$，污泥产量为 $40 m^3/d$，湿污泥泥质分析如表 7 – 1 所列。污水处理工艺流程如图 7 – 2 所示。

表 7 – 1 湿污泥泥质分析

有机质/%	N/%	P_2O_5/%	K_2O/%	含水率/%
40 ~ 60	2 ~ 5	2 ~ 4	1 ~ 2	70 ~ 80

此种湿污泥还含有致病菌、寄生虫卵等有害菌种，无论消化与否，若不经进一步妥善处置，都将造成环境异味、病菌扩散、水体污染等多方面的二次污染。因此，污泥处置成了困扰污水处理行业多年的大问题。若在工业废水的源头即工业企业内部控制其重金属污染源达标排放（二级标准），一般城市污水厂的污泥重金属不会超标（《农用污泥质量标准》GB4284—84），在此情况下利用污水厂污泥制造复合有机肥成为可能。

遵照开发就是资源，趋利更应避害的原则，该公司组织了技术人员，研究开发了"利用城市污水处理厂污泥制造有机复合肥"的项目。在此项目通过了河北省科技厅组织的技术鉴定后，公司于 2000 年建成了污泥处理中试车间并开始试生产。根据年产污泥量及当地农民使用肥料情况，又上了一套年产 5 000t 的有机复合肥生产线，湿污泥烘干选用内部带破碎轴的滚筒烘干机，边破碎边烘干，以提高烘干效率。干污泥粉碎多采用链条式破碎机或锤式破碎机，但这两种设备产生的粉尘较多，所以要有除尘系统。原料经圆盘造粒机、低温烘干机造粒烘干后，通过多级冷却筛分机筛成不同粒径的颗粒装袋，以满足不同客户的需求，生产工艺选用湿污泥烘干、圆盘造粒工艺，流程如图 7 – 3，图 7 – 4 所示。

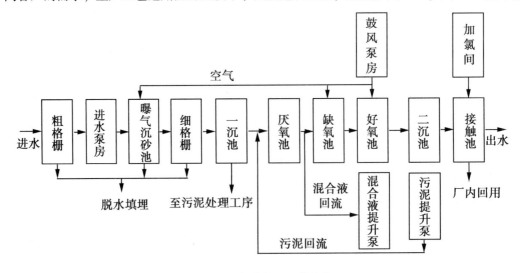

图 7 – 3 污水处理工艺流程

该公司分别开发生产了玉米（表 7 – 2 至表 7 – 3）、小麦（表 7 – 4 至表 7 – 5）、棉

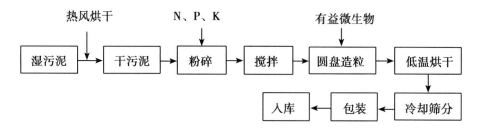

图7-4 污泥制造有机复合肥生产工艺流程

花（表7-6）等，利用专用有机复合肥分别做了田间试验。

从表7-2、表7-3可看出，使用有机复合肥效果最好，玉米穗粒数增长11.5%，干粒质量增长11.6%，亩（1亩≈667m²。全书同）产增长20.7%，而且玉米籽粒重金属含量增加极少，故用污泥制造有机复合肥是安全的。

表7-2 玉米干粒质量、穗粒数比较

处理	污泥	有机复合肥	化肥	不加
粒数/个	513	544	525	488
穗粒数增长/%	5.1	11.5	7.6	—
干粒质量/g	289.7	308.6	299.4	276.6
干粒质量增长/g	4.7	11.6	8.2	—
苗产/kg	892	978	954	810
苗产增长率/%	10.1	20.7	17.8	—

注：以上数值均为平均值，下同

表7-3 玉米籽粒中污泥元素含量分析

处理	污泥	有机复合肥	不加	结果判定
Hg/（mg/kg）	0.006	0.005	0.004	合格
As/（mg/kg）	0.17	0.14	0.14	合格
Cd/（mg/kg）	0.022	0.020	0.019	合格

表7-4 小麦干粒质量、穗粒数比较

处理	污泥	有机复合肥	化肥	不加
株高/cm	80.6	85.1	81.7	75.8
穗粒数/个	36.1	40.2	38.4	32.7
穗粒数增长率/%	10.4	22.32	20.25	—
干粒质量/g	38	38.8	38.5	37.2
干粒质量增长率/%	2.15	4.3	3.50	—
苗产/kg	336.1	385.1	369.2	267.0
苗产增长率/%	26.0	44.2	38.4	—

表 7-5　施用肥料后小麦籽粒中污染元素含量分析

处理	污泥	有机复合肥	不加	结果判定
Hg/（mg/kg）	0.004	0.003	0.003	合格
As/（mg/kg）	0.14	0.08	0.08	合格
Cd/（mg/kg）	0.020	0.016	0.015	合格

从表 7-4 和表 7-5 可看出，小麦与玉米在施用有机复合肥后情况相同，产量增加且重金属含量没有超标。

表 7-6　棉花田间施用有机复合肥效果

处理	污泥	有机复合肥	化肥	不加
铃/%	4.76	5.01	5.00	4.32
衣分/%	38.0	38.8	38.6	36.9
色泽	同前	乳白、有光泽、有少量淡黄色	同前	同前
水分含量/%	4.6	4.6	4.6	4.6
纤维长度/mm	32.0	33.0	33.0	31.5
亩株数/株	3 200	3 200	3 200	3 200
亩产皮棉/kg	55.4	61.7	61.2	46.1
增产率/%	20.2	33.8	32.7	—

从棉花田间施用有机复合肥效果可以看出（表 7-6），有机复合肥施用效果与无机复合肥的效果基本相同。但施用有机复合肥可减少施用无机化肥对土地的负面影响，且有机复合肥肥效性长，连年施用效果更佳。

该生产线运行数年来，也发现和改进了不少问题。根据实践经验归纳如下：

（1）污泥烘干问题

① 在北方地区若有场地可直接晾干，即将场地硬化后建设晾晒场，按当地的蒸发量及降雨量计算确定场地的大小。晾晒的环境条件较为恶劣，但生产每吨干污泥的成本较低，可控制在 150 元以内。

② 采用污泥与粉碎后的农作物秸秆掺混进行高温发酵。一般发酵周期为 7d，秸秆掺混以 C∶N =（30~40）∶1 为宜，此方法可使污泥中的有机质进一步稳定，并有一定的杀菌作用。水分可降至 30% 左右，适宜于有秸秆资源的地区，但需有性能稳定的发酵翻堆设备作支持。

③ 利用热风炉产生的高温烟气将含水率小于 80% 的湿污泥一次烘干至含水率小于 13% 的干污泥，此类加工设备要求带边烘干边破碎的功能以增加污泥与热风的接触面积，提高热效率，并使烘干污泥的颗粒变小（≤3mm），方便利用，若采用燃煤为热源的烘干设备蒸发每千克水能耗为 5 000kJ 左右，保定市污水处理总厂与某单位联合开发的燃煤型高湿物料烘干机蒸发每千克水，能耗 5 500kJ，每吨干污泥（含水率 13%）消耗燃料价值 280 元。国内干燥设备的污泥烘干成本与所选用燃料类型关系较大。以煤

为燃料的烘干设备污染较为严重，但对污水处理厂可利用处理后的再生水，选用湿式水膜除尘，在除尘用水中加入液碱及吸附剂，可去除燃料燃烧过程中产生的 SO_2、粉尘等大气污染物质及在湿污泥烘干过程中产生的臭味。湿污泥经烘干后可变为大小较为均匀地小颗粒，对有机质含量较高的污泥在湿式尾气处理设备前的烟道，增设旋风集料装置以回吸更细小的余料。热风炉干燥设备的进风温度控制在 ≤800℃，出风温度控制在 ≤160℃，干污泥的出料温度 ≤60℃，以减少高温对污泥中植物营养元素及有机质的破坏作用。

关于污泥干燥过程的尾气处理，按实践经验宜采用高温烟气冷凝降温，去掉其中的水分后再经生物过滤塔过滤除臭，即可达到环保排放要求。

（2）粉尘二次污染问题

以干污泥为原料制肥的生产工艺按产品外观的不同有两种工艺。圆盘造粒工艺（生产球粒肥料），工艺流程如图 7 - 4 所示；挤压造粒工艺（生产柱状肥料），如图 7 - 5 所示。

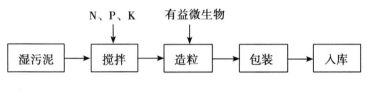

图 7 - 5　挤压造粒工艺流程

因挤压造粒对物粒细度的要求比圆盘造粒低，一般原料（$\phi4mm$）不需粉碎，在造粒过程中不需加水，能省掉造粒后的烘干设备，所以挤压造粒工艺的设备投资比圆盘造价低，但因挤压造粒成型模具易损，因为费用较高；挤压造粒工艺较圆盘造粒成本略低。对于圆盘造粒的生产线，粉尘主要产生于污泥粉碎、混合及圆盘造粒的过程中，可用引风机通过排气管、排气罩将尘源产生的粉尘引入除尘室，用布袋除尘或电除尘的方法来解决。

7.2.2　上海市程桥污水处理厂的好氧堆肥工程

程桥厂设计污水处理量 $0.5 \times 10^4 m^3/d$，实际污水处理量 $0.31 \times 10^4 m^3/d$。污水来源主要是生活污水，采用二级生化处理工艺（表曝活性污泥法）。

程桥水质净化厂污泥为初沉池污泥和剩余活性污泥的混合污泥，有机物含量一般在 65% ~70%，高于市中心城区其他水质净化厂。污泥中氮含量为 5.44%，磷含量为 3.21%，钾含量为 0.51%。重金属含量一般均符合《农用污泥质量标准》（GB 4284—84）的要求，仅铜、锌有时微量超标，这与上海土壤本底中铜、锌含量有时也微量超标基本相同。污泥中含有大量的细菌和大肠菌群等致病菌，若要达到资源化利用，首先必须无害化。

由于污泥好氧发酵工艺是脱水污泥后增加的一道工艺，鉴于污泥好氧发酵进料与管路安排等因素的考虑，将发酵主题设备安排在脱水机房与污泥堆棚的南面，原污泥堆棚放置进料斗等附属设施，这样选址管路不知路线短、运行管理方便、对周围影响小，从工艺上讲是合理可行的。图7-6为程桥污水厂好氧堆肥的发酵设备。

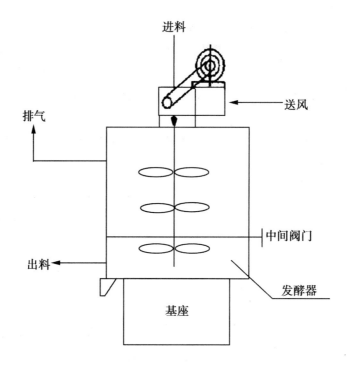

进料

送风

排气

中间阀门

出料

发酵器

基座

图7-6 程桥污水厂好氧堆肥的发酵设备示意图

脱水污泥通过不锈钢螺旋输送管进入输送料斗，辅料通过刮板输送机后补的料口进入刮板输送机与输送料斗内的污泥混合送入2.5t/d的发酵机进行一次发酵，发酵过程中产生的臭气由抽风机集中抽出后经生物—化学除臭塔除臭后达标排放，一次发酵成品由皮带输送机送入发酵袋继续二次发酵。

程桥水质净化厂的污泥好氧堆肥工程表明，采用封闭式好氧发酵工艺处理污泥是可行的，在设备正常运转的情况下，可解决程桥厂污泥的无害化、稳定化及污泥出路的难题。

经过生产实际应用，污泥（80%含水率）处理成本为300元/t（不计折旧），在龙阳路绿地、外环绿地等应用，有较为稳定的销售渠道，可部分回收运行成本。

7.2.3 北京密云污水处理厂的好氧堆肥工程

密云县污水处理厂是密云唯一一家污水处理企业。该厂是为适应密云生态精品卫星城总体规划要求而设立的企业，日处理污水能力4.5万t。

由北京市环境保护研究院、密云县联合承担的城市污水污泥生产有机复合肥示范工程，设计、研制了动态发酵器，并进而提出了以污泥动态发酵器为核心的污泥复合肥新工艺路线，在国内城市污水处理厂建立了第一条生产复合肥装置。并且自1996年12月运行以来，该设备状态稳定可靠，取得了明显的经济效益。

不同的污水处理厂，其污泥成分有一定的差异，表7-7是北京密云污水处理厂的污泥成分。

表 7－7　北京密云污水处理厂的污泥成分

污泥来源	养分含量/%				污染物含量/（mg/kg）		
	有机质	氮	磷	钾	汞	铅	镉
北京高碑店污水处理厂	42.9	3.5	2.0	1.0	1.3	0.01	0.13
北京密云污水处理厂	48.1	4.2	1.7	1.1	0.1	0.37	0.50
农用污泥中有害物质限量标准（GB 4284—84）		15	1 000	20			

由污泥制造有机复合肥的工艺流程如图 7－7 所示。

针对北京密云污水处理厂的污泥，试验了 3 种污泥加工制肥的方法，生产了 4 种型号的污泥肥（结果见表 7－8）：方法 1，人工堆放发酵，风干生产污泥有机肥；方法 2，机械发酵，生产污泥颗粒肥；方法 3，投加化肥生产污泥颗粒有机复合肥。

如表 7－8 所示，在密云复合肥厂设计了 A、B 两种配方，采用圆盘造粒法生产了一批污泥有机复合肥。经在小麦、油菜、玉米等作物上施用，结果表明：配方 A 增产效果最好，且污泥消纳量大，已被密云复合肥厂采用，年产几千吨污泥复合肥。

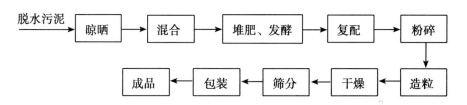

图 7－7　有机复合肥的生产工艺流程

表 7－8　用污泥生产有机复合肥的配方及营养含量

污泥及化肥用量（100kg）			养分含量/%			物理性状	
类别	配方 A	配方 B	类别	配方 A	配方 B	测定项目	配方 A 与配方 B
磷酸二胺	39.2		总氮	10.5	6.5	水分	≤18%
硫铵		23.8	总磷	9.7	7.3	pH 值	≤8
氯化钾	7.5	4.4	总钾	4.4	2.6	粒度（1～4mm）	80%
过磷酸钙		35.2	N，P，K	24.6	16.4		
发酵污泥	53.5	36.6	有机质	25.5	17.5		

按密云污水处理厂日处理污水量为 3 万 t，剩余污泥每天 5～6t（干物质），原污泥含水率为 80%～85%，经干化厂晾晒至含水率 50%～60%，进入高效滚筒污泥堆肥装置，堆肥周期 5d 来进行费用计算。出堆经配料加入氮肥、磷肥及钾肥、调整肥分比例，

然后经搅拌、造粒、干燥、包装等工序制成产品。计算结果如表7-9和表7-10所示。

表7-9 污泥预处理成本

项目	费用	备注	项目	费用	备注
电费/（元/d）	12.00	假设每度电费为1元	小计/（元/d）	136.52	
折旧费/（元/d）	94.52	按10年折旧，每年365d	污泥成本/（元/t）	27.30	每天5t干污泥
人工费/（元/d）	30.00	2人，每天15元			

表7-10 复合肥生产线成本

项目	日费用	项目	日费用
电费/（元/d）	80.00	小计/（元/d）	456.52
燃料费/（元/d）	75.5	其他费用/（元/d）	91.30
折旧费/（元/d）	151.52	复合肥加工成本/（元/d）	109.56
人工费/（元/d）	150.00		

为了验证所制污泥肥的肥效，在大兴县进行了冬小麦田间施肥试验，在北京市农林科学院进行了油菜、玉米盆栽施肥试验。试验结果表明，当冬小麦播种前每1hm²（$\frac{1}{15}$hm² = 666.67m²）施肥量为40kg时，用3种方法生产的4种污泥肥（用人工堆放发酵生产的污泥有机肥）都有明显的增产效果（表7-11）。油菜、玉米盆栽试验的结果相似，见表7-12。上述试验结果与用未加工的原（鲜）污泥施肥的增产效果相似。

表7-11 集中污泥复合肥对冬小麦的增产效果

肥料种类	使用量/（kg/hm²）	平均亩产/kg	较对照增产/（kg/hm²）	增产幅度/（kg/hm²）	每千克肥料增产/kg
对照组	0	155.6			
商品复合肥	40	225.0	69.4	44.6	1.74
磷酸二铵	20	238.3	83.2	53.4	4.16
污泥有机肥	40	198.6	43.0	27.6	1.07
	80	235.6	80.0	51.4	1.00
污泥颗粒肥	40	214.3	58.7	37.2	1.46
	80	264.4	105.0	369.4	1.36
污泥复合肥A	20	293.6	138.0	88.7	6.40
	40	243.6	188.0	120.8	4.70
污泥复合肥B	20	208.3	52.7	33.8	2.63
	40	233.4	77.8	50.0	1.95

表 7 - 12　几种污泥肥对油菜、玉米生长发育的影响

肥料种类	油菜			玉米					
	地上部鲜重/(g/株)	增加值		株高/(cm/株)	增加值		茎周长/(cm/株)	增加值	
		g/株	%		g/株	%		cm/株	%
对照组	7.06			24.00			1.55		
商品复合肥	14.17	7.11	100.7	27.93	3.93	16.4	1.84	0.29	18.7
污泥有机肥	10.60	3.54	50.1	25.25	1.25	5.2	1.76	0.21	13.5
污泥颗粒肥	13.07	6.01	85.1	26.68	2.68	11.2	1.78	0.23	14.8
污泥复合肥 A	14.25	7.19	101.8	30.59	6.59	27.4	1.78	0.44	22.1
污泥复合肥 B	13.18	6.12	86.7	28.4	4.40	18.3	1.99	0.32	20.6

注：每个数值为播后 30d，每处理 10 盆（10 株）的均值

7.2.4　台州路桥污水处理厂污泥好氧堆肥资源化利用工程

路桥污水处理厂位于台州城区东南郊，一期工程占地约为 4.75 hm²，设计处理能力为 4×10^4 m³/d，原水主要为生活污水，有少量工业废水。采用奥贝尔氧化沟处理工艺，工程总投资为 9 157 万元（其中，污水处理厂区为 5 129 万元，排水管网及提升泵站为 4 028 万元）。该工程于 1999 年 11 月开工，2001 年 12 月 30 日竣工并投入运行。该污水处理厂二沉池的剩余污泥经浓缩、脱水后泥饼的含水率为 80%，污泥量约为 30m³/d。由于污水管网采用分流制（包括小区域合流制），沿途无含重金属等有害物质的工业污染源，故具备资源化利用的条件。

（1）污泥处理工艺的确定

根据该污水处理厂污泥的特性及环保要求，采用好氧堆肥处理工艺，稳定化处理后应达到《城镇污水处理厂污染物排放标准》（GB 18918—2002）的相关规定，具体指标：处理后污泥含水率 < 65%、有机物降解率 > 50%、蠕虫卵死亡率 > 95%、粪大肠菌群值 > 0.01。好氧发酵污泥可用于生产有机肥，其氮、磷、钾含量 > 6%，有机质 > 30%，符合农业部的行业标准《生物有机肥》（NY 884—2004）和《复合微生物肥料》（NY/T 798—2004）的要求，其目标市场为用作大田农作物、城市园林绿化基肥，用于土壤改良与生态修复；还可以添加无机化肥生产复混肥，其氮、磷、钾含量 > 15%，有机质 ≥ 20%，符合《有机—无机复混肥料》（GB 18877—2002）的规定，其目标市场为用作经济作物、园林绿化的基肥。

（2）污泥处理工艺流程及设计参数

污泥好氧堆肥工艺流程如图 7 - 8 所示。

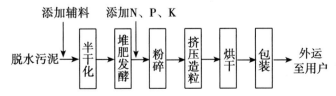

图 7 - 8　污泥好氧堆肥工艺流程

污泥处理过程的相关设计参数见表 7 – 13。

表 7 – 13　污泥处理过程的相关设计参数

项　目	数　值
污泥量/（m^3/d）	30
脱水污泥含水率/%	≤80
掺添加剂/%	10
进仓含水率/%	50 ~ 60
堆肥体积/m^3	134.4
通风量/（$m^3 \cdot m^3$堆体/min）	0.25 ~ 0.5
C/N	25：1
有机质含量/%	20 ~ 60
温度/℃	55 ~ 70
发酵周期/d	21
出仓含水率/%	35 ~ 40

（3）带式污泥干燥设备

根据污泥堆肥的要求，控制进仓污泥含水率是污泥堆肥成功的关键步骤。为此，该污水厂自主研制了一种自然蒸发干燥处理设备，即带式污泥干燥机，具有操作简单、安全、高效、节能、环保等优点。经过半干化处理后污泥可直接进入发酵仓进行发酵。

带式污泥干燥装置的核心部件由上、中、下三层排列的运输带组成。运输带由较大孔隙的不锈钢滤带制成。脱水污泥由螺旋输送机送至上滤带，经翻泥装置处理后部分干燥的污泥在上输送带尾端被投到中输送带上，再由中输送带的尾端投到下输送带上，然后继续向前输送至出料口。各输送带均配有调速电动机。在上输送带上方安装抽风装置，可抽吸干燥空气，使空气从装置的下部进入，贯穿整个输送带。当空气穿流铺设在输送带上的污泥时，带走污泥内的水分，同时一部分热空气通过风道系统回流至干燥装置，以达到节约能耗的目的。外设有焦炭反射炉，输入所需的热能，但最高温度不应超过65℃，以强化污泥干燥效果。经此设备处理后，污泥含水率降为50% ~ 60%。

（4）堆肥过程控制

堆肥过程控制根据其温度变化特点分4个阶段。

第一阶段：为微生物培养期，在此阶段微生物活动能力较弱，产热量较低，在保持堆体具有一定氧气浓度的前提下通风量应适当，在1 ~ 3d内温度可达15 ~ 40℃。

第二阶段：为快速升温期，随着微生物活动能力的增强，分解有机物产生大量热量，堆体升温速率明显加快，致使堆温上升非常迅速，可达50 ~ 65℃。在此阶段应根据堆体的升温情况适当调节通气量，一直维持堆体较高的氧浓度，还应对堆体进行翻抛，以使堆体上下均匀。经过3 ~ 5d可杀灭各类病原菌及寄生虫卵达95%以上。

第三阶段：为高温控制期，在这一阶段既要维持堆体高温，又要防止堆体过热而降低微生物的活动能力。通过间歇强制通风能够取得较好的发酵效果，而通气量和通气时间必须控制在比较合适的范围内。此时应进行第二次翻抛，以使堆体物料更均匀。

第四阶段：为降温腐熟阶段，在此阶段重点调节通气量以冷却堆体和去除过多的水分。腐熟的物料含水率以 30% ~ 40% 为宜，如果含水率 < 30% 就会出现粉尘。经过 7 ~ 9d 平均温度保持在 55℃ 以上的发酵，大部分有机物已被降解，由于有机物的减少及代谢产物的累积，微生物的生长及有机物的分解速度减缓，发酵温度开始降低，此时有机质基本稳定。

（5）工程设计

①干燥机厂房

采用钢结构屋架，1 座，建筑尺寸为 15m × 7m，柱顶高为 4.5m，屋顶用彩钢板。

②发酵仓

采用钢结构屋架，两侧为砖混结构，1 座，屋顶为彩钢板，柱高为 5m。建筑尺寸为 30m × 18m，分 4 个仓，地下铺设通风管道。

③仓库

采用钢结构屋架，四周为砖混结构，1 座，柱高为 4.5m，建筑尺寸为 30m × 12m。

④鼓风机房

采用砖混结构，1 座，建筑尺寸为 8m × 3.6m。

⑤原料仓库

采用砖混结构，1 座，屋顶为钢结构，屋檐标高 4.5m，建筑尺寸 23m × 10m。

⑥管理房

采用砖混结构，1 座，建筑尺寸为 8m × 3.6m。

（6）成本与效益分析

①成本分析

污泥好氧堆肥的处理成本见表 7 - 14。

表 7 - 14　污泥好氧堆肥的成本分析

项目	原材料	能耗	工资	折旧	维护费	包装费	管理费	合计
费用	132	92	33	26	5	25	9.39	322.39

注：堆肥处理成本以每吨堆肥成品为单位

②效益分析

产品销售收益：目前，堆肥产品可销售给台州市园林管理处和台州市路桥区园林管理处。堆肥产品的出厂价格为 600 元/t，有机肥生产能力为 3 500t/年，总销售收入为 210 万元/年。

污泥补贴：污泥处理的补贴折算到污水处理费用为 0.07 元/m³，污泥处理补贴为 100 万元/年，综合以上两项年收入为 310 万元/年。

税收及附加：根据财政部和税务局的有关政策，污泥堆肥系列产品享受免征增值税 3 年的优惠，3 年后可继续申请续批。此外，根据国家有关规定，从事固体废弃物处理的环保项目暂不征收所得税，故污泥肥料所得税按零计。

社会效益：污泥堆肥产品在城市园林绿地施用可明显促进树木、花卉及草坪的生长，明显改善土壤物理化性质。施用一个生长季节后，土壤表层存留的 N、P、K、有机质等均随污泥堆肥产品施用量的增加而增大，土壤密度下降，持水量、孔隙度及渗水率有所增加。

总的来说，台州路桥污水处理厂在污泥脱水后增设半干化、污泥好氧堆肥工艺，既达到了污泥无害化、减量化、稳定化的目的，还可在此基础上进行资源化利用，这对提高污水处理厂周边乃至台州市路桥区的环境质量均起到积极作用。

7.2.5 沈阳北部污水处理厂污泥资源化处置工程

沈阳市每天产生污水 150 万 t，其中北部污水处理厂日处理污水 33 万 t，每天产生脱水污泥 200t 左右（含水率 80%）。随着城市的发展和设备及管网进一步完善，五年内沈阳北部污水厂将实现满负荷（40 万 t/日处理污水能力）运转，每天产生脱水污泥 250t 左右（含水率 80%）。

工程设计污泥处理量 250t/日（80% 含水率），年处理 9 万 t 脱水污泥，产成品肥 18 360t。工程采用 SACT 连续式曝气堆工艺。主要处理设施包括混料车间、一次发酵车间、二次发酵车间、营养土仓库、制肥车间、成品仓库。工程的污泥无害化稳定处理满足中华人民共和国国家标准《城镇污水处理厂污染物排放标准》（GB18919—2002）要求，制得有机肥料满足《有机—无机复混肥料》（GB18877—2002）标准的相关要求。

连续式曝气堆工艺（SACT）原理属于污泥好氧发酵理论范畴。好氧发酵过程是有机物在有氧的条件下，利用好氧微生物所分泌的外酶将有机固体废物分解为溶解性有机物质，再渗入到细胞中。微生物通过代谢活动，把其中一部分有机物氧化成简单的无机物，为生物生命活动提供所需的能量，另一部分有机物转化为生物体所必需的营养物质，形成新的细胞体，使微生物不断增殖，其机理如图 7 - 9 所示。

好氧发酵反应是利用微生物使有机物分解、稳定化的过程，因此微生物在好氧发酵过程中起着十分重要的作用。好氧发酵微生物可以来自自然界，也可利用经过人工筛选出的特殊菌种进行接种，以提高反应速度。好氧发酵微生物主要有细菌、真菌和放线菌等，而在好氧发酵过程中微生物的数量和种群不断发生变化。

好氧发酵过程大致可分为升温、高温、降温和腐熟阶段。初期常温细菌（或称中温菌）分解有机物中易分解的糖类、淀粉和蛋白质等产生能量，使堆层温度迅速上升，称为升温阶段；但当温度超过 50℃ 时，常温菌受到抑制，活性逐渐降低，呈孢子状态或死亡，此时嗜热性微生物逐渐代替了常温性微生物的活动。有机物中易分解的有机质除继续被分解外，大分子的半纤维素、纤维素等也开始分解，温度可高达 60 ~ 70℃，称为高温阶段。温度超过 70℃ 时，大多数嗜热性微生物已不适宜，微生物大量死亡或进入休眠状态，制肥过程在高温持续一段时间后，易分解的或较易分解的有机物已大部分分解，剩下的是难分解的有机物和新形成的腐殖质。此时，微生物活动减弱，产生的热量减少，温度逐渐下降，常温微生物又成为优势菌种，残余物质进一步分解，制肥进入降温和腐熟阶段。

与其他形式的好氧发酵工艺相比，SACT 连续式曝气堆工艺具有如下特点：堆垛下布设曝气管路和空气扩散装置，强制向堆垛曝气，促进发酵过程实现，提高了反应速

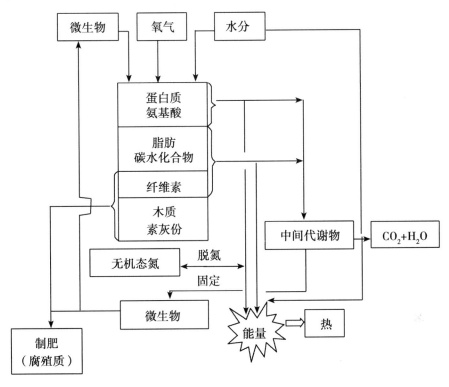

图 7 - 9　好氧发酵机理图

度；在翻堆机的作用下，实现物料的同方向移动，达到连续进出料的效果，适应大规模工业化处理；可控性和可靠性好，适用于各种地理环境和气候条件下使用。

以沈阳北部污水处理厂污泥资源化处置工程为例，工艺流程简图如下（图 7 - 10）：

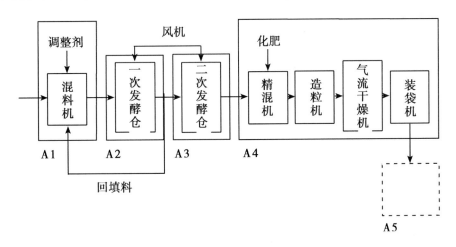

图 7 - 10　SACT 工艺流程简图

A1—混料车间　A2——次发酵车间　A3—二次发酵车间　A4—制肥车间　A5—成品库

145

将含水率80%的脱水污泥（250t/d），通过装载机装入混料车间的污泥配比输送机，与干物料、回填物及除臭剂作为调整剂按一定比例进入混料机混合，物料通过翻斗车输送到一次发酵车间，经过3~7d的静态发酵后进入二次发酵车间卧式发酵仓内，在发酵仓内强制通风使物料充分好氧发酵，同时通过翻堆机搅拌使其均匀发酵并且推动物料向前运动。经10~15d的时间发酵后物料的含水率已降至27%，干燥后的物料一部分作为回填物循环利用，一部分直接作为成品肥的原料用于制肥，或者作为营养土输出。这种营养土可作为土壤改良剂，可用于城市草坪、花卉种植、园林绿化、荒漠植被、荒山绿化等方面，又可以作为大田肥的原料，可以充分利用该营养土有机成分高等优点，也可根据土壤情况及农民的需要添加不同数量的N、P、K肥，制成复合肥。

沈阳北部污水处理厂污泥资源化处置工程主要工艺设施包括混料车间、一次发酵车间、二次发酵车间、营养土仓库、制肥车间、成品仓库。

混料车间（A1）：混料车间共一座，内设混料机、上料机各1台，前端装载机2台。

经过机械翻堆晾晒的含水率80%的污泥通过装载机输送进入混料车间专门贮存区内，装载机把专门贮存区内含水80%的污泥按照一定比例运送到上料料斗内。回填料通过自卸载重卡车运输进入专门贮存区内，装载机把专门贮存区内回填料按照一定比例运送到上料料斗内；干物料通过人工倒入上料料斗内。上料料斗在提升设备作用下沿轨道提升到设置在一定高度的混料机上，将调配好比例的物料倒入混料机，经过混料机内充分混合后，落料机构开起，混合好的物料落入混料机下方的自卸载重卡车上，运至一次发酵车间。混合设备有防止污泥黏结、堵塞，混合均匀的作用。

一次发酵车间（A2）：一次发酵车间共两座，车间一侧进出料、出料，每座车间分为4座发酵仓，每座发酵仓有效储存物料空间为9m×18m×2.5m，中间用隔墙隔开，混合好的物料在此可以停留4天。仓底铺设平面列管式二级曝气装置，与二次发酵车间共用风机系统供气。

二次发酵车间（A3）：二次发酵车间共两座。梁下高5m（局部高6.5m），发酵仓为地下1.5m。每座堆肥车间内设卧式快速发酵仓12座，两座堆肥车间共计发酵仓24座，仓底铺设平面列管式二级曝气装置。经过混合、一次发酵后的污泥达到适合堆肥的含水率50%以后，由自卸载卡车将物料运输并卸入各发酵仓内，每次布料时物料堆垛尺寸应基本满足5.2m×3m×1.4m，链条式翻堆机定期将物料翻堆、打散、前移，并使其从发酵仓入口向出口移动，发酵最高温度可达70℃，维持3d时间，污泥中的病原体、杂草种子等被杀死，经过12d的充分好氧发酵，污泥含水率降到27%左右，完全达到污泥减量化、无害化目的。每两座发酵仓设一台链条式翻堆机，污泥好氧发酵车间内还有曝气风机、阀门、流量计等附属设施，曝气量可根据发酵阶段调节。

制肥车间（A4）：由发酵仓出来的堆肥进入制肥生产线，与化肥通过精混机混合以后，进入造粒机造粒，造好的肥料进入气流干燥机干燥、干燥好的物料通过装袋机装袋，即为成品肥料。按复合肥标准要求，造粒后的颗粒肥进入气流干燥机中进一步脱出水分，达到商品肥要求。主要设备包括：化肥粉碎机、半湿粉碎机、混合机、螺旋输送机、湿法混合造粒机、皮带输送机、回转干燥机、风机、旋风除尘器、热风炉、冷却机、振动分级筛、颗粒提升机、装袋缝包系统。

成品仓库（A5）：按照可以储存15d的成品肥料设计。

综上所述，污泥好氧发酵机理是成熟的，但是规模化、工业化应用需要改进和细化。这就如同SBR、氧化沟、A/O等污水处理工艺是活性污泥法的发展、改进和创新。连续式曝气堆工艺强化核心反应过程，连续进出物料，可控、可靠的特点都为该工艺的推广应用提供的优势和条件。

沈阳北部污水处理厂是我国第一座采用连续式曝气堆工艺进行污泥无害化处理的超大型污水处理厂，积累了大型市政污水厂污泥无害化、资源化处置的经验，为今后污泥处置产业的发展、提供适合我国国情的技术示范做出了贡献，也为将来城市设置集中污泥无害化、资源化处置提供了技术选择。

7.2.6 加拿大多伦多市政大型污水处理厂污泥制造肥料工程

USFilter与西格斯吉宝科技集团合作赢得加拿大安大略省多伦多市兴建市政污泥干燥/造粒厂项目合同。污泥处理厂由两条处理线组成，独立运行，设计处理能力是每年处理25 000t（干固量）污泥。

作为污泥资源化利用计划的一部分，这个处理厂取代了原来焚烧污泥的多级焚烧炉。现行工艺与焚烧不同，污泥被一步干燥、灭菌和造粒，从而回收利用污泥中的可利用的有机成分和矿物质。处理的最终成品满足有机肥料的使用要求，符合EPA（美国环保局）40（CFR）503标准A级产品要求——无菌、不会吸引带菌者，重金属含量低。

污泥处理厂于1999年11月开始建设，共2条污泥干燥/造粒处理线；2000年全部安装完毕，2001年交付使用；2002年该厂的干污泥颗粒产品开始销售。污泥干颗粒作为农用肥料以及土地复耕计划的土壤改良剂，也作为肥料施用于苹果园、高尔夫球场、柑橘园和其他农场；另一些是包括冬季在当地没有市场需求的情况下装船运输到美国的佛罗里达作为柑橘园的基肥。

USFilter加拿大分公司和USFilter运行服务分公司作为该项目的主要承包商，实施完成该项目，西格斯吉宝科技集团提供该项目的技术包。USFilter/西格斯是7个竞标者之一，而且是其中唯一一家提供了简介干化系统地可靠、成功的运行业绩。为了赢得多伦多项目，USFilter加拿大公司不仅提供有竞争力的价格和可靠的技术，而且还要向当地的环境保护及政治团体证明该设施不会对环境造成负面影响，不会影响市容美观，也不会带来噪声等问题，并负责对最终产物进行资源化利用。

工程实例回顾了USFilter和西格斯吉宝科技集团如何满足多伦多市政府和居民所关注的技术、环境、生活质量等要求，建造和实施污泥处置厂并开始在市场上销售污泥干颗粒。该项目的成功因素涵盖面非常广，将就以下主要内容进行分析：选择适当的污泥问题解决方案采用先进、可靠的技术公众接受汲取大型项目的成功经验，污泥干颗粒资源化利用和销售，上述因素也是我国污泥处理市场健康发展的关键因素，这种经验对将来的选择恰当的污泥问题解决方案，为市场发展和项目进行提供帮助。

污泥是一种有潜在危险的物质，这是因为干污泥中一般含有65%的有机物和35%

的无机物；它的有机物组成部分就像一块充满着各种各样的细菌、病毒和寄生生物的蛋糕，病菌在其中大量繁殖；污泥中浓缩了锌、铜、铅和镉等重金属化合物，有毒的有机化合物，杀虫剂等，所有这些一旦进入食物链将会导致严重的健康问题。污泥处置任务也是同样艰巨的，这是因为污泥中的水分主要存在于生物细胞中，很难去除；污泥中的无机成分（例如砂粒）类似研磨剂，甚至含量很低时也会造成污水处理装置的严重磨损；污泥中含有氯化物和弱酸，具有腐蚀性，会降低设备的使用寿命。

多伦多工程实例同世界其他许多地区一样，在加拿大安大略省，填埋场的容量迅速增加。法律规定已经不允许将污泥倒入北美五大湖。在多伦多市，市政污泥一部分农用，一部分和其他（工业）废料一起在多级焚烧炉内焚烧。在当地居民担心自己的健康的压力下，2000年底灰桥（Ashbridge）海湾焚烧厂被迫关闭。污泥产量迅速增加，该地区选择了非常适合的解决方案——污泥干燥/造粒并同时产出巴氏消毒的产品的工艺。

采用先进的间接干燥系统和珍珠工艺™。间接干燥是指系统使用热传导介质将热能传导到生物污泥上。在西格斯污泥硬颗粒造粒珍珠工艺™中，污泥同传热介质没有直接接触。热油在水平放置的圆盘内循环流动，将热量通过圆盘传递给生物污泥，热油在一个闭式系统装置中循环。

近年来，公众的环境意识迅速提高，解答公众和社团所关心的问题对环保项目的成功实施也是极为重要的，该案例总结了USFilter加拿大分公司和西格斯吉宝科技集团如何成功与公众和社团沟通。多伦多市政当局从项目一开始就非常注重市民的需求和愿望。1998年在项目的初步要求中，市政府列出初步目标：通过环保经济的方式建造处理厂。该厂能生产有益的、可再利用的、有利用价值的生物污泥产品，并最大限度上让与项目有关的和产品最终使用者接受。现有的带有183m（600英尺）高烟囱的焚烧炉并不能广泛为人们所接受，原来准备用焚烧的方法处置污泥的方案最终流产了（主要是气味问题）；同时也提高了公众对气味问题的环境意识。当时政府决定推行硬颗粒造粒机作为活性污泥的处理方法时，它已经意识到公众强烈的参与意识。这个项目要让公众了解，参与其中，并使他们满意。

西格斯吉宝科技集团涉足污泥处置领域已经有几十年了，技术解决方案包括湿污泥处置、运输和储存、污泥稳定、干燥/造粒、焚烧等。第一套西格斯污泥硬颗粒造粒系统与1985年投入运行，从那时起西格斯吉宝科技集团污泥干燥的市场占有率急剧上升。2001年总装机容量大约为100t（蒸发水）/h。在北美，USFilter和西格斯吉宝科技集团合作与数个大型污泥处置项目（加拿大多伦多、美国芝加哥，处理脱水污泥1 000t/d），而且两家公司将更进一步在北美紧密合作。

1999年6月污泥干燥厂开始设计。在项目进行的初期，非常明确的一点是确保污染气流的量降至最低。由于西格斯污泥硬颗粒造粒系统在干燥过程中不需补充空气/气体，所产生的污染气体的流量非常低，因此，要实现这一点是没有问题的。

1999年11月，干燥厂开始建造。所有设备用集装箱装载船运至现场。这时多伦多已进入冬季，气候条件非常差，但现场安装人员克服了低温天气，并与2000年3月将2条处理线安装完毕，然后开始安装处理厂的其他设备和辅助设施，这座干燥厂于2000

年底建造完成。启动、检测、调试运行结束后，当地操作人员的培训也完成了，并与2001年3月生产出第一批污泥干燥颗粒产品。西格斯污泥硬颗粒造粒设施正在安装（2000年初）。

在污泥的最终诸多用途上，由于污泥干颗粒可以作为土壤改良剂和肥料在市场上销售，因此，土地施用是收益最大的。西格斯颗粒适用于土壤中能够改进土壤性能，因为干燥污泥中含有的养分是天然养料，如氮、磷和其他有价值的植物营养物；污泥中的有机物还能改善土壤结构、防止土壤侵蚀和提高保水能力。

肥料通常以NPK值做比较，污泥颗粒的常见NPK值如表7-15所列。

表7-15　不同污泥的肥力比较

颗粒的来源	污泥类型	有机物含量（有机干性成分）/%	NPK值
巴尔的摩（美国）	消化污泥	59	5-3-0,1
巴塞罗那（西班牙）	物理化学	61	5-7-0,2
布鲁日（比利时）	未消化污泥	57	4-2-0,2
多伦多（加拿大）	消化污泥	50*	3,5-5*

＊资料来源：多伦多污泥干颗粒销售保证值

为安全适用于土壤，污泥干颗粒必须符合严格的标准要求，包括杀灭病原菌。检测结果证明，施用西格斯污泥硬颗粒造粒机的热干燥技术是确保生产卫生、安全和稳定的干燥污泥的可靠方法；每个颗粒停留在处理流程中的时间足够长从而保证了污泥中的病原体降至难以检测的水平之下，甚至仓储1年后也为发现病原体再现的情况。由化学病理实验室提供的分析结果如表7-16所列。

西格斯污泥硬颗粒造粒机生产的颗粒属于A级，符合美国环境保护局503"污泥卫生化"的标准规定。如果重金属含量水平可以接受，颗粒可以作为肥料直接用于土地耕作而无需采取额外的限制措施。西格斯工艺生产的颗粒易于处置和播撒，在处置和运输过程中不会产生粉尘；可以在潮湿的环境下储存，并且比无机化肥的储存期长；在土壤中的停留时间长，植物可以长时间吸收营养的缓释肥。

表7-16　化学病理实验室的分析结果

微生物测验	测验结果 巴尔的摩颗粒/［CFU（菌落单位）/每克颗粒含固率95%］	测验结果 布鲁日颗粒（>1年以上）/［CFU（菌落单位）/每克颗粒］	测验结果 安特卫普颗粒/［CFU（菌落单位）/每克颗粒含固率97%］
细菌总量	3 500	4 600	1 400
大肠粪菌	< 10	< 10	< 10
粪链球菌	< 100	< 100	< 100
肠杆菌	< 100	< 100	
孢子菌	< 100	< 100	< 100
沙门氏菌	无/25g	无/25g	无/25g

污泥干颗粒作为肥料在市场上出售是污水处理厂的一项主要收入。近年来，北美的大部分污泥干颗粒其中包括西格斯巴尔的摩干燥厂的颗粒直接运送到佛罗里达州；另外，也不断在美国和加拿大开拓新的市场。美国南部，多年以来干颗粒直接供给柑橘园。其他的用途包括高尔夫球场、花卉业、草场、林业和土地复耕计划，例如废弃矿山的再利用和火灾区灾后重建。

在市场上能够销售污泥干燥厂生产出的颗粒是项目成功很重要的部分。在项目前期，USFilter加拿大分公司和多伦多市政府发布了一系列文件来解释什么是污泥干颗粒及其应用范围，土地施用需严格控制的是重金属浓度。相关部门对多伦多污泥的重金属浓度进行了多年的跟踪，与安大略省的标准相比，检测值低于最高允许重金属浓度。污泥干颗粒在市场上销售之前，USFilter加拿大分公司需出示产品证书，内容包括有益成分的最低担保值、使用和储存指引等。这份证书需在安大略省食品监察理事会农产品部的监督下颁布。污泥干颗粒现用于农业和土地复耕计划的肥料和土壤改良剂；还可以用于苹果园、高尔夫球场和其他农场，2002年该厂的干污泥颗粒已经售出。

随着我国污水处理率的大幅度提升，污泥产量增加非常快。为可持续发展提供更好的环境，需要对污水处理系统（包括污泥）进行系统地规划。为使系统满足国家和当地的法律法规的要求，上述因素同样也是我国保证项目成功实施的关键因素。

7.2.7 河北秦皇岛市绿港污泥处理厂堆肥项目

该工程位于秦皇岛海港区麻念庄北，总投资4 980万元，设计日处理城市污泥200t。其工程概况如表7-17所示。

该污泥项目于2009年2月完成土建工程，2009年5月该污泥项目开始试运行。秦皇岛污泥处理工程采用国际上最先进的自动控制生物堆肥处理技术（第二代CTB技术），污泥经过无害化处理后将用作植物生长所需的营养土或有机肥。该工程具有能耗低、自动化程度高、堆肥发酵周期短、占地面积小、堆肥过程和堆肥产品质量稳定、堆肥厂区无恶臭气体排放等特点，代表国际上最先进技术的发展方向。本项目实现生物无害化处理全过程的智能控制和污泥的资源化利用，解决了秦皇岛市城市污水处理厂的污泥排放和污染问题，是国内首个符合市政行业和环保标准（臭气排放达标）的规范化城市污泥生物发酵处理厂。

表7-17 河北秦皇岛市绿港污泥处理厂

规模	200t/d	建设性质	新建
建成时间	2 009.2	工程投资	4 980万元
项目模式	政府投资、国有运营	运行成本	80~100元/t
政府补贴	130元/t	污泥稳定化率	100
污泥处理处置价格	120元/t	发酵温度	55~65℃
臭气浓度	发酵车间NH_3和H_2S的浓度分别为2.4mg/m³和0.1mg/m³，低于国家恶臭污染排放标准（GB 14554—93）		
处理处置前含水率	80%~85%	处理处置前含水率	80%~85%

7.3　污泥厌氧消化生产沼气

城市污泥中有机成分含量高,同时含有重金属、病原体等有毒有害成分,为避免污泥对环境造成污染,其无害化处理对环境安全而言十分重要。稳定化处理是污泥减量化、无害化的一个重要手段,也是污泥处理处置的重要环节之一。在众多污泥稳定化处理的技术方法中,以生物稳定为特征的厌氧消化法由于运行成本低、安全可靠而被广为采用。随着世界范围的环境质量标准的提高,各种环境法规对污泥农用和土地利用的途径限制越来越严格。在此背景下,国内外环保研究工作者对污泥的厌氧消化研究方向主要有以下几个方面:新型厌氧工艺的研发、与其他有机废弃物联合厌氧消化工艺研发、对产甲烷菌产气机制研究等。

7.3.1　上海市白龙港污泥工程

上海市白龙港污泥工程是对污水厂 120 万 m^3/d 污水一级强化处理升级改造工程,以及 80 万 m^3/d 扩建工程产生的污泥进行处理。污水厂产生的污泥量是 204t 的干质,相当于脱水污泥大概是 1 000t。共有 3 种类的污泥,包括化学污泥、初沉污泥和剩余污泥,采用的工艺是浓缩、消化、脱水部分干化工艺。项目在 2004 年、2005 年左右进行项目的前期研究,2008 年 2 月开工建设,8 月完成浓缩和脱水的竣工运行,2010 年完成了消化段的投运,2011 年完成了干化段的投运。

项目实现了无害化、减量化、稳定化、资源化。无害化,经过消化和干化处理,污泥总量从 1 020t/d 减量到约 439t/d,污泥中腐殖质降解,病菌杀灭,实现了污泥的无害化;稳定化,经消化处理,污泥中有机物进行充分分解,实现了污泥的稳定化;资源化,消化产生的沼气可作为系统供热能源。干化污泥可作为垃圾填埋覆土、绿化介质土等进行资源化利用。

整个工程工艺流程,除了浓缩、脱水、消化、沼气处理、干化、配套水处理以外,还包括污泥干化产生的余热对污泥消化进行预加热的工艺段,这个是比较常规的浓缩消化脱水的工艺流程。对于第一部分浓缩段,三部分不同的污泥,采用浓缩池,它的方式是不一样的,剩余污泥是二次浓缩;第二段是离心的浓缩工艺,这是消化的污泥流程,包括进泥流程、出泥流程以及当中的高循环比的循环污泥。其中,消化系统的热水流程,包括供热系统流程、蓄热系统流程、沼气利用工程,沼气流程包括沼气的处理与储存系统,沼气的消化系统以及干化系统锅炉的系统内容。沼气利用系统包括湿式脱硫、干式脱硫 5 000m^3 的储气柜、500m^3 的平衡气柜。沼气湿式脱硫的系统,采用生物脱硫工艺,包括碱洗洗涤塔与生物反应器相结合,即可从生物反应器中回收碱。污泥干化系统以消化沼气为能源,天然气作为备用能源,单线水蒸发能力为 2 830kg/h。

这一两年通过项目运行可以看到,污泥流化床系统具有密闭性的特点,而且系统能耗较低,干热源采用的是前端消化系统产生的沼气,节省了大量能源的成本,系统适应性比较强。工程的配套水处理系统,第一部分是过来的污水用于物理干化冷却水处理的系统,采用混凝 + 过滤工艺;第二个是污泥液处理设施,处理规模 2.2 万 m^3/h,采用加药混凝＋高效沉淀的工艺。

项目的主要的设计特点：第一是污泥消化产生的沼气用于污泥的干化，污泥干化产生的余热要作为污泥消化处理的余加热；关键是第二点，怎么把预热进行充分利用；第三是因为这个项目是世行的贷款项目，按照这样一个工程的情况，一年的二氧化碳减排量大概是13万t左右；第四是实现了输送全封闭，对环境无污染，可消除以往污泥敞开输送方式严重污染环境的问题，并实现全自动控制；第五是根据污泥种类、污泥特性的具体特点，采用了化学、初沉污泥重力浓缩，剩余污泥重力浓缩＋离心二级浓缩的方案，可显著节约了投资及运行成本；第六是在污泥消化处理需热系统这样热负荷变化较快、变化量较大、温度要求精度较高的场合，采用相对独立的供热系统及需热系统设计，在锅炉稳定运行及其启动保护、消化池供热温度精确控制、系统运行可靠性等方面具有众多优点；第七是根据特大型污泥消化系统的特点，将污泥消化沼气系统分成消化池产气稳压系统和沼气脱硫处理及贮存系统，可提高运行的稳定性，便于运行管理；第八是在结合国内污泥干化处理工程设计、运行经验的基础上，结合该工程特点，对干化处理系统设备进行了针对性改进。

7.3.2 重庆市江北区唐家桥污水处理厂污泥处理工程

重庆市江北区唐家桥污水处理厂污泥处理工艺基本上是引进国内外技术和借鉴其他城市经验。唐家桥污水处理厂设计规模 $6 \times 10^4 \mathrm{m}^3/\mathrm{d}$，第一期工程 $4.8 \times 10^4 \mathrm{m}^3/\mathrm{d}$，于1997年12月投产运行，主要采用单买的污水处理技术和设备，其污泥处理工艺如图7-11所示。唐家桥污水厂有较完善的污泥稳定处理设施，且设备先进、自动化程度高，工程总投资为13 000万元，在污泥处理中引进污泥硝化设备的费用270万元，污泥经过厌氧硝化稳定处理。

图7-11　重庆唐家桥污水处理厂污泥处理工艺流程图

另据调查，唐家桥污水处理厂在污泥消化处理过程中每天可产沼气约2 000m^3，但由于中国城市污水厂普遍存在污泥有机物含量低（其中，脂肪所占比例小）、氮含量高的特点，所以消化产生的沼气纯度不高、燃烧时产热量较低、污泥资源难以有效利用。

7.3.3 德国某污水处理厂污泥处理工程

德国某污水处理厂的污泥采用图7-12的工艺流程进行处理，该工艺包括了机械预处理、湿处理系统、厌氧消化、脱水、好氧后处理、沼气利用系统。

污泥厌氧发酵是采用污泥和垃圾共同发酵工艺，在垃圾处理中存在垃圾的机械预处理，有机垃圾储存在料仓，磁性分离器分离出铁制物体等杂质后，送入一个慢速旋转的螺旋碾磨机。碾磨机对垃圾的分离是有选择性的，其中有机物如水果、蔬菜和塑料袋等

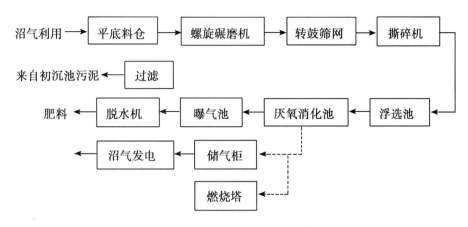

图 7 - 12 污泥处理工艺系统

被磨碎，而比较坚硬的物体，如木头和硬塑料等因不能被发酵，则不需磨碎。这些坚硬的物体将被随后经过的格栅去除。磨碎的细小物体将被送到撕碎机，最后进入后续的湿处理系统。

磨碎的有机垃圾在一封闭反应池内进行发酵反应，平均停留时间 18～20d，最佳反应温度为 58℃，最佳的发酵条件将通过连续的低强度搅拌来获得。厌氧消化中，保持厌氧微生物的适宜环境条件非常重要，温度和固体浓度的微小波动都可能造成消化池的运行扰动。一些公司开发的沼气搅拌系统可以有效的满足厌氧消化的搅拌要求。每个沼气喷枪都服务于一定的面积，将沼气和悬浮液进行混合，提高厌氧反应速率，避免了悬浮液发生分层现象。悬浮液中有机物质的降解能导致悬浮固体的密度发生变化，某些低密度固体将上浮，在液面上形成浮渣层。浮渣应该定期消除，以避免在液面上形成硬壳。

消化池运行采用序批式方式，即进料和出料都不是连续过程。消化后的污泥将首先被排入污泥池，然后混合液才会被输送入消化池，这样就避免原液发生短流，随着消化后的污泥提前排放。消化后的混合液将首先用聚合药剂进行调理，以便在脱水过程中取得较好的固液分离效果。因此，在脱水前需设置药剂投加装置，将药剂和污泥进行混合。调理后的污泥将被脱水，脱水产生的污泥液将返回污水处理厂，同时得到含固率 30%～35% 的污泥泥饼，送入后续处理。

为了提高脱水污泥的肥料品质，将污泥泥饼进行好氧后处理，此阶段有两个实现途径，一是消化后污泥在脱水前，进行单独微孔曝气；二是脱水后的消化污泥与垃圾进行混合堆肥。

厌氧消化过程中产生的沼气中含有 55%～60%（体积比）的甲烷，密度约为 $1.25kg/m^3$，热值在 5～$6kW \cdot h/m^3$。沼气先要去除冷凝水，并在砂砾和陶粒滤池内过滤，然后才能在沼气发动机中得到应用。利用沼气发动机和发电机，沼气中的能量被转化为电能和热能，可以在污水处理厂内完成回收利用。

7.3.4 瑞典生物能源——沼气整套技术

城市如果使用污泥做成沼气和车用生物燃气，它基本上可以供应一个城市公交车所有车辆燃料的需求量。沼气，属于可再生清洁能源的一种，在传统能源日渐短缺的现在与未来，这种能源的开发与应用显得尤为重要。目前，瑞典已经拥有生物能源（沼气）的整套成熟技术，运作流程是：从城市污水排放起，经由城市排水管道收集污泥，由终端污水污泥处理站连接 xylem（塞莱默）公司水处理系统。在脱水处理后，由世界领先的 IVL（瑞典环境科学研究院）技术将含有能量的污泥进行厌氧消化，经由该技术进行高效率发酵。继而由 MALBERG（马尔伯格）公司进行加压提纯，加工成98%以上纯度的燃料气，最终成品可以放入加注设施，跟 CNG 天然气一样进行汽车的加气工作，基本上能够烧天然气的车辆都可以燃烧这种生物燃气。由斯堪尼亚公司生产的公交车，在燃烧这种燃料气时更加高效。普通车辆百公里需要 $50m^3$ 燃气的情况下，斯堪尼亚只要 $40m^3$ 左右，同时也保证了维护保养较低的费用。

实际上，类似以污泥解决交通能源的方案在瑞典斯德哥尔摩已经运行了将近30年，最早于20世纪80年代已经开始。目前，瑞典首都的公共交通已经基本告别了化石能源。斯德哥尔摩城市有100万人，拥有1 300台公交车。在使用了整套系统之后，减低了总量90%的碳排放。

xylem（塞莱默）公司、IVL（瑞典环境科学研究院）、MALBERG（马尔伯格）公司及斯堪尼亚公司，这几家在现代生物气体应用领域有着丰富的应用经验的瑞典企业及机构组成联合团体，通过与中方的合作，提供高效经济的系统解决方案。该方案是结合瑞典整个沼气产业链的丰富经验和众多城市的成功案例，通过与中国项目实施方的密切合作，形成一整套利用废物或污泥生产沼气用作清洁公交能源，且可大规模商业化运作的系统解决方案。

相关资料显示，目前我国废水处理厂的稳定污泥处理设施占总量不到25%，其中良好的处理流程和设施更低于10%。这意味着每年有100万亿 W 时的可再生能源没有被利用。此外，大部分的废水污泥采用的填埋处理方式不仅占用了大量土地资源，同时存在极大的二次污染风险。

污泥包含大量的有机物、养分以及能源。针对我国正面临的能源短缺和环境恶化的双重压力，废水污泥的能源利用对于创建可持续发展社会将意义重大。通过污泥增稠/厌氧发酵/脱水过程可以使其稳定并减少污泥总量，同时可以产生高价值的绿色生物质能源的生物气体。如果处理后剩余的污泥没有毒性残留，亦可当作绿色的农业肥料使用。

事实上，生物气体完全可以替代天然气作为车辆燃料。这将减少最高达90%的二氧化碳排放，并有效降低颗粒物和氮氧化物排放。吸引更多的人乘坐公共交通系统是另一个推动可持续城市公交发展、减少排放和道路拥堵的方法。按照每人每天 30km 的出行需求。每天产生的城市污泥可以支撑整个公共交通。每个城市每天都有成百上千立方的污泥产生，这些本来就必须要处理。处理产生能源，其副产品还可以生成化肥，进入市场。整个方案是可以达到经济平衡的一个系统，提升环保，降低碳排放，高效污染物治理费用以及促进就业，这些都是解决方案所涉及的。

当然，从经济性上考虑，也不是所有地方都适合推广这种解决方案。对于某些天然气原产地，如果购买天然气很便宜，那么每立方米4～5元的生物气体应用则无法推广，而某些城市本来就要购买天然气，同时自己城市在处理泥污的同时产生了能源气体，那么市政公司也就不用花费巨额燃料费用。市政投入资金进行污泥治理，然后节省的能源又回馈市政，如果可能，再加以少量政府补贴，这个链条是可以运转起来。

7.3.5 大连东泰夏家河污泥处理厂厌氧消化项目

大连东泰夏家河污泥处理厂是国内第一座以BOT方式建设的污泥处理厂，设计规模为处理含水率80%的污泥600t/d，项目总投资15 000万元，占地2.47hm²，政府支付给BOT企业的补贴为135元/t。项目2007年开建，2009年4月正式投产运行，2009年12月沼气脱碳及天然气并网一次试车成功，日产沼气27 600m³（其中，甲烷含量≥60%），同时年产6万t腐殖土，年减排二氧化碳10万t，2009年作为中国治理污染节能减排的典型案例带到了哥本哈根联合国气候变化大会上。污水厂厌氧消化设备主要参数见表7－18，工艺流程见图7－13。

表7－18　污水厂厌氧消化设备主要参数

工程名称	大连东泰夏家河污泥处理厂厌氧消化设备施工安装工程					
建设地点	辽宁—大连	建设性质	新建	规模	600t/d
建成时间	2009－03	工程投资	15 000万元	政府补贴	135元/t
运行成本	130～150元/t	项目模式	BOT	发酵温度	35℃
消化温度	35℃	产生沼气量	27 600m³	搅拌方式	机械搅拌辅助水射
处理处置前含水率	80%	处理处置后含水率	70%～75%	污泥处理处置	厌氧消化，污泥稳定，土地利用

7.3.6 北京高碑店污水厂污泥消化处理工程

高碑店污水厂总占地约68hm²，设计处理规模800万t/d。其工程概况如表7－19所示。高碑店污水处理厂的污泥处理系统包括污泥系统、沼气及安全系统、余热利用系统等。

表7－19　北京高碑店污水厂污泥消化处理工程概况

规模	800t/d	建设性质	新建
完成时间	1993年（一期）；1999年（二期）	工程投资	30 609万元
污泥处理处置	厌氧消化＋干化	占地面积	68hm²
消化温度	33～35℃	处理处置前含水率	78%～82%

污泥系统是指对污泥的处理过程，主要构筑物为浓缩池、消化池及脱水机房。浓缩

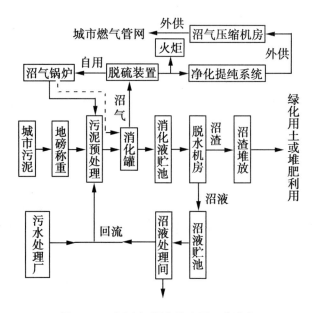

图7-13 夏家河污水处理厂工艺流程

池采用连续式重力型式。设计进、出泥含水率分别为97%、94%；设计固体负荷一期、二期分别为51kg/m²·d、70kg/m²·d。一期、二期浓缩池直径分别为23.5m、20.0m；浓缩池数量为12座（一期、二期各6座）；浓缩池运行方式采用间歇进泥、间歇排泥。

消化池采用二级中温厌氧消化。消化池设计进泥含水率为94%；消化时间为28天；设计进泥有机物含量60%，有机物分解率为50%，沼气产量为12m³/m³湿泥；一期消化池加热方式在正常情况下为泥水热交换器间歇加热，在没有热水源的情况下，用蒸汽直接加热；二期加热方式均为泥水热交换器连续加热；一期、二期消化池搅拌方式分别为沼气间歇搅拌、机械连续搅拌；一期、二期消化池一级消化池排泥方式分别为泵排泥、溢流排泥。消化池直径为20m，有效水深25m，一级、二级消化池池数分别12座、4座；消化池进泥方式为间歇式。脱水机型式为带式压滤机，一期、二期带宽分别为3.0m、2.6m，一期、二期各5台，共10台；设计进泥含水率为95%，出泥泥饼含水率为75%~80%；采用高分子混凝剂，投加量25‰~5‰。

沼气及安全系统是指对污泥气的脱硫、收集、利用及沼气安全系统的设计，该系统的主要设计参数：消化池内沼气静压：200~800mmH₂O；沼气量：53 000m³/d（一期、二期分别为26 500m³/d）。主要包括的构筑物及设备为：脱硫塔、沼气储存装置、沼气发电机房、废气燃烧器、沼气安全系统等。

污泥的中温消化需要大量的热来维持消化温度，经计算高碑店污水处理厂消化池所需最大加热量288万~460万kcal/hr，沼气发电系统运行中产生大量可利用的余热可用于消化池的加热。余热利用主要有燃气混合、缸套水、润滑油及尾气等四部分热能。经计算，当发电机组满负荷运行时，可利用的余热约430万kcal/hr。可见，即使发电机满负荷运行时其余热也不能完全满足消化池的加热需要，故还需要有备用热源。高碑店污水处理厂中有两套加热系统即沼气发电机余热利用系统及气水热交换系统（蒸汽锅炉）加热。

7.3.7 北京小红门污水厂污泥消化处理工程

小红门污水处理厂污泥消化处理工程采用世界领先水平的卵形设计，能够合理避免池底积泥，有效降低热量损失，并能在长期持续运行的基础上实现自身节能目标，其工程概况见表 7 – 20。

小红门污水处理厂的沼气拖动鼓风机则是由沼气发动机和鼓风机结合为一体，其工作原理是沼气发动机将沼气燃烧所产生化学能直接转化成机械能后，由此机械能直接驱动鼓风机工作，省去了机械能转化成电能，电能再转化为动能的中间环节。这不仅减少了大量中间环节，也大大降低了能源消耗，既提高设备工作效率，也使系统更加节能，更加环保。

表 7 – 20 北京小红门污水厂污泥消化处理工程概况

工程投资	20 000 万元	建设性质	新建
规模	800t/d	建成时间	2008.10
运行成本	湿泥 50 元/t	污泥处理处置	浓缩，脱水，厌氧消化
污泥稳定化率	100%	项目模式	政府投资、国有运营
消化温度	35℃	产生沼气量	30 000m³
处理处置后含水率	82.9%	处理处置前含水率	初沉污泥96.3%，剩余污泥99.3%

目前，小红门污水处理厂污泥消化项目所产生的沼气已全部应用于厂内沼气锅炉和沼气拖动鼓风机，为全厂节约了大量天然气资源和电力资源。这组全国规模最大、输出功率最高的沼气拖动鼓风机于 2009 年 3 月中旬正式投入试运行，2009 年小红门厂共计产生沼气 368.7 万 m³。2009 年 3 月沼气拖动鼓风机正式运行，截至 2009 年年底，共计节省电量 355.9 万 kW·h，折合节省金额为 231.7 万元。据资料显示，当该系统满负荷运行时，日均节电 3 万 kW·h，年节电 1 100万 kW·h（为全厂用电量的1/5），节约资金 700 万元。该厂于 2008 年启动的沼气锅炉主要功能是为生产加热和为厂区供暖，每年采暖和生产供热可约天然气 220 万 m³，节约资金 420 万元。沼气锅炉和沼气拖动鼓风机两个项目启动后，每年可为厂节约能源资金支出合计 1 100万元。

7.4 污泥建材利用

污泥中无机物主要成分是硅、铝、铁、钙等，与建筑原料（如黏土、页岩等）的成分相近，故可作建筑材料。污泥建材化利用是污泥资源化方式的一种，其主要方式包括水泥窑混烧制水泥、制砖、烧结陶粒等。目前，污泥的建材化利用逐渐受到关注，成为污泥处理方向研究热点，该技术已经被看作是一种可持续发展资源化利用途径，并逐渐在日本以及欧美国家发展起来。

随科技的发展，各种污泥建材技术以一种可持续发展的方式在日本及欧美国家兴起，其中以日本的污泥焚烧灰制砖技术为最，其掺入比例高达61%。污泥砖的制作工艺简单，虽然较普通砖其成本稍高，但考虑污泥本身的处理成本，还是具有很大的利用价值。日本还成功将下水道污泥焚烧灰制成玻璃，用下水道污泥灰制沥青也将被大规模应用，而德国对于污泥的建材利用也正积极借鉴日本的经验开展相关研究。我国利用污泥焚烧灰制砖的工艺不多，但使用干污泥制砖的实际工程项目已有一些成功范例。

7.4.1 污泥制砖

砖瓦是建材工业不可或缺的重要组成部分。如何实现可持续发展，构建环保节约型社会，各级政府、科研部门和企业都进行了不断的探索，利用废弃物替代黏土等资源制砖，既能减少对耕地的破坏，还能实现废弃物的资源利用，是实现双赢的理想策略。市政污泥制砖技术可将污泥中的有机物在高温焙烧阶段完全氧化，在焙烧过程中有毒重金属形成稳定的氧化物被封存在坯料中，所有有害细菌和病毒也在高温下被杀死，且污泥砖质轻、孔隙多，因而具有一定的保温隔热效果。污泥制砖，可消耗大量的市政污泥，达到无害化、资源化利用的目的，同时可节约大量制砖黏土，符合国家建筑材料节土利废的政策。干化污泥中有机物含量多，故而有大量可利用的热值，从而能节省内燃剂投加量，节约制砖成本。

对污泥（淤泥）进行脱水、除臭、去除重金属等无害化处理后，可以直接生产建筑砖产品。首先对污泥（淤泥）进行除臭处理，然后加水使其含水率达到90%以上，再用化学方式（按水不溶和弱酸不溶）对其进行去除重金属的处理过程，同时进行破胶处理（防止淤泥胶结，影响后程脱水），助滤及颗粒分离，最后进行重力式真空分离生产制砖原料用于生产建筑转。如今该技术已经投入实际生产应用。

污泥制砖的方法有两种，一种是用干化污泥直接制砖，另一种是用污泥灰渣制砖。用干化污泥直接制砖时，应对污泥的成分作适当调整，使其成分与制砖黏土的化学成分相当。当污泥与黏土按重量比1：10配料时，污泥砖可达普通红砖的强度。利用污泥焚烧灰渣制砖时，灰渣的化学成分与制砖黏土的化学成分是比较接近的，制坯时只需添加适量黏土与硅砂。比较适宜的配料重量比为灰渣：黏土：硅砂＝100：50：（15～20）。污泥制生化纤维板，主要是利用活性污泥中所含粗蛋白（有机物）与球蛋白（酶）能溶解于水及稀酸、稀碱、中性盐的水溶液这一性质，在碱性条件下加热、干燥、加压后，发生蛋白质的变性作用，从而制成活性污泥树脂（又称蛋白胶），使之与漂白、脱脂处理的废纤维压制成板材，其品质优于国家三级硬质纤维板的标准。

有些工业废水和生活污水混排处理后的污泥含有机废物、重金属和一些有害微生物，不宜作农肥施用，易对环境造成二次污染。鉴于此，有研究者将污泥（85%含水率）与粉煤灰以1：3比例混合，进行烧制建材制品。其工艺流程为：含水率85%的污泥1份＋干粉煤灰3份，混合→搅拌→成粒→烘干→焙烧→烧结料。试验表明，以污泥和粉煤灰混合烧结，制成品性能优良、无臭味，基本符合卫生标准，且重金属含量大卫降低，接近土壤（粉煤灰的稀释作用）。污泥烧制普通烧结砖、特种烧结砖（隔热、耐火等）为处理污泥、利用污泥开辟了新途径。

通过污泥无害化技术的不断深入研究，将极大地缓解我国城市（城镇）污水处理与环境二次污染之间的矛盾，有利于我国的环境保护工作和生态环境改善的发展需求，同时也为城市固体废物再生资源提供了较好的途径。日本和欧美国家主要将污泥焚烧用于制砖，制成的砖块被广泛用于公共设施，如作为广场或人行道的地面材料。

案例一：美国马里兰大学的詹姆斯·阿里门研究出了如何处置那些被重金属污染的污泥。他先在污泥中掺入一定量的黏土，经挤压加工制成污泥砖，再将之放入一只高温窑中烧制。此外，污泥砖中的有机物被烧掉，在砖内形成微小的气孔，使其具有良好的绝热性。这种砖的强度达到了美国材料实验学会（ASTM）所规定的强度标准。

案例二：台湾一个研究小组发现，可以利用下水道污泥压制成普通的建筑用生态砖。这种污泥生态砖是在黏土砖中混入 10% ~ 30% 的污泥，并在 900℃ 条件下烧制而成。这种方法的优点是在烧制过程中将有毒重金属都封存在污泥中，同时杀死了所有有害细菌，并且这种砖完全没有异味。

案例三：由浙江大学理学院环境与生物地球化学研究所主持的这项省重点项目—。污水处理中污泥资源的开发与利用研究。，在通过大量实验研究获得各种技术参数的基础上，利用污泥资源具有热值较高和轻质地的特点，成功地开发出了一种轻质砖。该轻质砖体的放射性指标符合《建设材料放射卫生防护标准》要求，砖体主要指标达到普通烧结砖的国家标准，具有高抗压强度、节省能耗 10%、重量比同体积的普通砖轻，并节省黏土资源 10% ~ 15% 等优点。

案例四：浙江诸暨天基新型建材有限公司利用污泥生产页岩污泥砖。生产的页岩污泥砖外表与普通黏土砖一样，但质量却要轻许多，具有隔热保温、抗渗、抗冻防裂等性能。浙江诸暨天基新型建材目前年产 8 000 多万块页岩污泥砖，全年可消耗。华都富润等 17 家企业和污水处理厂排出的污泥 3 万 t，占全市企业污泥产出量的 60%。

案例五：中石化胜利油田规划设计研究院根据胜利乐安油田生产中污泥的理化性质特点，生产了地面花砖，从而降低了污泥处理成本。胜利乐安油田含油面积 72.3km²，地质储量 9 044 万 t。随着油田的开发深入，油田污泥的产生量不断增加，成份也更加复杂。胜利乐安油田污水处理流程中产生含水率为 97% 的污泥浆经离心机脱水后，含水率降为 75% 左右，污泥日产量为 20 ~ 30t，年污泥运输、存放等费用达 56 万元，给油田生产及当地周围环境带来了较严重的危害。通过制砖研究成果的实施，可解决胜利乐安油田污水深度处理生产运行中的一个难题，年直接产生经济效益 50 万元；同时以污泥为主要原料，生产出生态建筑材料，找到了污泥处置的最终出路，变废为宝，从根本上防治了乐安油田污泥对周围环境的污染，保护了生态环境。

案例六：同济大学环境科学与工程学院用城市排水管污泥预处理后与黏土混合烧制成砖，试验砖块的抗折和抗压强度达到了国标 50 号砖的要求，表明用排水管污泥制砖具有可行性，而且由于污泥中含有一部分有机物，烧制过程会产生热量，因此还能够节省一部分烧砖的能源。

案例七：南京制革厂采用制革脱水污泥（含水率 60% ~ 70%）、煤渣、石粉、粉煤灰、水泥等参照制砖厂。水泥、炉渣空心砌块。生产工艺进行批量试验。从批量试验结果来看，制革污泥在常温下用水泥做结合剂成型。砌块的浸出液中含铬量是很低的，可视同无二次污染。砌块的物理性能检测离标准值较为接近，只需经过适当的预处理，降低污泥中的油脂、有机物等含量，并提高砌块中的水泥比例，制革污泥是可以通过制砌块而得到综合利用。

案例八：2008 年 1 月 1 日，《浙江省发展新型墙体材料条例》开始施行，全省禁止生产和使用实心黏土砖。2009 年，天基新型建材有限公司投资 5 080 万元，引进技术和设备，用污染性强的污泥来制砖，不仅解决了烧制土砖破坏环境的问题，每天还可吸收 80t 污泥，全年消耗污泥 3 万 t，缓解了污染问题。仅半年时间，"天基新材"已生产 3 700 万块页岩污泥砖，实现产值 1 000 万元。已与美国唐·爱的屋公司签订了合作协议，按美方设计要求，将生产的节能保温砖批量销往美国。另外，萧山区配套建设了污泥制砖项目，制砖、脱水、焚烧三种技术处置污泥，共投入资金达 1.05 亿元。建成 "污泥 + 页岩"制砖和自动化烧结生产线，水平达到国内领先。每日可处置污泥 600t，年产建筑用砖 6 000 万块。

案例九：广州市在污泥处理方面走在全国前列，建成全国首家、世界最大的污泥处理项目之一津生污泥处理厂。该技术是在污泥中添加少量的添加剂，使其中的重金属钝化，并且将其杀菌、除臭及脱水，然后用来制烧结砖。据悉，这种日产量达 25 万块的环保砖在广州供不应求，日处理污泥 1 200t。

案例十：北仑城通新型墙材有限公司，利用污泥掺杂粉煤灰的造纸污泥，生产过程中再添加河道淤泥和炉渣，制成轻巧美观的节能保温砖；同时，为更好的实现节能减排，该公司还进行了生产循环技术改造，通过离心通风机将制砖窑坊内余热引入保温砖干燥室，并且用木屑取代了原来的煤炭。正式投产后，年产 6 000 万块标砖的生产线可以年处理造纸污泥 2.46 万 t，粉煤灰和炉渣 4 万 t。平均每万块处理造纸污泥 4.1t，粉煤灰和炉渣 6.67t，已进入试生产阶段，即将批量投放市场。

7.4.2 污泥制水泥

城镇污泥水泥窑协同处置是利用水泥窑高温处置污泥的一种方式。水泥窑协同处置过程中，污泥将在高温条件下完全焚烧，焚烧产物经固化最终进入水泥熟料中，从而达到污泥的安全处置。城镇污泥水泥窑协同处置优势如下：窑炉资源丰富，易于推广，我国 2011 年水泥产量约 20 亿 t，以新型干法生产的水泥占总量的 80%（总生产线约为 1 300 条），窑炉资源丰富，对这些窑炉资源的有效利用可降低污泥处理装置的基建费用；对污泥中有害有机物能够彻底分解，水泥生产过程中的熟料温度在 1 250～1 350℃，气体温度将维持在 1 600～1 800℃，当污泥与水泥原料一起进入窑炉后，污泥作为燃料利用，实现了有机物的彻底分解，另外燃烧气体温度在高于 1 100℃时在窑内的停留时间大于 4s，回转窑内物料呈高度湍流化状态，污泥中有害有机物能得到充分燃烧去除；水泥生产过程中重金属能够固化，在焚烧污泥过程中能将灰渣中的重金属固化在水泥熟料的晶格中，达到稳定固化效果，避免了污泥中重金属产生二次危害；窑内的碱性环境能减少二噁英形成，水泥窑系统的热容大、温度稳定，此外窑尾的增湿塔能迅速降温，使得水泥窑在高温运行过程中产生的二噁英排放浓度远低于国家对废气排放要求的限值标准；污泥焚烧过程中产生的新污染物较少，根据新型干法水泥企业的生产特点，焚烧污泥后的废气粉尘需经过布袋收尘器收集后再次进入水泥回转窑内煅烧，形成闭路生产路径，产生的废弃物量相对较少；实现污泥处理处置的资源化及能源化利用，污泥中无机成分氧化钙、氧化硅可作为生产原料直接在水泥制备过程中加以利用。另外，脱水后的有机成分在燃烧过程中将产生一定的热量，可抵消部分污泥中水分蒸发所需的热能，实现了污泥中热值的有效利用。

污泥进行水泥窑协同处置由于其经济环境效益显著，在国外得到了广泛关注，并取得了长足的发展，如德国水泥行业替代燃料中有8%～10%来自干化后的污泥；美国加利福尼亚某水泥企业采用全干化污泥替代燃料比例达到12%～15%，全美有近200座污水处理厂采用焚烧方式处理污泥，占全美污泥处理总量的20%，其中6%的污泥采用协同焚烧方式处置；与我国毗邻的日本大约有60%的污泥直接送入水泥窑内焚烧处置。在充分借鉴国外先进经验的基础上，我国也进行了污泥水泥窑协同处置的探索实践，先后建立了若干个污泥水泥窑协同处置项目，并取得了一定的经济环境效益。目前，我国已建及在建的污泥水泥窑协同处置项目概况见表7-21。从表中可看出，我国目前在建及已建的污泥水泥窑协同处置项目的设计能力相对较低，远未达到西方发达国家水平，污泥水泥窑协同处置发展空间巨大。

表7-21 我国目前主要城镇污泥水泥窑协同处置项目概况

项目	设计处理量/t	实际处理量/t	建成时间	目前状态
北京新北水水泥公司	500	240～280	2009	运行
广州越堡水泥厂	600	200～300	2008	运行
上海建材集团	$2 \times 1\,100$	/	/	在建
华新集团宜昌水泥厂	70	70	2010	运行
拉法基集团南山水泥厂	100	70	2009	运行

注：以污泥含水率20%计

污泥进入水泥回转窑混烧处理，不仅对污泥进行了有效的减容和减量，彻底消除了对污泥中的有害物质和病菌。污泥在水泥窑中处理后的残渣将成为水泥熟料的一部分，不需要对残渣进行其他处理，是一种较好的污泥资源化处理处置方法。污泥焚烧后，无机组分的化学特性与黏土相似，主要是氧化钙、二氧化硅、三氧化二铝等，与水泥生产所用需要的原料基本相似。在日本利用水泥窑处理污泥生产水泥的增加趋势较快，并且已经成为其污泥最终处置和资源化的重要组成部分，西班牙、意大利、德国、法国、奥地利等也有很多利用此方法处理污泥的类似案例。

案例一：在奥地利的WOPFING水泥厂对来自造纸厂的污泥的利用表明，使用污泥作为水泥的原料可以满足水泥生产的要求，同时它也可以作为水泥生产的辅助燃料提供热量（相当于泥炭或煤矸石）。

案例二：在荷兰Maastricht的ENCI水泥厂将污泥用作二次燃料和原料，不过是用在干法长窑上，每年可处理4万t污泥，没有任何工艺和产品问题。ENCI水泥厂在燃烧二次燃料方面久负盛名，2002年窑系统共用过10种燃料，其中8种为二次燃料。值得一提的是，该厂80%的热量供应来自二次燃料。这个厂属于是被人熟知的海德堡水泥集团。

案例三：重庆的拉法基瑞安公司改造了两条生产能力 2 500t/d 新型干法旋转窑，是国内首次利用水泥窑大规模处置污泥的工程项目。该项目投资 785 万元，每年可处理污泥 4 万 t，为有效解决城市污泥问题提供了很好的案例。

案例四：北京市政工程设计院和北京金隅水泥厂设计建成的处理量为 500t/d（含水率为 80%）的污泥干化/水泥窑焚烧项目于 2010 年 2 月进入正常运转阶段。该项目首先将水泥窑中排出的高温烟气作为热源对脱水污泥进行热干化，再将干化后的污泥与水泥原料混合后投入到水泥窑中，干化过程中所产生的臭气排入水泥窑，为国内污泥与水泥窑炉协同处理创出了一条新的思路。

案例五：在上海水泥厂，污泥运送到厂指定的堆放处，卸货时往污泥中掺入生石灰以消除恶臭，然后污泥进入脱水装置，使其由湿基（含水 75%）变为干基，根据化验室的化学成分分析，加入校正原料，再将它作为生料成分送入窑中，在 1 350～1 650℃ 的高温中与其他原材料一起燃烧，发生化学反应。回转窑的碱性环境，很容易中和污泥中的酸性有害成分，使它们变为盐类固定下来，污泥中的硫化氢（H_2S）因氧的氢化和硫化物的分解而生成 SO_2，又被 CaO 等吸收，形成 SO_2 循环，在回转窑的烧成带形成 $CaSO_4$ 等物质固定在水泥中，从窑里出来，污泥已变为熟料的成分，经权威机构测试，它完全符合质量标准。虽然污泥中含有极少量重金属残渣不易分解，但没有太大的影响，因为污泥在进窑燃烧的过程中，污泥中的重金属，残渣跟其他物料发生液相和固相反应，重金属元素被固定在熟料矿物的晶格里，不会有残渣单独排出。污泥经过水泥窑处理，生产出的水泥经水化硬化成为水泥石，再进行浸出毒性鉴别，浸出液中重金属含量极少，不会造成污染。所以这种掺加 20% 污泥生产的熟料，可以与混合材一起磨细，制成矿渣硅酸盐水泥和普通硅酸盐水泥，实践证明使用效果一样，质量完全可靠。

据资料介绍，建一个日处理 1 000t 垃圾的焚烧厂要投资 6.7 亿元，单单就在长江边建一个污泥焚烧厂也要投资 8.78 万元，每吨污泥处置费高达近 500 元，而上海水泥厂的污泥处置每吨加生石灰除臭、加校正原料、人工费、管理费等等加在一起，在 60 元左右，二者近 10 倍差距，并且将污泥作为水泥的有效成分，节约原材料的增值量不在计算之列。由此可见，污泥作水泥原料潜力极大，全国有几百家水泥厂，年产水泥 5 亿 t，假如 10% 厂家采用此法，则每年可处置污泥 4 500 万 t，增加的效益不可估量。推而广之，其他工业和城市废弃物也加以利用的话，那么绿色环保工业的称号给水泥行业真是当之无愧。

案例六：为推进利用水泥窑对污水处理厂污泥无害化处置和资源化利用，减少污泥对环境的污染，陕西省蓝田尧柏水泥公司利用 2 条 2 500t/d 水泥熟料生产线水泥窑处置污泥系统。蓝田尧柏水泥厂污泥直接入窑处置系统（年处理能力为 3.1 万 t），一期项目可日处理 100t 含水率 80% 的城市污泥，各项监测和检测数据均符合国家标准和环保要求，实现了污泥处理的"减量化、资源化、无害化"，有显著的环境和社会效益。尧柏水泥在利用水泥窑处置污泥方面走在了全省水泥行业的前列，为陕西省环保事业的发展积累了宝贵经验。随着陕西省城市污水处理设施建设的加快，水环境质量得到明显改善。

案例七：华新水泥与黄石市政污泥水泥窑协同处置项目于 2013 年建成投产。该项目地处湖北省黄石市花湖污水处理厂内，占地 3 466.32m²，于 2011 年 10 月正式破土动工，项目分为二期建设，共投入资金 2 000 万元，现已达到 36 500t/年的污泥处置规模，可完全、彻底、无害地解决黄石城区所有的市政污泥。湖北省黄石市政污泥项目利用华新水泥窑协同处置技术，采用深度脱水、余热烘干、入窑焚烧的处理工艺，对湖北省黄石市政污泥进行稳定化、无害化、资源化处置。华新水泥窑协同处置黄石市政污泥项目，不仅能使污泥中的热值替代水泥熟料生产所需的部分燃料，焚烧的残渣还可成为替代水泥生产使用的硅质、铝质原料。该项目也得到了华新战略合作伙伴瑞士豪瑞集团的技术支持，同时得到国家发改委、住房和城乡建设部、环保部等相关部委的充分肯定。华新以此项目投产为契机，进一步加强与黄石市的紧密合作，倾力打造黄石环保产业，从根本上解决了黄石市污泥处置问题，改善和清洁城市环境。

案例八：将苏州河底泥全部代替黏土质原料进行了锻烧试验，生产出的熟料凝结时间正常，安定性合格。测试结果表明，制成的熟料具有优良熟料的特征。用等离子发射光谱仪进行了浸出液重金属浓度分析，表明浸出液中砷、铅、镉、铬的含量远低于国家标准规定。

案例九：上海水泥厂用龙华水质净化厂污泥代替黏土生产水泥。水泥熟料的率值控制在与不掺污泥一样，熟料烧成制度与普通硅酸盐熟料也基本相同。对水泥进行的混凝土性能试验表明，用掺污泥与不掺污泥所生产的水泥拌合的混凝土结果相近。对废气中部分污染物的浓度进行监测的结果表明，排放浓度低于排放标准。对混凝土做重金属浸出试验表明：重金属离子的浓度未超出国家标准。

7.4.3 污泥制陶粒

另外一种越来越受到重视的污泥建材化利用方法是将污泥作为原料，并加入适量辅料成型后烧结制备陶粒。陶粒具有普通砂石等集料不具备的特点，可以用陶粒配制轻集料混凝土，近年来得到了迅速发展。由于国外污泥主要以焚烧为主，所以其污泥建材化主要是将污泥焚烧灰烧结制备陶粒轻集料；而国内目前还不具备大规模焚烧处理污泥的条件，因此这方面研究主要集中在利用干化后的污泥作为原料制备陶粒。

陶粒是一种广泛用于建筑行业的一种轻质，且具有一定强度的材料骨料。陶粒外层被一层铁褐色或棕红色的坚硬釉质包裹，内部为铅灰色或灰黑色的多孔封闭结构，因此具有隔水保气、保温隔热的作用。另外陶粒还具有轻质高强的特点，是良好的建筑用材料。自 1913 年在美国问世以来，陶粒以其优良的性能受到世界各国普遍关注。特别是美国、日本、荷兰、挪威等发达国家在高强轻集料开发及其混凝土研制和工程应用上进行了大量卓有成效工作。随着技术的进步，陶粒的原料已经由传统的黏土、页岩等不可再生资源转向工业废渣和淤泥，而污泥由于其环境效益和资源化效益逐渐受到人们重视。目前，国内外污泥烧结陶粒的研究主要集中在轻骨料上，烧结制备用于水环境治理的陶粒滤料等方面的研究很少，不过近年来也有研究人员开始尝试将污泥作为原料生产陶粒滤料。利用污泥制备陶粒滤料不失为一种良好的发展趋势，一方面从经济效益角度来讲，滤料市场售价要远远高于骨料，生产滤料所产生的经济效益会大大降低污泥的处理成本，甚至盈利；另一方面，大量添加污泥会降低陶粒强度，增加吸水率，从而限制了污泥的处理量，而滤料对强度和吸水率均无要求，相反更多的有机质会在滤料烧结过程中形成更丰富的孔隙结构，提高滤料的比表面积。

污泥是污水处理的产物，利用污泥制备陶粒水处理滤料，并用于污水的处理，很好地实现了固体废物处理与污废水处理之间的连接。目前该技术主要是在实验室内用马弗炉等设备模拟烧结工况来开展的，研究主要集中在将污泥作为一种有机添加剂，与其他矿物原料混合后一起烧结制备陶粒，污泥在工艺中的使用量少，一般只有10%～20%，而且生产高强陶粒坯料中污泥添加量要求在5%以下，达不到大规模处置污泥的目的。由于国内外在实际应用中关于污泥处理处置的主流技术有较大差别，因此污泥烧结陶粒的研究方向也有所不同。国外污泥烧结陶粒主要是将污泥焚烧灰作为原料制备陶粒轻集料，或将5%～10%的完全干化后的污泥作为添加剂与黏土等矿物一起烧制陶粒；国内污泥烧结制备陶粒研究主要是将30%～50%干化后的污泥作为原料与黏土或粉煤灰等混合后烧结陶粒；近年来，国内也有利用自然风干后的给水厂污泥单独烧结高强陶粒，或将其与未干化处理的污水厂污泥按照适当比例混合后烧结陶粒。

20世纪90年代，欧美、日本一些国家的科研人员对污泥陶粒的研究取得了一定成效，1994年美国米尔维基轻集料厂建成利用粉煤灰、河流淤泥、工业废渣（纸浆废液污泥等）生产高强陶粒的生产线，年产量约12万 m^3 ，生产的陶粒堆积密度750～880kg/m^3 。在日本，以燃烧过的污泥粉为主要原料，与污泥干粉或粉煤灰等可燃性粉末，按需要发热量调配成混合料，加水造粒，在链式烧结机上烧成轻骨料。轻骨料的烧成温度为1 000～1 100℃，烧结时间为25～30min。轻骨料的筒压强度为3～4MPa，吸水率为16%～18%。在20世纪90年代以来，我国学者也进行了大量污泥烧制陶粒的研究，并取得了一定的成果。

案例一：2002年起，广州华穗轻质陶粒制品厂利用广州东江淤泥，采用窑内制粒法生产超轻陶粒（堆积密度约400kg/m^3）获得成功；2007年浙江台州建一条年产5万 m^3 陶粒生产线，利用河道淤泥和污水厂污泥作为主要原料，设计日处理污泥能力达170t，浓泥（干）120t。

案例二：浙江湖州大东吴集团建设新材料有限公司两条年产10万 m^3 轻质陶粒、20万 m^3 轻质陶粒墙体砌块生产线进入调试阶段。该生产线以城市污水处理厂的污泥和切割污泥等为主要原料，并掺加部分页岩，使用生物质燃料（砻糠或木屑），在大型节能回转窑内烧制成陶粒。采用向松散陶粒堆中注入发泡水泥浆料，固化成型后再切割成所需规格尺寸的轻质、自保温陶粒水泥砌块。投产后，预计每年可综合利用工业固体废弃物约6万t。

案例三：贵州省建筑材料科学研究设计院研究得出良好的烧制陶粒的工艺为利用赤泥制备高强烧结陶粒，适宜配比为：拜耳法赤泥50%、粉煤灰20%、页岩30%，烧成温度1 100℃，保温时间45min；赤泥陶粒堆积密度840kg/m^3 ，筒压强度达到7.5MPa，强度标号45MPa，吸水率6.9%，表观密度1 000kg/m^3 ，孔隙率16.0%，放射性能够满足作为轻集料的放射性比活度要求，符合《轻集料及其试验方法》（GB/T17431—1998）高强陶粒的技术要求。

案例四：重庆大学以污水污泥、粉煤灰、淤泥和黏土等为原料，用弧叶型旋转窑进行了污泥陶粒配方和制备工艺优化实验研究，所制备的陶粒能够满足相关标准要求。

案例五：清华大学利用城市污水厂污泥采用湿法造粒—烧结和干化—烧结。两种工艺探讨烧结制陶粒的可行性，试验结果表明，湿法造粒—烧结工艺的产品达不到相关标准的要求，而干化—烧结工艺能够得到合格产品。

案例六：宁波市大自然新型墙材有限公司采用塑性法（半干法）造粒，双筒回转窑焙烧，单筒冷却机冷却的生产工艺，利用低碳粉煤灰、污泥（含水率71%）淤泥进行了陶粒的生产试验。经过混料和预干燥处理后，烧成时间 80~100min，烧成温度视不同原料在 1 050~1 200℃。烧制高强陶粒时不能掺加污泥，配方为粉煤灰：淤泥 =（60~70）：（30~40），而超轻陶粒原料配方为粉煤灰：污泥：淤泥 = 30：（10~20）：（50~60）。

案例七：以贵阳城市污水处理厂机械脱水污泥为原料，配以煤矸石、赤泥、黏土和特殊添加剂玻璃粉为辅料。按配比污泥 65.5%、煤矸石 10.0%、赤泥 8.5%、黏土13.6%、添加剂 2.4%，经练泥搅拌、挤压成球、干燥、600℃预热 30min、1 050℃焙烧并保温30min，成功生产出符合国家标准（GB/T 17431—1998）中 600 级高强轻集料的陶粒。

案例八：重庆水务集团选取污水污泥、粉煤灰和港口淤泥为原辅材料，采取正交实验设计物料质量配合比与烧制工艺参数，遴选出最佳物料配比和优化的烧制工艺；依照选定物料配比和工艺参数采用弧叶形旋转窑烧制污泥陶粒并测定产品的 1h 吸水率，软化系数，堆积密度，表观密度，颗粒级配，粒型系数以及产品浸出毒性等技术指标，选取制得陶粒产品替代全部天然石料配制混凝土标准件，进行 3d、7d 和 28d 标准养护，测定混凝土标准件的抗压强度，容重和导热系数指标。检测结果显示制得陶粒满足国家相关技术标准指标要求，采用污泥陶粒全部替代天然石料生产的填料混凝土标准件，其各项检测指标均符合相关建材指标要求，证实了采用弧叶型旋转窑烧制的污泥陶粒可以作为混凝土轻粗集料使用。

案例九：同济大学的研究人员对苏州河底泥的化学成分、矿物成分等性能进行了分析，探索了以底泥为主要原料烧制黏土陶粒的工艺参数，分析了底泥原料及陶粒制品中有害成分的来源，并对其进行了定量的测试。结果表明，经适当的成分调整，利用苏州河底泥能烧制出 700#的黏土陶粒产品。经高温焙烧后，苏州河底泥中的重金属将大部分被固熔于陶粒中，不会对环境造成二次污染。

7.5 污泥土地利用

污泥的土地利用历史悠久，是污泥分散消纳的一种方式，是指通过覆盖、喷洒、注射等方式，将污泥作为一种有机肥料或土壤改良剂，施入土壤以达到改善土壤性质、提高土壤综合肥力的目的。污泥中含有丰富的有机物质及多种微量元素，因此可以用于农田、森林、园艺、退化土壤修复和废弃场地改造等。从目前来看，世界各国都高度重视了污泥的使用与控制标准，将污泥土地的利用归列为土地利用的大类，从而进行广泛的管理，其主要包括以下几个方面：对污泥的质量控制，主要控制的方面有病原菌、营养物、重金属以及病原传播的动物栖息地等；污泥的施用场地限制；对污泥的施用量控制；制定相关污泥施用的管理、报告及监测制度。

总的来说，国外大部分国家都已经把污泥处理作为了污水处理的一个重要方面，尤其在发达国家，重视程度越来越高。他们在这方面投入了大量的资金，并做到了污水处理的善始善终。世界各国根据自身的不同情况，采取了一些适合于自身土地、经济、生产等方面的举措，并有了一定的科学管理模式。土地利用具有能够变废为宝、充分回收利用污泥中的各种养分以及能耗低的优点，因此近几年在国外受到越来越多的重视和应用。从环境、经济压力以及资源再利用等方面考虑，污泥的土地利用已经成为了当前发达国家一条重要而安全的污泥处理途径，国外在这方面取得成就最突出的便是英国、德国与美国等。德国1990年污泥农用比例30%左右，增加到1998年的近70%。英国在欧盟禁止污泥海洋处置时，选择了污泥土地利用来消纳不能进行海洋处理的大量污泥。

我国每年产生的污泥量巨大，污泥土地利用的消纳量则影响了实际生产实践中其最终的出路和土地利用方式。这种方式主要是将污泥用于农田等的施肥，垦荒地、贫瘠地等受损土壤的修复及改良，园林绿化建设，森林土地施用等。将污泥施用于农田，可促进作物生长。在园林用地、森林土地中施用污泥，可改善树木、草坪、花卉的生长情况，又不会进入食物链，对人类健康没有影响，是近年来发展较快的污泥利用途径。污泥还可作为良好的有机肥料和土壤改良剂用于矿山等受损土壤的复垦，对土壤的特性有一定的改善。

7.5.1 污泥在农田的应用

污泥中含有大量植物所需的营养成分和微量元素，施用于农田后会提高土壤有机质和氮、磷、钾等的含量，增加土壤的肥力，从而促进作物的生长。污泥的肥效可高于一般农家肥，也不像化肥会使土壤板结，因此施用污泥既可肥田，又有利于土壤质量的改良，并减少了农业生产的成本。在国外，污泥及其堆肥作肥源农用，已有多年的历史，城市污泥农用比例最高的是荷兰，占55%；其次是丹麦、法国和英国，占45%；美国占25%。与国外相比，我国对城市污泥农用资源化的理论研究与实践均相差甚远。

近年来专家指出，生活污水处理厂重金属含量低的污泥土地利用是目前最经济、低碳、资源循环利用的最佳技术路线之一。相对其他技术，污泥的土地利用技术优势在于，可以充分利用污泥中的各种养分，符合资源可持续发展要求。土地利用特别对磷的循环大有益处，人类的生产活动破坏了磷元素在自然界的正常循环，污泥的土地利用既可以实现土壤的改良，又促进了自然循环的良性进行。对于泥质较好、重金属含量低的污泥，土地利用相对于焚烧成本较低。可以说，从生态循环角度与经济成本角度两方面考虑污泥的土地利用技术均具有一定优势。

污泥的土地利用技术并不是一项全新的技术，但在我国的应用并不十分广泛，在各类污泥处置方式中占比约11%，不过随着污泥问题日渐受到重视，有关部门及相关专家对污泥处置之道认识的逐渐深化，污泥的土地利用越来越受到重视。有专家指出，发展中国家土地资源少，污泥的土地利用是很好的一个途径，应鼓励对符合标准的污泥进行利用。污泥处置应该应地制宜、技术多元化、达到产生量和使用量平衡，总体思路是污泥的土地利用；另外在选择污泥的处理处置方式时，应首先调查本地可利用土地资源状况，优先研究污泥土地利用的可行性。生活污水污泥土地的合理利用，可实现污泥资源循环利用，符合未来低碳发展方向；要真正解决我国的污泥难题，相当部分污泥稳定处理，土地利用是不可回避的现实。

虽然，污泥的土地利用技术被看做最有潜力的污泥处置技术，若想在我国大规模推广应用仍有一些技术瓶颈需要突破，污泥重金属问题是其中较为突出的一个。污水处理厂污泥的重金属含量超标，是导致我国污泥农用率不高的主要原因之一，因为重金属对植物生长和环境都会产生负面影响。解决这一问题的根本手段是污染源控制，避免含有过量重金属的工业废水混入市政污水管网，使污泥的泥质清晰明确；实现此目的，加强环境监管是必不可少的。目前，虽然污泥土地利用技术在我国应用所占比例较低，不过随着技术规范的逐渐完善、污泥泥质的好转，污泥处理处置技术以"减量化、无害化、稳定化"为目标，实现资源化与可持续发展的土地利用技术会在我国广泛应用。

案例一：上海市生产化肥的工厂有 10 家左右，年生产化肥达 80 万 t，其中有机肥 10 万 t，无机肥 70 万 t，有机肥前景看好，是今后发展的方向。研究表明，近十几年来城市污水污泥中重金属呈下降趋势，在严格控制污泥堆肥质量，合理施用的情况下，一般不会造成重金属对农用产品的污染。

案例二：山西沃土生物有限公司和太原市排水管理处共同承担的污泥综合利用生产三维复合肥。国家级火炬计划项目于 2001 年 9 月完成，该项目运用独创的污泥软化、重金属钝化、热喷造粒等工艺，生产出高效有机/无机微生物三维复合肥，这种复合肥氮磷钾总养分大于 10%，有机质大于 55%，重金属含量低于农业部规定的标准，是一种高效、安全的新型生态肥料，而且这种三维复合肥价格与普通碳酸氢铵相近，具有广阔的市场前景。

案例三：中国科学院地理科学与资源研究所环境修复室通过小区试验和大田试验，研究了城市污水污泥复合肥种植小麦的肥效及其对小麦重金属吸收的影响。供试污泥取自北京市方庄污水处理厂的生活污泥，采用堆肥工艺使其稳定化后，与化肥按一定比例混合制成污泥复合肥。小区试验设在中国科学院栾城农业生态系统试验站，大田试验分别设在中国科学院栾城农业生态系统试验站及中国科学院遗传所农场，试验小麦品种为冀麦 38，分别设空白对照（不施肥）、污泥复合肥、化肥对照、市售复合肥等。污泥复合肥对小麦产量的影响，小区试验结果表明，污泥复合肥处理小麦比不施肥增产 64.4%，比使用化肥和市售复合肥分别增产 11.04% 和 6.08%。大田试验中，污泥复合肥及市售复合肥比化肥处理产量高 10% ~ 17%，证明污泥复合肥对小麦增产效果明显。污泥复合肥处理的小麦籽粒对氮、磷的利用率最高，其中氮的利用率分别比化肥和市售复合肥提高 15.9% 和 9.94%；磷的利用率分别比化肥和市售复合肥处理提高 1.66% 和 4.48%。污泥复合肥对土壤养分状况的影响。小区试验污泥复合肥处理的土壤速效氮、磷含量比不施肥处理提高 6.1mg/kg 和 9.0mg/kg，比化肥处理的提高 3.5mg/kg 和 8.1mg/kg。说明污泥中的有机质和营养成分，对培肥土壤有积极的促进作用。污泥复合肥对小麦重金属吸收影响。施用污泥复合肥的小麦籽粒重金属含量均在我国小麦籽粒含量的背景值范围，且低于国家食品卫生标准，说明小麦籽粒没有收到重金属污染。上述研究实例表明，施用污泥复合肥对小麦有增产效果明显，能明显促进小麦对养分的吸收和利用，可提高土壤速效养分水平，小麦籽粒没有收到重金属污染。因此，合理施用污泥，可避免农田施入污泥所造成的重金属对食物链的危害。

案例四：利用太原市污泥和污泥堆肥分别作肥源进行了二年的盆栽试验和田间试验，结果表明，每公顷施污泥 75t 和污泥堆肥 240t 时，土壤中的 Cu、Pb、Cd、Ni 等有害金属含量均未超过土壤的安全控制标准。随着污泥及污泥堆肥用量的增加，土壤中可供植物吸收的氮、磷、有机质等营养成分相应递增。污泥和污泥堆肥的施用不同程度的提高了土壤水分含量、田间持水量和阳离子代换量等，从而改善了土壤的物理性质。另外，对污泥农田施用后对土壤的改良作用进行了研究，其盆栽和田间实验表明，施用污泥后，土壤中氮、磷、钾、总有机碳等营养成分及田间持水量、土壤团粒结构、土壤空隙度等都随污泥或污泥堆肥用量的增加而相应增加，土壤结构得到明显改善。

案例五：沈阳市已经建成并投产日处理为 1 000t/d 的污泥处理厂，处理来自国电东北环保产业集团北部、仙女河、沈水湾、西部污水处理厂的剩余污泥，工程采用好氧生物干化工艺，将含水率 80% 的污泥经过 22d 左右的处理后得到含水率在 35% 的产物。每日约有 200t 干化产物，年生产约 7 万 t，如何更经济合理地处理处置这些干化产物成为研究重点。污泥生物干化产物主要可以应用于土地利用（园林绿化、土地改良、农用）、填埋场覆盖土、焚烧发电（单独焚烧、混合焚烧）3 个方面。结合沈阳市实际情况，主要倾向于土地利用。近年来，由于连续耕作，植物根系对营养成分的不断获取，土壤的有机质和矿物质都很缺乏。土地长期超量施用化肥，使土壤板结，盐渍化程度高，今后若继续忽视施用有机肥，土地有机肥力将进一步降低而导致生产力下降。城市污泥含有大量的有机质和 N，P，K 以及 Mn，Zn，Ca，S，Fe 等生物生长所需的元素，是一种很好的肥料。但是，在我国由于没有系统、科学的管理办法和农用控制标准，使得污泥中有效成分不能被充分有效地利用，在很多地区污泥反而成为了污染源。根据《2009 年辽宁省农田土壤养分评价报告》，辽宁省农田土壤 pH 值平均为 6.67，属中碱性土壤，但有关文献研究表明，土壤 pH 值有逐年下降的趋势。同时结合国电东北环保产业集团各污水处理厂污泥的几次检测数据发现，指标 Cu、Ni、Cd、B 对作为园林绿化、土地改良的酸性土壤及农用的 A 级存在不同的超标现象。因此在考虑污泥产物土地利用时，应加强对辽宁省及其周边的土壤 pH 值调查，以进一步明确采用的标准，同时针对标准中所涉及的指标进一步对污泥产物进行检测。当作为农用 B 级污泥使用时，没有超标现象。如果把污泥堆肥进一步加工成含水量低、养分均衡、耐储存、便于运输和施用的商品有机肥将会有很好的市场前景。

案例六：日本有研究表明，污泥施用对绝大多数作物都有良好的肥效作用，其中以叶菜类增产最多，同时可改善蔬菜因缺少微量元素而引起的品质下降。

案例七：苏州市生活污泥的农用研究表明，施用污泥后土壤结构明显改善，容重下降，孔隙增多，通气透水性加强。另外，采用热喷处理污泥，并将处理污泥制成复混肥用于田间实验。其研究发现，污泥经适宜的热喷处理能有效除臭、杀灭病原菌和大幅度提高污泥水溶性有机物和速效氮磷养分含量，并使养分的生物有效性提高，且施用热喷处理污泥复混肥的小青菜增产效果比等养分的无机复合肥高38%。

案例八：有研究指出污泥堆肥在城市园林绿地使用可明显促进树木、花卉及草坪的生长，使树木高、地径、根茎之比等增加；可使花卉的生长量增加，开花量增多，花期延长；还可使草坪草生物流量增加，绿色期延长。污泥堆肥可明显改善土壤性质，施用一个生长季后，土壤表层存留的 N、P、K、有机质、CEC 等，均随污泥堆肥施用量的增加而增大，土壤容重下降，持水量、孔隙度及渗水率有所增加。施用污泥堆肥对环境质量的影响很小，当施用量小于$120t/km^2$时，随之而带入的盐分对植物不会造成危害，$NO_3 - N$ 对地下水不会造成污染，重金属对园林植物也不会产生危害。

案例九：研究采用黑麦幼苗法研究污泥中重金属的生物有效性，结果发现，污泥经过堆肥处理后，水浸体态重金属的含量减小，而交换态和有机结合态增加，但总的来说，残渣态所占的比例还是大得多。另外，由于污泥堆肥化过程中加入的调理剂与膨胀剂的稀释作用，使污染堆肥中重金属的浓度比污泥中的低。为了慎重起见，建议把污泥堆肥有限在非食物链植物上施用（如园林绿地、草坪草、树木、高速公路绿化带等）。污泥中的盐分差别较大，施用 $FeCl_3$ 和 $AlCl_3$ 工艺的污水处理厂，污泥中的盐分普遍较高，在使用前对其中的盐分进行淋洗是必要的。另外发现，土壤盐分（或电导率）随污泥堆肥施用量的增加而增加，随时间的延长而降低，在第二个生长季节，土壤中的盐分对大多数植物都是可以忍耐的。

7.5.2 污泥在园林的应用

从近几年的经验教训来看，改善城市的环境、实现资源的有效与可持续的方法之一是合理处理及利用污水污泥。其中，污水处理在一定层面上取得了成效，而污泥土地的有效利用，则被认为是目前最普遍、最经济的解决与处理难题的主要办法之一，但对其处理成效还不大。园林的绿化作为人类利用土地的一个方面，所使用的污泥并未进入食物链之中，因此对于人类的健康不会造成威胁，同时也能改善土壤的条件，并促进园林绿色植物的生长，提高园林的绿化质量；此外，还能通过植物的吸收作用，将其降解成无公害的产物，这也不失为一种资源可持续的利用渠道。但这里有一点必须注意：污泥中存在着种类繁多的污染杂质，如果在施用的过程中处理不当的话，则会造成城市环境和园林绿地的二次污染，这是相当不可取的。因此，对于研究污染园林绿化资源化利用，不仅仅是我国必须重视的课题，同时也是世界各国都应该重视的，这对于日益紧缺的土地资源与日益恶化的环境保护起到了非常重大的意义。

污水污泥的处理及资源化利用是改善城市环境、实现资源可持续利用的有效方法之一。园林绿地利用作为土地利用的一个方面，所用污泥不进入食物链，对人类健康不构成威胁，并且它还能改善土壤条件，促进园林植物生长，提高绿化质量；通过植物的吸收利用，降解成无害产物，实现资源的可持续利用。污泥是一种肥效优于普通农家肥，并可替代腐叶土的微生物菌肥，但污水处理厂出厂的城市污泥含水率达85% ~95%，黏稠、恶臭，长途运输费用高而且污染城市空气，而就近通过腐熟或干化处理后施于园林绿地，是一种节省能源、方便经济、具有城市化特点的污泥处置办法，也可经辐射处理杀灭病源物后施用。

污泥中含有相当于厩肥的氮和磷，也含有钾、钙、铁、硫、镁及锌、铜、锰、硼、钼等微量元素，其中氮、磷均为有机态，可以缓慢释放而具有长效性，供给园林植物养分。将污泥与锯末、秸秆、树叶、粪便、垃圾及膨胀剂如木屑、秸秆玉米芯等，在一定条件下（如 pH 值、C/N、通气、水分、温度）进行好氧堆沤。污泥经堆肥化处理后，病原菌、寄生虫卵、杂草种子几乎全部被杀死，没有臭味；同时，可降低重金属有效态的含量，增加速效养分含量，成为一种比较干净且性质比较稳定的肥料。污泥堆肥除可施用于园林绿化、草坪、废弃地等外，还可用作林木、花卉育苗基质，降低了育苗成本。另外，污泥中含 20%～40% 的有机物质，经过生物降解的有机腐殖质，可提高土壤的阳离子代换量，改善土壤对酸碱的缓冲能力，提供养分交换和吸附的活性点，从而提高对肥料的利用率，也同时改善林下土壤的物理性质。

污泥堆肥因本身密度小并能增加土壤的孔隙度而显著减少土壤的容重，可增加土壤总的孔隙容积，并改善孔隙大小的分布。污泥减少了土壤地面冲刷，减少因径流引起的植物养分损失，可增加土壤的持水能力从而提高土壤水分含量，还可增加土壤的透水性及防止土壤表面板结，改良土壤结构，使土壤疏松，给土壤水分和空气以快速进出的通道，黏重的土壤施入污泥堆肥后，有利于团粒的形成以及提高团粒的水稳性。污泥可增加土壤根际微生物的群落，从而增加其生物活性，有利于养分的释放。有不少研究认为，施用污泥堆肥可控制根的腐烂及抑制一些病原菌。在我国这样一个发展中的农业大国，污泥的农田绿地利用是最佳的最终处置办法，对于农林业、草坪业的发展必将起到一定的推动作用。

稳定后的污水污泥用于园林绿化有 3 个出路和用途：园林绿化基质土、园林绿化肥料和市民盆栽肥料，其中市民盆栽肥料虽然每年约能消纳 1 200t 干污泥(1 846m³/d,含水率为 35%)，但是替代物质较多，消纳量变数很大，因此，只统计前两种消纳量。

案例一：重庆园科所污泥处理新技术投产应用经过四年的努力，在污水污泥园林资源化利用方面取得新进展。该所承担的《重庆市污水污泥园林营养土生产性试验项目》通过专家鉴定，并建立了日处理 10t 污泥的试验生产线。污水厂污泥含水量较高，需要通过晾晒或加入添加物的方式将其含水量降到 45%～55%，方可进入发酵环节。本次试验使用枯枝落叶、木屑等园林废弃物做添加物，不但效果好，也节省了资源，各地可以根据各自情况选取不同的添加材料。发酵过程中要控制好温度，60～65℃ 的温度要保持三天，温度过高时要注意翻动，以后温度会缓慢下降，直到 30～40℃ 时结束发酵，整个过程 13～15d。发酵后的污泥和农田土按一定比例混合，即制成园林营养土。化验结果显示，这种营养土达到了《园林栽植土壤质量标准》和《土壤质量环境标准》的各项指标，而且实现了污泥的稳定化和无害化，不会对环境造成污染。采用本方法处置污泥成本约每吨 150 元，而污泥干化一般需要 200 元的处置成本，技术推广应用后可节省大量处置成本。重庆现在很多绿化工程开始用营养土替代泥炭、草炭等不可再生资源，而且污泥的园林资源化利用一旦进入规模生产阶段，将大大缓解主城区的污泥处置压力，同时为宜居重庆的建设提供了充足的种植土资源，解决了城市绿化面临的一大难题。

案例二：西安市污泥施用在长安县南五台林场，对树木生长所作的研究认为，施用不同量污泥 1 年后，供试树木在树高和胸径的生长上均随用量而增加；3 年生油松和杨树施污泥 1 年后，土壤中 N、P、有机质、CEC 均随污泥用量而增加；土壤的容重下降，土壤的持水量、孔隙度 100mL 土的膨胀体积均增大；施污泥后，土层中硝态氮含量随土层深度增加而减小，而且 100 ~ 120cm 土层中硝态氮 < 30mg/kg，说明在试验用量下，第 1 年内未对地下水造成污染；施污泥 1 年后 20 ~ 40cm 和 50 ~ 70cm 土层中的 Cd、Cu、Zn、Pb 与空白比较均未增加，说明未向下层迁移。

案例三：在污泥堆肥化及将其用作容器育苗基质的研究中认为：明显促进苗木生长，在生长 4 个月后，刺槐、国槐、侧柏的苗高、地上径、干重、以及形态质量指数—苗木总干重/（苗高与地径之比 + 茎根鲜重之比）与对照相比，差异显著。国槐叶片中的叶绿素含量、全氮、全磷含量均明显高于对照；容器育苗同根外追肥与否差异显著，说明在管理上喷施氮、磷，可促进苗木生长；刺槐苗木对基质中重金属的吸收率为 7.2% ~ 22.9%，地下部分 Cu、Cd、Ni 的吸收大于地上部分，Zn、Pb 则相反。

案例四：在城市污泥对退化森林生态系统土壤的人工熟化研究中报道：林地施用污泥能促进树木的生长和发育，增加树高和地径；并对林地灌、草层植被也有促进作用；林地施用污泥后可提高土壤肥力，主要增加土壤有机质、有效养分 N、P，对有效 P 的增加最为显著，这也是促进树木生长发育的根本原因；土壤重金属残留主要是 Pb 含量有所提高，其他重金属含量影响不显著。土壤中 Pb 含量随污泥用量的增加而增加，因此应以污泥 Pb 含量的多少作为污泥最大施用量的依据。

案例五：灰化土等土壤上生长的云杉和松树施用城市污泥后，能加速树木的生长和发育，增加树高和地径。在松树、橡树和黄杨树等林地上，每公顷施用 4 ~ 6t 污泥堆肥，与施用化肥相比，树高度增加 46% ~ 48.9%，直径增加 45.3% ~ 50%，生物量增加 42% ~ 66.1%。

案例六：土壤是一种不可再生的自然资源，上海是冲积平原，除了部分富含有机质或熟化比较完全的土壤为中性外，大部分土壤有碳酸钙沉积，土壤 pH 值为碱性。用于城市绿化的土壤很多是客土或是没有完全熟化的深层土。随着城区绿地的不断扩大，出现了取土困难，取好土更难的局面，为此，开辟新的优质栽植土壤或人造基质来源，分阶段全面改良绿地土壤，已成为绿化建设发展中亟待解决的重要问题。污泥通过处理处置可作为优质栽植土壤（或人造基质）来源的一个重要组成部分。按每建设 1m^2 绿地需要 1m 深的土方，如果 0.5m 以上土方作为主要种植层需要改良，根据上海城市排水有限公司的研究结果表明，10% 的污泥参入量从可操作性及环境角度看是可行的，则每平方千米新建绿化面积可消纳 50 000m^3 栽培基质土。

根据《上海市中心城区公共绿地规划》（2003 年），保守估计从 2005—2020 年，上海中心城区将增加绿地面积 80km^2，如表 7 - 22 所示。

表 7 - 22　中心城区绿地指标构成　　　　　　　　　　（km^2）

项目	2005 年规划总量	2020 年规划总量	规划新增
外环绿地	63	63	0
楔形	20	40 ~ 45	20 ~ 25

（续表）

项　目	2005 年规划总量	2020 年规划总量	规划新增
生态敏感区绿地	0	35 ~ 40	35 ~ 40
建成区绿地	65	91	26
总　计	150	230 ~ 240	80 ~ 90

根据《上海城市森林规划》（2003 年），2020 年郊区森林规划面积 2 168km²（防护林 698.8km²，片林 1 199.95km²，四旁林 200km²），扣除 2003 年已有的 606.56 km² 和近期建设的 486.67km²，还需建设 1 074.77km² 绿地，从保守角度出发再取 0.65 的折减系数，从 2005—2020 年郊区林地面积将新增 700km²。估计从 2005—2020 年，上海将增加绿地面积 780km²（城区绿地占 80km²，市郊林地占 700km²），如果每平方千米绿化建设使用 50 000m³ 基质土计，那么至 2020 年需要 3.9×10^7 m³ 的基质土资源，此消纳量为 2020 年的全市规划污水污泥量(2 260m³/d，含水率为 35%) 的 47.3 倍。

案例七：江苏里下河农业科学研究所经过研究，将秸秆牛粪与污泥发酵成营养土，提高行道树成活率。行道树在城市绿化中起着重要的作用，但是其在移栽过程中，因为斩头去尾，导致不少大树移栽后需要挂营养液以提高成活率。将秸秆、牛粪等废弃物与又黑又臭的生活污泥混合发酵后，变身为城市行道树专用的基质土，扬州正与江都一污水处理厂洽谈未来部分行道树有望用上基质土。目前，该项目已经开展了大量的前期工作，并取得了阶段性的成果。现在已经检测分析了多家污水处理厂的污泥，掌握了扬州市生活污泥的性质，研究了不同配比的调理剂（菌渣和秸秆）对污泥堆肥效果的影响等等。据悉这一项目已经获批 2014 年江苏省社会发展支撑计划项目立项。据预计，一两年内将建成年处理 3 000t 城市生活污泥生产线，生产城市行道树专用基质 4 000t，示范推广面积达到 5 000 亩。

基质土可以作为有机肥，或者是其他肥料的添加剂，或是混合到无机肥中，使用起来很方便。一般在树木移植前，这些污泥基质土作为基底使用，先埋藏在土里后，再将树木移栽上去。与大田作物和蔬菜中农用不同，生活污泥堆肥应用于城市行道树的移植，脱离了人们的食物链，同时如果有部分重金属超标还可以通过大树生长吸收而固定于体内，为城市园林绿地提供有效的肥源。如果城市的地下管网生活污水和工业污水还存在一定的交叉性，相比较而言，将生活污泥用于大田肥料，有可能会进入到人的食物链中。

案例八：中国科学院沈阳应用生态研究所利用沈阳北部污水处理厂污泥（工业和生活混合污水未消化污泥）为研究对象，开展了污泥土地利用对草坪草及土壤环境影响的研究。供试草种选择草坪草，实验基地为沈阳北部污水处理厂西部，污泥以湿污泥的形式投加，投加量为 15t/hm²、30t/hm²、60t/hm²、90t/hm²、120t/hm²、150t/hm²。污泥的施入对土壤养分含量和草坪草生物量的影响明显，提高了土壤养分含量水平，土壤有机质含量随着污泥使用量的增加呈明显递增趋势，与对照相比增加了 12.8% ~ 80.8%；污泥肥料为草坪草的生长提供了丰富的营养物质，不仅使草的生物量增加，同时也使草生长绿期延长。说明污泥的施入提高了土壤养分的含量，并使草坪草获得良好的生长响应。施入后土壤中 Cd、Pb、Cu、Zn 含量与对照相比有所增加，其中 Cd 元素的增加幅度较大，超过了土壤环境质量二级标准，但未超过土壤环境质量三级标准，而土壤 Pb、Cu、Zn 含量远低于二级土壤环境质量标准的临界值。

案例九：宁波市污水处理厂和统计大学土木学院合作，利用宁波市污水处理厂的脱水污泥进行了草皮无土化培植试验，取得了种植的成功经验。该科研小组于 1999 年用宁波市污水处理厂的脱水污泥作为草皮种植基肥，进行了草皮无土化培植试验。利用厂区的水泥地做试验田，取得了成功。草坪种植试验成功后，2000 年又利用厂区道路播种高羊茅草种，种植面积达 5 000m²。养护 1 个月后，草叶长到 3 ~ 4cm 长，2 个月时，草皮已成坪，长势良好，底部的根系紧密相连，已能如地毯般卷起出售。该草皮因长势良好、铲运方便、利用率高、卷起面积大、无杂草，所建草坪与同类草坪相比，有着起坪方便、1 ~ 2 年内无需施肥等优点，因此，受到了客户的欢迎。

脱水污泥除用作草坪培植基土外，在许多绿化工程中也开始得到推广。浙江万里学院、浙大理工学院、李惠利中学等一批学校的足球场草坪施工中，均采用了脱水污泥作为肥料添加剂，与山皮土或沙掺和做草皮种植基土，成坪后的草皮长势良好。在江东南路沿江绿化工程及自来水公司、巨神集团等企业绿化工程中，采用 20% ~ 30% 污泥与山皮土掺合作绿化基土，草坪、树木长势均优于单纯用山皮土作基土的绿化工程。

7.5.3 污泥在盐碱地的应用

上海的盐碱地主要分布在市区东郊的浦东、南汇、奉贤沿海与崇明岛东、北两侧，全市盐碱地面积约 60 万 hm²，由于受滩涂及海水中盐分的影响，土壤中盐分含量较高，不适合树木的生长。城镇污泥作为土壤改良剂较为有效，如果能够以污泥农用标准（GB 4284—84）的最大允许负荷施用，即每年每平方公顷用量不超过 2 000kg 干污泥，连续在同一块土壤上施用，不得超过 20 年，则当全市 60 万 hm² 盐碱地 20 年的使用量则可消纳 $2.4 \times 10^7 m^3$ 的污泥量，相当于 2020 年污水污泥量的 9 倍。上海各类污泥土地利用潜在的途径、污泥的消纳量如表 7 - 23 所示。对于全国来讲，我国每年土地利用可以消纳的污泥量是非常巨大的，这为污泥的土地利用提供了基础和市场。

表 7 - 23 污泥土地利用的消纳量/ $\times 10^4 m^3$

序号	用 途	总消纳量	备 注
1	园林绿化	4 500	污泥含水率为 35%；该消纳量是 2020 年污水污泥的 54.6 倍；但用量在时空分布上非常不均匀
2	盐碱地改良	2 400	20 年消纳量是 2020 年污水污泥量的 9 倍
3	污泥制肥农用	—	全市每年需要约 80 万 t 化肥
	合 计	12 600	

7.5.4 污泥在受损土壤的应用

污泥有机质可以改善土壤的物理性质，因此污泥除了做肥料使用外，还可以用作土壤改良剂。受损土壤往往含有各种污染成分，如不进行土壤改良和生态修复，不仅对这些土地本身是一种浪费，而且会污染周边地区。常见的受损土壤有采矿残留矿场、取土后的凹坑、工业垃圾填埋场、河岸沉积地及地表严重破坏地区等。由于这类土地一般已失去土壤正常特性，无法直接进行种植，施入污泥可以增加土壤养分、改良土壤特性、改善土壤结构、促进土壤熟化等。这样在促进地表植物生长的同时避开了食物链，对人类生活潜在威胁较小，既处置了污泥，又恢复了生态环境，是一种很好的利用途径。

改良矿山废弃地的理化性质和防治水土流失土壤的特性，尤其是透水性、抗蚀性、抗冲性对水土流失有很大影响。由于城市污泥的上述特性，施用城市污泥有机肥能迅速有效地提高矿山废弃地的有机质含量和改变其结构性能，从而达到防治水土流失的目的。随着污泥施用量的增加，废弃地中有机质含量会累积和提高，其理化性质也会发生明显的变化，通常表现为正相关变化，而水土流失量的变化则表现为负相关关系。有研究结果表明，施用城市污泥后，土壤结构系数、水稳定性团聚体、孔隙率、透水率和持水量随着污泥施用量的增大而增大，土壤容重和表土抗剪力随之减小。这些性质的改善都是有利于增加雨水入渗、减少水土流失的重要机制。当然，城市污泥的初期作用主要在于其较强的粘性、持水性和保水性等物理性质，从而有利于提高矿山废弃地的结构稳定性和持水保水能力。在此基础上，矿山废弃地的理化性质必然会不断改善，抗水土流失的能力也会不断提高。在28°坡地上对灰岩采石场废弃地施用城市污泥进行试验（混入土壤和直接铺在其表面，$200 \sim 400t/hm^2$）结果表明，在模拟降雨条件下（64mm/h），无论有无植被，与对照地相比水土流失率均有较明显的降低（减少侵蚀10%以上），降低程度与污泥的施用量成正比。随着时间推移和施用污泥延续，水土保持的效果必然会越来越显著。植被在水土保持中起着重要作用，表现在拦截雨滴、调节地面径流、固结土体和改良土壤性状等方面。植被保护土壤免受侵蚀的能力，不仅取决于其密度或厚度，而且还取决于总的生长情况。密集型作物的保护作用最大，如草地或草/豆混种作物等。然而，无论何种作物，只有当其健壮、速生和高产时，才能发挥最大的保护作用。这种情况也只有在天然肥力较高或能施用足量肥料的土壤中才可能实现。但是，矿山废弃地往往十分贫瘠，因而在这样的地方迅速有效地建立植被的关键之一是施肥。

城市污泥既含有丰富的氮、磷、钾，又含有大量的有机质，而且大部分氮磷是有机结合态的，经矿化后易被植物吸收。因而通过施用城市污泥有机肥来恢复植被，既能迅速地供肥，又能持久地供肥。施用污水污泥后，$0 \sim 30cm$ 和 $30 \sim 60cm$ 土层的全氮量显著增加，水溶性有机氮会在 $60 \sim 90cm$ 的土层富集，尤其在干旱的季节，利于作物从深土层吸收氮。同时，还能改良土壤的理化性质，从而能保证植物的健壮、速生和高产，达到防治水土流失和改良土壤的目的。

案例一：在 $4hm^2$ 煤矿废地上进行小区实验，施用污泥，种草和豆科植物三个月后，小区全部覆盖上植被，第一年高度达 $32 \sim 35cm$。研究表明，与施用城市污泥相比，通过施用化肥来建立植被和防治水土流失，不仅是费用高，而且效果很差。施用污泥改良土壤细菌数和真菌数分别增加到 $4 \times 10^6 \sim 6.3 \times 10^7$ 个/g 和 $4 \times 10^6 \sim 1.8 \times 10^5$ 个/g，分别比不施用污泥的高 $5 \sim 10$ 倍和 $3 \sim 4$ 倍，放线菌也增加到 $1.18 \times 10^4 \sim 1.423 \times 10^6$ 个/g。污泥施用有利于提高矿山废弃地中微生物的活动性，土壤环境的改善为土壤微生物的活动提供了条件，土壤微生物活动又反过来进一步促进土壤肥力的提高。土壤微生物的活动参与和促进了土壤中的物质循环，是构成土壤肥力的重要因素之一。细菌、放线菌和真菌是土壤微生物的主要群落，占总数的 99% 以上。施用城市污泥，一方面是输入了大量的有机质和矿质养料，有利于促进土壤中原有微生物的活动和繁殖；另一方面又因为其本身主要是由微生物群体组成的活性污泥（1g 污泥含细菌高达数万亿个），从而直接地大大提高了土壤中的微生物数量。微生物促进有机物的分解和氮素的矿化作用和硝化作用，提高养分的有效率。因此，在矿山废弃地施用城市污泥，促进微生物的活性，有利于其理化性质的改良和植被的恢复，最终达到复垦的目的。

案例二：破坏原生植被、残存裸露边坡、加剧水土流失等环境问题总会伴随山区的道路修建而发生。定都峰景区位于首都西长安街延长线的西端，被誉为"京西景观第一峰"。由于定都峰相对高差较大，在景区环线公路修建过程中，填挖土石方较多，形成了大量的裸露公路边坡，破坏了原有地形地貌及植被，与周边自然景观极不协调，更不符合长安街沿线靓丽生态景观及门头沟生态涵养区的定位，也易形成水土流失。道路生态护坡的关键就是营造出最佳结构的植被生长基质，使其既能保水、保肥、透气、透水，适于植物生长，又能有效抵抗雨蚀和风蚀，抑制水土流失。因此，用于植被护坡中的基材，除要求其具有较好的肥力及保水性外，还要具有抗冲刷能力及一定的强度，以防止基材脱落和坡面浅层坍塌。另一方面，我国土地资源形势相当严峻，现有可利用土地水土流失严重、土地退化、荒漠化现象在逐步加剧间。将污泥应用到道路边坡生态修复工程基质材料中，不仅能够解决客土资源受制约问题，而且有助于实现废弃物在绿化中的资源化利用。同时，由于公路边坡绿化是一个封闭体系，又避开了食物链，因而污泥应用于边坡生态修复工程中是安全的。研究结果表明，土壤结构系数、水稳定性团聚体、孔隙率、透水率和持水量等指标在施用城市污泥后明显增大，土壤容重和表土抗剪力则表现为显著减小。这些性质的改善都是有利于增加雨水入渗、减少水土流失的重要机制。因此，根据水土保持的基本原则，利用城市污泥较强的黏性、持水和保水性等物理性质来改良土壤，提高土壤的结构稳定性和持水保水能力，防治水土流失，不仅可能、而且必要，同时具有重要的环境、生态、社会和经济效益。本文研究了污泥等废弃物资源在道路边坡生态修复基质中的应用。当污泥添加比例达 40% 时，土壤有机质、氮磷钾含量均显著提高，其中有机质含量提高近 4 倍；同时污泥的应用，还可显著提高试验区内的植被盖度、高度、地上以及地下生物量，有利于增强边坡的稳定性和水土保持性能。因此，将污泥应用于道路边坡生态修复基质材料，不仅可以拓宽城市污泥的处理途径，而且可以增加边坡修复的客土来源，有利于保护耕地和提高土壤肥力，是一条经济可行的途径。

案例三：高速公路绿化带土壤多为生土，植物难以生长良好。污泥含植物养分及大量有机质，具有肥田及改土作用，西北农林科技大学将其与秸秆进行堆肥化处理后，加入化肥制成复合污泥堆肥，施用于高速公路，避开了食物链，对环境也无影响。在西宝、西三及西临高速公路的中央分隔带、护坡及转盘对几种树和草类进行的试验，证明植物响应良好：护坡及转盘内草坪草生物量增加，颜色加深，绿色期延长；护坡草生长旺盛，根系发达，对护坡具有良好作用；中央分隔带植物高度、冠幅、地径增大。在西宝线 2km 的示范段全面施用，植物明显生长良好，成为一个绿色长廊的样板。与化肥相比，复合污泥堆肥具有明显后效。

7.5.5 污泥在林地的应用

污泥除可用于农田、园林、盐碱地及受损土壤外，还被使用在森林土壤中。一方面，污泥中的营养成分和微量元素可促进树木生长；另一方面，由于污泥林地施用不进入食物链，不会对人类健康造成危害。一般林场、森林等地区均非人口密集地区且面积较大，相对环境容量也较大，可承纳大量的污泥，施用也较为安全。为避免施用污泥后可能对地下水产生的污染，可以采用分多次少量投加的策略。林业发达国家如瑞典、芬兰、美国、新西兰等，对人工林进行施肥，提高了木材生长量，缩短了轮伐期，已成为一种常用的经营措施，取得显著的经济效益。污泥林地利用是一种很有前途的利用方式，其最大的优势在于不易构成食物链污染的风险，因此对某些污染物的含量可适当放宽，但仍应注意其对生态环境和公众健康所造成的危害，因此要加强其中病原体的污染控制和施用量的控制。污泥用于造林或成林施肥，不会威胁人类食物链，林地处理场所又远离人口密集区，相对来说很安全。由于森林环境的强大影响，也由于林地、荒山往往比农田更缺乏养料，可使过量的 N、P 养料得以充分利用。污泥在林地上的应用，主要注意的问题是 N、P 等物质污染地下水，增加土壤重金属和有害化学物质等环境风险，以及木材材质是否受到影响。

案例一：在西佛吉尼亚的污泥土地利用项目研究中，以两块酸性矿土、一块中性未扰动土为对象，来评价污泥施用量对草地生物量、营养状况以及土壤和植物中的重金属积累的影响。在 Westover 的一块矿区复垦土地上施用污泥，干污泥施用量为 $0t/hm^2$、$15t/hm^2$、$31t/hm^2$、$64t/hm^2$，每年进行监测。这些施用量是用来作对照的，同一地点的中性牧草土地上的 3~12 倍。随污泥施用量增加，草地单位面积的生物量增长，而豆荚生物量减少，矿土 pH 值没有影响，土壤有机质处理 4 年后由 15g/kg 增至 22g/kg，矿土 DTPA 浸提 Cu、Zn 和重金属浓度也随污泥施用量的增加而增加。在 Dellslow（复垦矿土）和 Pentress（未扰动土）施用污泥，施用量为 27.6t/hm。污泥处理与对照相比，植物生物量增加 1.5~2.8 倍，土壤 pH 值未受影响，DTPA 浸提 Cu、Pb、Zn 在土壤上层 15cm 未发现显著差别，组织分析显示有更多的原蛋白，处理与对照相比，草体 Cu、Pb、Zn 浓度无差异。此研究结果使西弗吉尼亚的污泥土地利用指南得到修改，1988~1990 年污泥土地利用量倍增，从 4 150t 增至 8 520t。

案例二：森林退化问题在热带亚热带地区较为严重。针对热带亚热带地区森林退化的问题，中国科学院生态环境研究中心和中国科学院华南植物研究所在广东鹤山丘陵地区进行的野外试验，利用广州市大坦沙污水处理厂污泥可有效地促进树木的生长发育如增加株高和地径，对林中的灌草层植被也有促进和改善；同时可提高林地土壤肥力，如土壤有机质和有效养分等。对土壤重金属残留的监测表明，施用污水厂污泥后主要问题是增加了 Pb 含量，其增加量随污泥用量增加而增加，其他重金属增加不显著。

案例三：在滨海新区京津高速旁的园区内，土壤经过处理的生活污泥，添加有机物料，制成的有机营养土。有机营养土装在一种圆柱形容器内，容器四周布满孔隙，有利于根系生长，防止长成球状，影响移植后的存活率。采用滴灌技术，最大程度实现节水。因为移动方便，不需断根，不仅限于春秋，即使夏天这些树木也可以移植。以绿化造林 1 万亩计算，每年使用这项技术可减少带走土壤 10 万 m^3，以 15cm 的深度为例，相当于 1 000 亩农田的表层土壤，可节约灌溉用水 1 000 万 t，节约苗圃占用农田 6 000 亩。对于绿化用土紧缺的滨海新区来说，这项技术不仅社会效益可观，而且经济效益前景也好，每天产生 40t 污泥残渣，年产 14 600t，加上有机物料，可配出约 2 万 t 有机营养土。以 1t 营养土种植 5 棵树木为例，可种植 10 万棵树，以每棵树售价 200 元，2 年培育期为例，年收益上千万元。

案例四：有研究表明，在林地施用污泥 1 年后，土壤全磷含量增幅达 0.18g/kg，有效氮增加了 73mg/kg；杨树、泡桐和小油松的树高和地径比对照增长了 9.2% ~ 41.2% 和 5.6% ~ 20.8%；污泥堆肥对榆树树高生长有一定的促进作用，使树高增加 11% ~ 25%，地径粗增加 19% ~ 50%，加速了树木生长，缩短了木材的生长循环，增加了木材产量；国槐和刺槐的株高及地径增加 34.1% ~ 51.3% 和 8.3% ~ 20.8%，并使叶片的叶绿素含量提高了 9.9% ~ 26.7%；新西兰林地污泥实验结果表明，施用污泥后，森林地表枯枝落叶中氮的积累增加，土壤中可利用的氮含量有较大的提高。

7.5.6 污泥在垃圾填埋场的应用

垃圾填埋场在运行过程中需要大量的覆盖材料，封场时又需要大量终场覆盖材料。通常垃圾填埋场从取土场取黏土，作为专用覆盖材料，这不利于保护土地资源和生态环境。有研究实践表明，经堆肥处理后的污泥堆肥，其抗剪切性可达到填埋场覆盖材料的稳定性要求，覆盖层渗透系数符合生活垃圾填埋场污染控制标准，因此可作为填埋场日覆盖和终场覆盖材料。在达到覆盖目的后，由于污泥堆肥含有丰富的养分，在垃圾填埋场封场后覆盖污泥堆肥利于种植灌木和草坪草等植物，还可起到促进垃圾填埋场植被恢复的作用。对目前垃圾填埋场封场覆盖现状，污泥处理处置干化产物遵循循环经济、废物资源化利用理念，提出以废治废，资源化利用污泥干化产物进行填埋场封场覆盖的出路，用污泥干化产物做填埋场覆盖土可以实现填埋场安全、卫生及渗透性的优化。

案例一：沈阳市有两座生活垃圾填埋场，共处理生活垃圾 3 500t/d，参照《营口经济技术开发区垃圾填埋场工程环境影响报告书》中有关数据，生活垃圾压实密度为 0.9t/m，垃圾每日压实厚度达到 2.3m 后。覆土 0.2m，形成一个 2.5m 的填埋单元层。若以含水率 35% 的污泥产物作为垃圾填埋场覆盖土，其堆密度约为 0.65t/m，则需要约 220t 的产物。项目建成后每日产生的 200t 污泥产物可全部应用于覆盖土使用。

案例二：重庆大学为解决城市污染，实现污泥"减量化、无害化、稳定化、资源化"的目标，有必要寻求更多技术上可行、低成本的污泥综合利用新技术，测定了重庆市唐家桥污水处理厂消化污泥本底的含水率、有机质含量以及经过预处理后不同含水率的消化污泥模拟降雨实验的渗透系数，浸出液的 COD、氨氮、pH 值等。选择渗透系数低、污染负荷小的含水率为 50% 和 60% 的消化污泥，分别与石灰、炉渣以不同比例混合改性后，再测定模拟降雨实验浸出液的各个指标。实验结果表明，含水率为 60%

的消化污泥与炉渣以 2：1（质量比）混合时，渗透系数达到 10^{-6} 数量级，已接近垃圾填埋场对防渗层的要求。因此，消化污泥改性后可作为垃圾填埋场覆盖材料。

以上应用实例表明，土地利用是实现污泥的资源化利用的重要途径，不仅能够有效地缓解污泥对环境所造成的二次污染，还能变废为宝，为土壤提供有用的营养成分，改善土壤的物理化学性质，促进植物的生长发育，实现土壤的可持续利用。在污泥的土地利用的过程中，只要对污泥中的重金属、有机污染物和病原体以及其中的营养成分进行有效控制，对土壤进行定期的检测，对污泥土地利用进行科学的管理，就能确保污泥土地利用的安全性，实现污泥资源化循环利用的目标。

7.6　污泥焚烧发电

脱水污泥处置最终目的都是要达到无害化、减量化、资源化。脱水污泥直接外运处理，有些运到生活垃圾填埋场合并处理，由于含水率较高，填埋非常困难，容易造成二次污染。污泥中含有的各种有毒有害物质经雨水的侵蚀和渗漏会污染地下水，此外因城市污泥大量的产出使得适宜填埋的场所显得越来越有限。填埋需占用大量土地、耗费可观的填埋费用。脱水污泥焚烧处理的模式已经在国内外得到广泛应用，污泥焚烧的优点是可以迅速和最大限度地实现减量化，它既解决了污泥的出路又充分利用了污泥中的能源，且不必考虑病原菌的灭活处理。污泥焚烧的热能可回收利用，有毒污染物被氧化，灰烬中的重金属活性大大降低。

污泥焚烧是利用高温将污泥中的有机质和有毒有害物质彻底氧化分解的技术，与其他污泥置技术相比较，焚烧可最大程度地对污泥无害化、减量化和资源化，是一种最彻底的处理方式。在日本采用焚烧的比率达总量的 75%，欧盟国家采用焚烧方式处理污泥的比例也在不断提高，并且逐渐成为最主要的污泥处置手段之一。对于污泥这种特殊的污染物，发达国家目前逐渐转向采用焚烧的方法进行无害化处理。

以焚烧为核心是最彻底的处理方法，这是因为焚烧法与其他方法相比具有突出的优点：焚烧可以使剩余污泥的体积减少到最小化，因而最终需要处置的物质很少，焚烧灰可制成有用的产品，是相对比较安全的污泥处置方式；焚烧处理污泥处理速度快，不需要长期储存，特别适合于大规模集中处置城市污水处理厂污泥；污泥可就地焚烧，不需要长距离运输；可以回收能量，用于污泥自身的干化和发电供热；能够使有机物全部碳化，杀死病原体。污泥焚烧中的湿污泥存储系统要充分考虑封闭性、无污染、易卸料、防腐等方面的因素，可实现污泥洁净存储和长期稳定运转。湿污泥存储系统是通过螺旋输送等设备把污泥送入污泥存储仓中，在此过程中要充分考虑污泥仓的密封问题，尽量防止有毒气体外溢。通常考虑仓顶设置可控制开关的仓盖，在输送结束时保持污泥仓的密封。污泥接收仓布置在封闭的建筑内，在建筑物内设置一根负压管到炉膛，使卸料间及污泥仓内保持微负压状态，同时可把有害气体焚烧处理。

污泥焚烧处理不但可以大大减少污泥的体积和重量（焚烧后体积可减少 90% 以上），而且焚烧灰还可制成有用的产品，是相对比较安全的一种污泥处置方式。污泥焚烧处理速度快、占地面积小、不需要长期储存，污泥可就地焚烧，不需要长距离运输，可以回收能量用于供热或发电。利用焚烧方法处理污泥的前景越来越被看好，是目前处理污泥的最好方法之一。

世界上第一台焚烧污泥的锅炉于 1962 年诞生于美国，至今仍在运行，它是在布蒂斯堡能源中心进行的污泥焚烧机理研究，目的是研究燃烧热能的回收。该研究引起了发达国家的关注，德国、日本、丹麦、瑞士、瑞典等国研究人员也先后进行了污泥焚烧系统的研究。从 20 世纪 90 年代起，污泥焚烧工艺逐渐成熟，发达国家开始把焚烧工艺作为处理市政污泥的主要方法之一。德国有近 40 个污水处理厂拥有多年的污泥焚烧工艺实际运行经验，其中 10 家混烧生活垃圾和市政污泥，20 多家焚烧城市污水污泥，9 家专门进行工业废水污泥的焚烧处理。2001 年由城市和社区污水处理厂中排出的 243 万 t 干污泥（Ts），其中大约 57.6% 的污泥得到了再利用。在德国污泥焚烧炉首先始于多段竖炉，而后流化床炉逐渐取代了多段竖炉，目前流化床焚烧炉的市场占有率超过了 90%。

丹麦每年约有 25% 的污泥在 32 座焚烧厂中处理；瑞士宣布从 2003 年 1 月 1 日起禁止污水厂的污泥用于农业，所有污水厂的污泥都要进行焚烧处理，瑞士政府每年将耗资 5 800 万欧元用于污泥焚烧处理；焚烧法处理污泥在日本应用得最广，在 1984 年日本用焚烧法处理污泥的量达到 72%，1992 年占市政污泥总量 75% 的污泥在 1 892 座焚烧炉处理。目前，日本所有较大规模的污水处理厂均采用焚烧法处理污泥。

在我国由于污泥的焚烧处理，耗资巨大、设备复杂、对操作人员的素质和技术水平要求高，这方面开展的工作较少，研究局限于污泥的堆肥作用，而对污泥的能源利用很少，造成很大的能源浪费，有浙江大学、中国科学研究院、清华大学和华中理工大学等对污泥的焚烧原理进行了一定的研究。但随着我国在污泥焚烧理论和设备方面的研究逐步加深以及国外污泥焚烧技术的引进，近年来我国污泥焚烧实际工程也有相关报道。大规模市政污泥焚烧技术的应用始于 2004 年建成运行的上海石洞口污水处理厂污泥焚烧系统。

7.6.1 污泥单独焚烧发电

在国外，由于污泥中有机质含量可高达 70% ~ 80%，污泥单独焚烧是其主要的方式之一。我国污泥单独焚烧的案例不多，一般只有经济条件发展比较好的地区才选择污泥单独焚烧。

案例一：目前建成的污泥单独焚烧项目在上海石洞口污水处理厂，其处理能力为 213t/d（设计含水率 70%），根据现有检测数据，经过生物干化后污泥产物的干燥基低位热值约为 2 400kcal/kg，则 200t 含水率 35% 的污泥单独进行焚烧发电，每日约发电 12.5 万 kW·h，除去自身运行成本，可剩余电费约 3.45 万元/d，每年可获得电费 1 200 万元。

案例二：上海市竹园污泥处理工程主体工程于 2011 年正式 10 月 21 日开工。作为目前国内最大的污泥干化焚烧工程，该工程是世界银行贷款的上海城市环境项目 APL 二期项目，总投资约 9.3 亿元，计划于 2014 年建成运行。该项目位于浦东新区外高桥地区规划竹园污水厂用地范围内，总占地面积 5.83hm^2，地面标高 5.8m（吴淞高程），计划接收和处理来自上海市竹园一厂、二厂、曲阳、泗塘 4 座污水处理厂的脱水污泥，是国内目前最大的污泥干化焚烧工程。其工程概况见表 7-24，工程项目采用半干化焚烧处理工艺、焚烧灰渣进行建材综合利用的处置方式。按照上海市污泥处理处置规划，竹园污泥处理工程远期规划规模 240tDS/d，考虑到合流制排水系统的特点和减排要求，全厂总体布局按 300tDS/d 规模进行。根据一次规划、分期实施的原则，本工程一期建设规模为 150tDS/d。

表 7-24　上海竹园污泥处理工程概况

类别	参数	类别	参数
建设性质	新建	概算总投资	9.3 亿元
占地面积	5.83hm^2	处理规模	240tDS/d，其中一期规模 150t/d
建成时间	2013.3（计划）	污泥稳定化率	100%
项目模式	政府投资、国有运营	焚烧炉膛温度	>850℃
处理处置前含水率	75%	污泥处理处置	污泥干化，污泥焚烧

污泥先进行半干化，然后送入流化床污泥焚烧炉进行焚烧，烟气余热利用锅炉生产蒸汽用于污泥干化。引入外高桥电厂供热管网蒸汽，作为污泥干化的热能补充，以保证污泥干化系统随时都有足够的能源进行工作。污泥焚烧炉正常运行时不需外加其他辅助燃料。采用轻柴油作为焚烧炉启动和备用燃料，整体能耗降低 10%。焚烧后污泥体积减少为原来的 10% 以下，实现污泥最彻底的减量化。烟气处理系统采用静电除尘器+袋式除尘器+两级洗涤，达到欧盟 2000 高空排放。静电除尘器灰分外运用于建材综合利用，袋式除尘器灰分外运按危险废物处置。焚烧炉正常检修时，仍旧接受外来污泥，污泥先干化，不能焚烧的干化污泥在厂内储存，等焚烧线检修恢复后，储存的污泥再返回到系统焚烧，而且焚烧产物为稳定的惰性灰渣，真正意义上实现了稳定化和无害化，为建材利用资源化提供了条件。

案例三：项目由山东青岛胶南市易通热电公司投资兴建，概算总投资 2.2 亿元，污泥日处理规模为 800t/d，其工程概况如表 7-25 所示。该工程设置有生物质燃料饼生产线 12 条和流化床污泥焚烧炉 3 台，配 1 套 C12 汽轮发电机组+1 套 B6 汽轮发电机组。生物质燃料饼生产线是易通热电公司引进国内先进矿山机械设备自主研发改进而成，通过高压挤出生产工艺，将湿污泥、粉煤灰等废弃物混合料加工成生物质燃料饼，使湿污泥含水率从 80% 以上下降到 40% 以下，与少量次煤混合后，直接进入锅炉取代煤炭燃烧发电。

项目达产后，预计每年发电 1.08 亿 kW·h/年，可增加销售收入 1.1 亿元/年，与此同时，可关停服务区域内 20 多台热效率低、能耗高的小锅炉，节约标准煤 8.45 万 t/年，减少烟尘、二氧化硫和二氧化碳排放分别达 390t/年、1 566 t/年和 19.8 万 t/年。

表 7-25　山东胶南污泥焚烧发电项目概况

类别	参数	类别	参数
规模	800t/d	建设性质	新建
工程投资	22 000 万元	污泥处理处置	污泥焚烧
处理处置后含水率	40%	处理处置前含水率	80%
工程设置	生物质燃料饼生产线 12 条和流化床污泥焚烧炉 3 台		

7.6.2　污泥辅助焚烧发电

混合焚烧是利用现有的焚烧炉或燃烧炉（水泥窑、垃圾焚烧厂、热电厂或工业锅炉等），将污泥与其他物料混合后进入炉膛内焚烧。

目前，国内的污泥焚烧绝大部分是再用现有的焚烧炉或锅炉进行混合焚烧。对于国内垃圾焚烧厂来说一般都不愿意接收湿污泥，主要是因为焚烧厂焚烧所产生的热量一般都用来发电，接收高含水量的湿污泥会大大降低焚烧系统的发电效率。湿污泥不仅会带入大量水分进入焚烧系统，加大炉膛的热损失，而且污泥中的酸性物质等还会导致锅炉腐蚀和结焦。更重要的是由于焚烧厂在设计时并没有考虑到添加污泥这类高含水率的废物，因此焚烧系统在炉排选择、锅炉防腐的设计以及尾气处理系统负荷及工艺设计等方面并不满足要求，贸然加入高含水率的污泥的加入会加大电厂的环境安全风险。炉膛内温度不能保证稳定运行在 850℃ 以上，并且停留超过 2s，也不具备应对由于负荷加大而导致的二噁英、硫氧化物、重金属等的污染问题。因此，一般垃圾焚烧厂中投加湿污泥的比例一般不超过 10%。

案例一：最近几年污泥加入电厂流化床混烧项目发展很快，常州市利用市建设局排水管理处与常州热电公司联合研发的循环流化床锅炉技术对三台 75 蒸 t/h 的循环流化床锅炉进行改造，将市区所属的 5 座污水处理厂产生的污泥进行全量焚烧，取得了较好的效果。

案例二：理论上含水率 35% 的 200t/d 的污泥产物，可在沈阳市的热电厂内全部混烧，但是由于国家尚无污泥混烧烟气排放标准和技术政策，实际运行中产生的二噁英等有害物质没有得到有效控制。若国家出台相应的烟气排放标准和技术政策，势必大大提高该技术的烟气处理投资及运行费用，经济上难以承受。另外采用污泥混烧时，由于飞灰易在烟道内熔融黏结阻塞，烟气排量大，热损失大，锅炉热效率降低等原因，也制约着该技术的应用及普及。热电厂混烧项目实施时还需沈阳市政府有关政策配合，并综合考虑污水处理厂、热电厂的分布距离等必要因素。

案例三：绍兴垃圾与污泥混烧发电项目，项目日焚烧处理生活垃圾 1 600t（含城区服装厂、丝织厂等可燃的非危险企业垃圾 400t）和污水处理厂污泥 2 000t（含水率 85%），其工程概况如表 7-26 所示。

表 7 – 26　绍兴垃圾与污泥混烧发电项目概况

类别	参数	类别	参数
规模	2 000t/d(含水率85%)	建设性质	新建
工程投资	50 000 万元	建成时间	2008. 12
污泥处理处置价格	80 元/t	污泥处理处置	采用。煤助燃循环流化床。的污泥和垃圾混烧发电技术
污泥处理效果	外排烟气污染物浓度全部优于国家标准,垃圾飞灰中二噁英含量比日本土壤本底二噁英限值低 17~19 倍,焚烧后固体废物实现零污染		

　　项目采用浙江大学的煤助燃循环流化床。技术对污泥和垃圾混烧发电。该技术可以实现垃圾和污泥燃尽率接近100%,并利用后道焚烧发电工序产生的蒸汽余热,进行前道的污泥干化技术,比直接燃煤燃油干化污泥大大节省了成本,约为100 元/t。外排烟气污染物浓度全部优于国家标准,其中二噁英排放浓度仅为国家允许限值的5‰,较欧盟标准低20倍;垃圾飞灰中二噁英含量比日本土壤本底二噁英限值低 17~19 倍,利用飞灰制成建材全部达到国家标准,垃圾焚烧后固体废物实现了零污染。在单炉日处理量、蒸汽参数、二噁英防治和渗滤液零排放及飞灰综合利用等方面达到了世界领先水平。项目享受浙江省资源综合利用上网电价为 0.53 元/kW·h 的优惠政策。目前,已分别与地方政府、污水处理厂签署了垃圾供应和污泥供应协议书,并确定垃圾处理价格为 40 元/t,污泥处理价格为 80 元/t。

8 污泥有效利用的前景与风险

在 2009 年 2 月, 我国住房和城乡建设部、环境保护部、科学技术部联合发布了《城镇污水处理厂污泥处理处置及污染防治技术政策（试行）》（简称《政策》）。《政策》提出了污泥处理处置源头削减和全过程控制原则, 具体阐述了何种情况下宜采用的污泥处理工艺, 并作出了相应的规定, 全面系统地指出了污泥的各种出路, 为如何有效利用污泥指明了方向。《政策》对污泥的有效利用概括提出有以下几种方式：采用厌氧消化、高温好氧发酵（堆肥）等处理技术将污泥转化为园林绿化、土地改良用土或肥料；采用污泥焚烧及相关技术对污泥进行能源化利用；采用污泥热干化、污泥焚烧等技术制作建筑材料, 如水泥添加料、制砖、制轻质骨料和路基材料。

目前, 我国年废水排放量已经由 2009 年的 589.7 亿 t 上升至 2012 年的 684.8 亿 t, 每年排放的干污泥亦在快速上升。随着城镇化的发展, 污泥的产生量还将会有大幅度的上升。如何更加有效地利用污泥, 成为业内的一个重要议题。为了更加有效、经济、可持续地利用污泥, 我们将有效利用污泥分为以下几种：污泥的资源化利用（包括土地改良及园林绿化以及农业利用）, 污泥的能源化利用（利用污泥焚烧技术将污泥用于能源生产）, 污泥的产品化利用（将污泥转化成建筑材料, 如水泥、砖以及混凝土填料）。

8.1 污泥土地化利用的前景与风险

污泥土地利用是把污泥用于林地、市政园林、农田、矿区及其他严重扰动的土地, 能迅速恢复植被, 促进土壤熟化。污泥及生物固体是有用的生物资源, 科学的土地利用, 可减少其负效应而充分发挥其正效应, 使污泥回归自然环境, 减少对环境的恶化。对于污泥经稳定后施用于避开食物链的土地, 更是具有广阔的前景。

在国外, 污泥及其堆肥作肥源土地利用, 已有很长的历史, 城市污泥土地利用比例最高的是荷兰, 占 55%; 其次是丹麦、法国和英国, 占 45%; 美国占 25%。城市污泥的土地利用在我国已经有超过 20 年的时间, 自 20 世纪 80 年代初, 第一座城市污水处理厂——天津纪庄子污水处理厂建成投产以后, 污泥即由附近郊区农民用于农田；其后北京高碑店等污水处理厂的污泥也均用于农田。随着城市污泥产生量和污水处理厂的逐渐增多, 我国已开始将污水处理厂污泥用于城市绿化及林地改造。农田利用据国际统计中心的资料报道, 早在 1985 年欧共体 40% 的污泥作为农用, 每年约达 2.05×10^6 t 干重, 提供的 N、P、K 每年约为 8.1×10^4 t、4.0×10^4 t、1.1×10^4 t, 美国农用污泥的比例已经从 1982 年的 40% 增至 1992 年的 49%。

8.1.1 土壤土地退化现状

目前，土壤及土地退化对全球的食物安全、环境质量以及人畜健康的影响日益严重，特别是人为因素诱导的土壤退化的发生机制与演变动态、时空分布规律及未来变化预测与恢复重建对策，已经成为研究全球变化的最重要的组成部分，并将继续成为新世纪土壤学、农学以及环境科学界共同关注的热点问题。

世界卫生组织指出，土地退化是由多种影响力造成的，其中包括：极端天气条件，尤其是干旱以及造成土壤污染、土质退化的人类活动和对粮食生产、生计和其他生态系统货物和服务的生产与提供产生不利影响的土地利用。在 20 世纪，由于农业和畜牧业生产（过度垦荒、过度牧养、森林转换等）、城市化和砍伐森林，以及导致土地盐碱化的干旱和沿海潮灾等极端天气事件所形成的综合压力日益加大，促使土地退化加速。

土壤退化的核心部分是土壤质量及其可持续性的下降（包括暂时性和永久性）甚至完全丧失其物理的、化学的和生物学特征的过程，也包括过去的、现在的和将来的退化过程。土壤质量指的则是土壤的生产力状态或健康状况，特别是维持生态系统的生产力和持续土地利用及环境管理、促进动植物健康的能力。土壤质量的核心是土壤生产力，其基础是土壤的肥力。土壤肥力是土壤维持植物生长的自然能力，一方面是五大自然成土因素，即成土母质、气候、生物、地形和实践因素长期相互作用的结果，带有明显的响应主导成土因素的物理、化学和生物学特性。另一方面，人类活动也深刻影响着自然成土的过程，改变土壤肥力及土壤质量的变化方向。因此，土壤质量的下降或土壤退化往往是一个自然和人为因素综合作用的动态过程。

根据土壤退化的表现形式，土壤退化可以分为显性退化和隐性退化两种类型。前者指的是退化过程（有些甚至是短暂的）可导致明显的退化结果，后者则是指有些退化过程虽然已经开始或已经进行较长时间，但尚未导致明显现象。无论是哪种类型，都是属于土壤退化的表现形式，都在威胁着农林业的发展。当前，因各种不合理的人类活动所引起的土壤和土地退化问题，已严重威胁着世界农业发展的可持续性。据统计，全球土壤退化面积达 1 965 万 km^2。就地区分布来看，地处热带亚热带地区的亚洲、非洲土壤退化尤为突出，约 300 万 km^2 的严重退化土壤有 120 万 km^2 分布在非洲、110 万 km^2 分布于亚洲。就土壤退化类型来看，土壤侵蚀退化占总退化面积的 84%，是造成土壤退化的最主要原因之一；就退化等级来看，土壤退化以中度、严重和极严重退化为主，轻度退化仅占总退化面积的 35%。长期以来因我国人口众多，人均资源占有量少，致使自然资源利用不合理，尤其对土地资源的不合理利用，使当前我国区域生态环境遭受严重破坏，土壤退化问题极为突出，已经严重阻碍整个现代化的建设进程。目前，我国土壤退化主要表现为土壤侵蚀、土壤养分贫瘠化、土壤黏重化、土壤粗骨沙化、土壤酸化、土壤障碍层及其高位化、土壤污染毒化等。

以我国为例，我国水土流失状况相当严重，在部分地区有进一步加重的趋势。据统计资料显示，早在 1996 年我国水土流失面积就高达 183 万 km^2，占过度总面积的 19%。仅南方红黄土壤地区土壤侵蚀面积就达 6 153 万 km^2，占该地区土地总面积的 1/4；对长江流域 13 个重点流失县水土流失面积调查结果表明，在过去的 30 年中，其土壤侵蚀面积以平均每年 1.2% ~2.5% 的速率增加，水土流失形式不容乐观。其次，从土壤肥力的状况来看，我国耕地的有机质含量一般较低，水田土壤大多在 1% ~3%，而旱地土壤有机质含量较水田更低，<1% 的就占 31.2%。我国大部分耕地土壤全氮都在 0.2% 以下，其中山东、河北、河南、山西、新疆等五省（区）严重缺氮面积占其耕地总面积的一半以上；缺磷的土壤面积为 67.3 万 km²，其中，有 20 多个省（区）有一半以上的耕地严重缺磷。磷钾土壤面积比例较小，约有 18.5 万 km²，但是在南方缺钾较为普遍，其中海南、广东、广西、江西等省（区）有 75% 以上的耕地缺钾；而且近年来，全国各地农田养分均衡种，钾素均匮缺。因此，无论是在南方还是在北方，农田土壤速效钾含量均有普遍下降的趋势。缺乏中量元素的耕地占 63.3%。关于全国土壤综合肥力状况的评价尚未见报道，就东部的红壤丘陵地区而言，选择土壤有机质、全氮、全磷、速效磷、全钾、速效钾、pH 值、CEC、物理性黏力含量、粉/黏比、表层土壤厚度等 11 项土壤肥力指标进行土壤肥力综合评价的结果表明，其大部分土壤均不同程度遭受肥力退化的影响，处于中、下等水平，高、中、低肥力等级的土壤面积分别占该区总面积的 25.9%、40.8% 和 33.3%，在广东丘陵山区、广西百色地区、江西吉泰盆地以及福建南部等地区肥力退化已十分严重。此外，其他形式的土壤退化问题也十分严重。以南方红壤区为例，约 20 万 km² 的土壤由于酸化问题而影响其生产潜力的发挥，再加上化肥、农药施用量的逐年上升，地下水不断加剧，在部分沿海地区其地下水硝态氮含量已经远远高于 WHO 建议的最高允许浓度值即 10mg/L。同时，在一些矿区附近和复垦地及沿海地区土壤重金属污染也相当严重。

以广东土壤普查的历史数据为例，从 20 世纪 70 年代末开始到 80 年代结束的广东省第 2 次土壤普查结果表明，全省耕地土壤有机质为中等含量水平，氮磷钾表现为中氮缺磷低钾，土壤微量元素中硼、钼缺乏或偏低，铜、锌含量较适中，铁、锰含量丰富。具体来说，土壤有机质平均含量为 23.5g/kg，其中，≥30.0g/kg 占土壤总面积的 26.7%，20 ~30g/kg 占土壤总面积的 31.1%；土壤全氮含量平均为 12.4g/kg，其中水稻土属中等以上，旱地偏低甚至缺乏水平；土壤全磷含量平均为 8.7g/kg，属缺乏水平，其中以水稻土较高，旱地土壤次之，自然土壤较低；全省土壤钾素含量为 21.6g/kg，其中全钾属中等水平，速效钾属低等水平。20 年来，特别是 90 年代初由于开发热出现的征地现象，广东省部分土壤肥力较高的良田被占用，造成耕地土壤养分出现结构性的倾斜，给予原来耕地土壤养分不平衡性的状况更加恶化。据广东省农业厅土壤肥料总站在第二次土壤普查结果的基础上，再次对全省 419 个土壤普查点进行监测重复抽查，其结果表明，土壤有机质、全氮和碱解氮、全钾和速效钾、pH 值下降，全磷和速效磷增加，具体为土壤有机质从第二次土壤普查的 26.6g/kg（指 419 个土壤普查点的平均值，不是全省的平均值）下降到 1990 年的 25.9g/kg，土壤全氮和碱解氮分别从 1.43g/kg、105.5g/kg 下降到 1.33g/kg、108.8g/kg，全钾和速效钾分别从 19.5g/kg、69.73g/kg 下降到 18.8g/kg、65.37g/kg，全磷和速效磷增加，pH 值下降。从抽查点数来看，419 个抽查点中有半数抽查点以上的土壤有机质、全氮、全钾和 pH 值呈现下降的趋势，速效钾超过半数抽查点，呈稳定状态，而全磷和速效磷却呈现增加的趋势。到 1995 年，根据广东省土壤地力长期定位监测结果表明，151 个水田常年监测点中，土壤有机质、碱解氮、速效磷、速效钾分别有 65.6%、62.3%、85.4% 和 63.6% 的监测点呈现上升的趋势，特别以速效磷的上升趋势最快。即使如此，广东省耕地土壤出现了值得关注的现象，化肥施用已出现报酬递减的现象。据统计，"七五"期间，生产每 100 kg 稻谷所需氮、磷、钾肥总和为 4.84 kg，而"八五"期间则需增加到 5.76 kg，增加 19%。从上述土壤肥力的变化情况看来，耕地土壤肥力总体上从 20 世纪 80 年代至 90 年代初是经历下降的趋势，从 90 年代初至 90 年代中叶又出现上升的趋势，但仍有 33.8% 的监测点代表面积出现地力下降的情况，土壤肥力的下降情况仍需值得关注。

由于污泥中含有丰富的有机营养成分，氮、磷、钾等和植物所需的各种微量元素如 Ca、Mg、Cu、Fe 等，其中有机物占 40%~70%。据不完全统计，我国干污泥中有机质平均占 68.7%，氮、磷、钾平均为 5.18%、4.1%、0.37%，远远高于牛羊粪等农家肥，与菜子饼中氮、磷、钾含量（4.6%、2.5%、1.4%）相近。1t 干污泥中氮、磷、钾含量相当于化肥硫铵（以含氮量 21% 计）218kg、过磷酸钙（以含磷量 18% 计）228kg、硫酸钾（以含钾量 46% 计）10kg；污泥除了含化肥具备的氮磷钾营养外，还含有化肥所不具备的丰富有机质和微量金属元素，它们有助于改良土壤结构、增加土壤肥力、促进农作物的生长。因此，污泥的土地利用及农业应用是污泥资源化的最有效办法。

8.1.2 污泥土地资源化利用的前景

污泥土地利用是具有广阔前景的污泥处置方法，一直深受世界各国重视，英国、法国、瑞典、荷兰等国家城市污泥的土地利用达到 50% 左右，卢森堡达 80% 以上。美、英等国还以城市污泥为资源进行规模化、商品化生产有机肥料并出口。污泥农用资源化有利于维持和提高土地肥力，有利于土地资源的可持续利用和农业可持续发展。研究表明，施用污泥堆肥能明显改善土壤的物理性状，如有利于团粒结构的形成和提高团粒的稳定性；可增加土壤的孔隙度，提高土壤的持水能力和保水能力等。施用污泥堆肥，还能明显改善土壤的化学性质，如能显著提高土壤氮、磷、钾和有机质含量等。施用污泥堆肥为土壤微生物的活动提供了条件。土壤微生物的活动促进了土壤中的物质循环，有利于养分的释放。

有机肥料是绿色肥料，它在农业生产中有着极为重要的作用。有机肥在分解转化过程中，改善和优化了作物营养条件，增加作物对养分的吸收，刺激作物生长发育；有机肥转化成腐殖质，能促进土壤形成团粒结构，提高土壤保肥、保水、保温性能，改良土壤，培肥地力；施用有机肥还有利于增加土壤中微生物的数量，为土壤中微生物的活动创造良好的环境，增加微生物活性，促进微生物对有机肥料的分解转化能力。由于我国长期以来农业追求高产，大量施用化肥，已造成土壤沙化、板结，肥力下降。在我国大量施用有机肥料，可有效地协调有机、无机肥料结构矛盾，增加养分的有效供给，缓解耕地缺磷少钾的矛盾。因此，施用有机肥料具有很大的经济效益、社会效益和生态效益，有利于可持续发展。

随着工农业的迅速发展，我国化肥工业迅速发展，氮肥和磷肥的产量目前分别排在世界第二位和第三位。农作物施肥结构也发生很大变化。20 世纪 70 年代以前，农家肥料与化肥的比例是 7:3；到 20 世纪 70 年代末期，由于化学肥料用量猛增，其比例已改变为 3:7。长期连续大量施用化肥导致土壤有机质不断减少，土壤盐化板结，肥力下降，污染饮用水源，破坏生态环境。为避免偏施无机肥导致的必然后患，有些国家已开始限制偏施化肥。据《北京国土资源》记载，北京近郊区农田总面积为 60 117hm²，根据我国农业种植的特点和需要，每公顷农田需要 45t 有机肥料，4 个近郊区需要有机肥 270×10⁴t，而农民自己能够供给的有机肥仅 70×10⁴t，尚缺少 200×10⁴t，因此，有机质的还田十分重要，有机污泥的根本出路和基本方向应该是资源化和能源化，充分利用土壤的自然净化能力，使有机质还田，纳入良性农业生态循环。由于有机肥肥效释放缓慢，养分含量低，施用数量大，且当年利用率低，在作物生长旺期、需肥多的时期，往往不能及时满足作物的需求，需要与无机肥料配合施用。如果将有机肥与化肥配合施用，将会起到缓急相济、互相补充的作用，可显著提高化肥肥效。制备有机、无机复合肥料是解决以上矛盾的最佳有效途径。

利用污泥制造有机复合肥的过程是将污泥经 800～1 000℃ 高温烘干，杀灭病菌、虫卵，保存有机成分不受破坏且除去有害菌（进行无害化处理），接入有益菌培养，消除污泥的臭味，增加污泥中的营养元素，再添加氮、磷、钾有效成分，增加污泥中的养分含量，经造粒、低温烘干等工艺将污泥制成具有生物活性、全营养、无公害的有机复合肥。有研究表明，利用污泥开发制造有机复合肥不仅在经济上是可行的，具有显著的经济效益，而且试验还表明污泥处理后作为肥料使用是安全的。把城市污泥作为有机肥料用于城市园林绿地的建设，实现城市废物的循环利用，是有效的污泥处置途径，也是城市绿化的要求。在城市园林绿化中，施用污泥或污泥堆肥，绿化效果相当显著，与施化肥或其他商品有机肥相比，效果相当甚至更好。树高、地径和灌木的花期、开花量（数量及大小）等都明显增大，花卉的开花时间提前、花期延长，开花量（数量及大小）增加，草坪草的生物量增大，绿色期延长等；而且，我国是农业大国，对肥料的需求量很大，每年需要进口。2005 年我国复混肥生产能力为 800 万 t，产量为 834 万 t，占化肥总产量的 25%。连续、单一及长期大量施用化肥形成拮抗田，造成土壤板结，严重缺乏有机质，保肥保水能力减弱，地力下降，肥力利用率低，作物品质变差及自然生态环境恶化等，总结历史经验教训，发展生态农业是唯一出路。

城市污泥堆肥应用于城市园林绿地建设，只要进行堆肥等适当的处理，控制污泥中的污染物含量，保证污泥的质量，并科学合理地施用，一般不会引起土壤、地表水和地下水的污染，不会对环境造成危害。另外，污泥用于园林绿地建设，避开了食物链，一般不会影响到人体的健康，污泥与木屑混合堆沤也为城市绿化部门修剪下来的大量树枝找到了更好的资源化利用出路。由于污泥中的有机质还可以有效改善土壤的物理性质，因此污泥除了做肥料使用外还可以用作土壤改良剂。污泥用于农业，我们最为关心的是其中重金属的含量。处理生活污水处理厂不存在重金属超标的问题，而我国城市污水处理厂往往处理混合污水，由于受工业污染源的影响，往往会造成污泥中某些重金属超标，其含量接近或超过污泥农用标准，因此对待重金属的问题，应慎重对待。

8.1.3 污泥土地资源化利用的风险

城市污泥是良好的有机肥料资源，土地资源化前景广阔，但是污泥中存在多种毒性污染物，从而限制了污泥的利用。如果污泥中污染物含量超标，或使用不当，可能会使作物生长不良，产量下降，会造成土壤、水体和植物的污染，甚至对人体的健康产生危害。

目前，我国关于污泥农用风险的研究体系和控制标准尚不健全，对于污泥处置的风险研究主要涉及污泥土地施用对植物的影响、重金属从土壤到植物的迁移和重金属、氮、磷在土壤中的迁移，可用数据不系统，不充分此外，对于污泥土地施用后，周围相关暴露人群的消费资料，可用数据几乎为零。中国科学院南京土壤研究所的一项研究发现，在其试验的土地上连续施用污泥达 10 年后，土壤中锡、锌、铜含量均很高，种植的水稻、蔬菜受到严重的污染并且污泥施用越多，污染情况越严重。施用污泥的农田，虽然土壤有机质明显增加，土壤酸度基本无变化，但土壤中的汞、镉污染严重，能引起小麦、玉米的污染。此外，由于我国现行的控制标准只对污泥农用的污染物浓度作了限制，但对污泥施用地中最多能容纳多少污染物却没有明确的规定，即使城市污泥的重金属浓度没有超过其控制标准，如果过量施用也可能会对土壤性质和生态环境造成一定危害。目前，我国对风险缺乏充分科学的研究，对污泥农用后可能造成的潜在污染问题还没有一个系统、科学、可行的结论，多项研究也表明，污泥的有害成分进入土壤后，一般不会立刻表现出其不利影响，但若长期大量使用，其负面效应就会明显地表现出来。根据分析，污泥当中主要的污染物有重金属、病原体、毒性有机物、盐分、氮及磷污染等。

土壤中重金属离子形态的划分方法有很多，但目前比较通用的划分方法为 Tessier 的五分法，即将土壤中的重金属分为离子交换态、碳酸盐结合态、铁锰氧化物结合态、有机硫化物结合态、残留态等 5 种形态。污泥中常含的重金属元素形态分布会随着地域不同，污水来源不同而不同。目前，国内对污泥中重金属的形态分布尚未有系统的分析和结论。但是，无论是形态分布如何，污泥中常含有一些有毒、有害的重金属元素，若将其农用则会使重金属元素在土壤中发生累积，并经食物链的富集和传递对人体健康产生危害。从环境污染方面所说的重金属，实际上主要是指汞、镉、铅、铬以及类金属砷等生物毒性显著的重金属，也指具有一定毒性的一般重金属如锌、铜、钴、镍、锡等。目前最引起人们注意的是汞、镉、铬等。

重金属污染影响植物生长及作物品质。重金属的土壤污染会改变土壤的物理化学性质，使土壤板结，肥力下降。重金属元素可能通过以下毒性机理影响植物的生长发育，损伤细胞膜，破坏营养物质的运输；破坏植物细胞生命物质的结构和活性，造成 DNA 的损伤，影响植物中叶绿素等代谢物质的合成，改变其正常代谢功能，使植物中许多酶的合成减少，活性降低等。最终影响植物的生长代谢，污染严重时甚至会造成植物的死亡。

重金属污染影响土壤物化性质及土壤微生物活性。重金属污染不仅对植物生长造成不利影响，而且还会在植物各部位富集进入食物链，对生态系统造成不良影响；降低土壤肥力，同时重金属还可能随雨水或自行迁移到土壤深层，或者被雨水冲刷造成地下水或地表水污染，对人畜造成潜在的威胁。重金属具有富集性，重金属污染很难自然降解，如铅、镉等重金属进入土壤环境，会长期蓄积并破坏土壤的自净能力，使土壤成为污染物的储存库。在这类土地上种植农作物，重金属能被植物根系吸收，造成农作物减产或产出重金属，例如毒粮食、毒蔬菜等。重金属不像其他的毒素可以在肝脏内分解代谢然后排除体外；相对而言，重金属极易积存在于大脑、肾脏等器官中，对身体正常功能进行渐进式地损坏，重金属进入身体后，大部分会与我们体内的蛋白质、核酸相结合。而蛋白质在生物体内的作用主要是进行酵素反应，当这些酵素与重金属相结合时，就会导致酵素的活性减弱甚至是消失。另一方面，当重金属和核酸结合时，便会导致核酸的结构发生变化，使得基因突变，影响细胞遗传，导致畸形或者是癌症。

污泥施入过量抑制土壤微生物的生长繁殖。有研究表明，重金属的土壤污染会导致土壤微生物种群结构发生变化，并使其呼吸速率降低，影响土壤微生物的活性，如影响土壤微生物的生物固氮能力等。由于微生物生长代谢受到抑制，因此土壤中磷酸酶、脲酶、蛋白酶和脱氢酶等土壤酶的合成减少、活性降低，破坏土壤中原有有机物或无机物所固有的平衡和转化，最终对土壤生态系统造成不良影响。

城市污水处理厂污泥中含有大量的病原微生物和寄生虫。它们一般是在初级沉淀和二级沉淀过程中进入污泥的，主要来自人畜粪便和食品、肉类加工废水。在污水处理过程中，约有90%以上的致病微生物被浓集到污泥中。据有关研究结果及统计数据表明，污泥中存在数以千计的病原体，包含细菌（沙门菌、至贺菌、致病性大肠杆菌、埃希杆菌、耶尔森菌等）、病毒（脊髓灰质病毒、艾柯病毒、呼肠病毒、腺病毒以及甲肝病毒）、寄生虫卵（圆线虫、蛔虫属、绦虫属、弓蛔虫属以及弓蛔线虫属）和原生动物，且以肠道细菌、病毒及寄生虫卵最多，危害人类健康可能性较大的是寄生虫类。污泥中大量的病原体会对人类的健康和周围环境构成潜在危害。病原体在生污泥、消化污泥、剩余活性污泥及混合污泥等污泥中均可存在，当其土地利用时，病原体对人畜健康产生危害的主要途径有体表直接接触，当体表皮肤破损，污染物可通过伤口直接进入人畜体内；饮用水，雨水将污泥中的污染物冲刷进入水体，当人畜饮用污染水时，损伤人畜健康；空气传播，污泥中污染物进入土壤后可能吸附于空气中的微粒上，人畜通过呼吸道而进入人畜体，危害健康，如不加以控制，则污泥在土地资源化利用过程中可能会对人畜健康造成危害。

污泥中的有机污染物因为污水处理厂污水来源的不同而不同。研究表明，多数污水处理厂产生的污泥中的有机污染物大部分来自工业废水，可以说污泥中有机污染物的种类与污水处理厂处理的工业废水类型密切相关。化工（如纺织、印染、造纸、铸造等）、木材加工、电器、有机氯农药等工业污水是污泥中有机污染物的主要来源。欧洲委员会联合研究中心（JRC）建议，监测时需特别注意的是污泥的不同来源，比较市政污水和工业废水，其污泥中有机污染物的浓度是大不相同的，即使不同的污水处理厂或同一污水处理厂在不同时期产生的污泥中，有机污染物的种类和含量也是不同的。国外不少学者对污泥土地利用后污泥中有机污染物对人体的危害进行了大量的研究，污泥中的有机污染物被植物吸收后进入放牧的牲畜体内，长时间在动物体内积累后成为人类暴露有机污染物的主要来源。

据了解，污泥中危害性最大的有机污染物是持久性有机污染物（POPs），如多氯联苯（PCBS）、多环芳烃（PAHS）、多氯代二苯并二噁英（PCDD/FS）和有机磷农药（OCPS），这些有机污染物是环境污染的重大隐患和人类生存安全的严重威胁，具有以下特点：环境持久性，POPs 在自然环境中很难通过生物代谢、光降解、化学分解等方法进行降解，可在环境中长期存在；生物积累性，POPs 是亲脂疏水性化合物，具有生物积累性，能在食物链中得到逐级放大；半挥发性和长距离迁移性，由于其半挥发性，POPs 会随着大气和水流以及动物迁徙等实现长距离越境迁移，重新沉降到地球其他地区，从而导致全球范围的污染传播；高毒性，包括三致效应、遗传毒性、生殖毒性、神经毒性，POPs 能干扰人体内分泌系统而引起雌性化现象，严重危害生物体。有机污染物对环境及人体的危害是不言而喻的，对于污泥中的有机污染物不能夸大其危害，也不能忽视其影响。污泥土地资源化利用，尤其是污泥农用要成为安全、环保的主要处置方式，必须有科学、真实的试验数据和研究作为保障。而我国对污泥中有机污染物的研究是缺乏长期性和系统性的，因此开展污泥中有机污染物在好氧发酵过程中降解难易程度、转化规律、降解速率、控制措施以及土地利用的风险性问题是未来的发展方向。

污泥堆肥含有一定的盐分，施入土壤将明显提高土壤的电导率，因其土壤盐分增加，过高的盐分会破坏养分的平衡，抑制植物对养分的吸收，甚至会对植物根系造成直接的伤害。离子之间的拮抗作用也会加速有效养分如 K^+、NO_3^-、NH_4^+ 等的淋失。污泥中的盐分差别较大，使用 $FeCl_3$ 和 $AlCl_3$ 工艺的污水处理厂，污泥盐分普遍较高，在使用前用水淋洗污泥可减少盐分。一般地，堆肥化会明显降低盐分，提高污泥的适用性。有研究发现，加入一定量的阳离子交换剂可改变盐分和重金属的毒害，土壤盐分（或电导率）随污泥施用量的增加而增加，随时间的延长而降低，在第二个生长季节，土壤的盐分对大多数植物都是可以忍耐的。

污泥中氮素以有机及无机状态存在，它们与土壤胶体间发生着各种物理、化学、生物等综合作用，一部分氮素形成 N_2、NO 而散逸到大气中，另一部分经硝化作用而形成硝态氮随水在土壤中移动而污染地下水。对此，一些国家进行室内室外试验，进行了城市污泥施入土壤后营养元素的淋洗及对土壤肥力和地下水影响室内模拟试验，结果表明，在前几个月内，无论熟化污泥或生污泥，其 NH_4^+-N、NO_3^--N 只有较少部分被淋洗，但长时期内，将会有大量氮淋洗到土壤或地下水。影响硝态氮迁移有诸多因素，如排水量、田间持水量、污泥施入深度、降雨量及温度等。土壤长期施用污泥，有机氮会富集，因此随着时间的推移，污泥的施用量应相应减少。

污泥中的营养成分是农用的主要方面，但必须防止营养成分流失而造成地表水、地下水的污染。因此必须控制污泥的施用量，使其充分利用环境容量，又不污染环境。连续过量施用污泥将导致 N、P 的过剩，这不仅损害农作物的产量和质量，而且造成二次污染、土壤酸化。日本某地污泥施用于农田造成环境影响进行了研究，试验结果表明，若污泥施用量超过 $3\,050t/hm^2$，会造成土壤 pH 值改变，土壤微生物数量下降。故施用污泥要以植物所需 N 量决定其施用限量。欧盟通过法令限制了 N 的含量，污泥施用，既可满足农作物的营养要求，又不对土壤、地下水、地表水造成损害。也有人认为，污泥所含的 N、P 量相近，而作物需 N 量为需 P 量的 $2 \sim 5$ 倍，所以年施用的保守用量应以作物需 P 量计算。堆肥中含 N 量高时，因硝化作用产生 NO_3^- 就高，因其易于流失，如土质疏松、地下水位浅，就可能污染地下水，也可能随地面径流而流失。

污泥土地资源化利用是一个重要技术途径。为了保证污泥土地利用过程中的更加安全有效地制定污泥土地资源化利用规划，规划应符合城乡规划并结合当地实际与环境卫生、园林绿化、农田施用等相关专业规划并相互协调，使得污泥的土地利用能够促进农业、园林业的可持续发展。污泥土地利用应在安全施用量之下控制使用。与此同时，整个利用区应该建立严密的使用、管理、监测和监控体系，关注区域内的土壤、地下水、地表水、作物等等相关因子的状态和变化，并根据发生的变化作出相应的调整，使得污泥的土地资源化利用更加安全有效。

污泥是有用的再生生物资源，本着珍惜资源，有用勿弃的原则，不用把它们作为废弃物，应使之回归于自然环境之中，但必须科学地加以利用，兴利抑弊。

8.2 污泥能源化利用的前景与风险

随着城市化进程的加快，居民生活水平的提高，电力的需求也快速增大。我国一直以来都是以火力发电为主，发电的原料为煤矿。但是，最近几年，中国煤炭消耗快速增长，如今已到每年逾 32 亿 t 的水平，为全球少见。煤炭占中国能源供应总量的 2/3 以上，占电力供应的八成。中国境内煤炭储量丰富，目前是全球最大的煤炭生产国。但使用煤炭有一定限制；媒体也重点报道煤炭对产煤省分和大城市空气质量和水资源的负面影响。实际情况是，中国当前的煤炭产量增长难以为继。世界能源理事会（World Energy Council）根据 2011 年数据做出预测，以当前年产量增幅计算，中国已探明煤炭储量仅够支持 34 年，即中国煤炭储备将在 2049 年左右耗尽。因此，中国急切需要找出煤炭的替代性资源，否则中国将面临严重的能源危机。

8.2.1 能源危机现状

能源是指可为人类提供能量的自然资源，它和材料、信息构成了近代社会得以繁荣和发展的三大支柱，它是人类社会赖以生存和发展的基础。能源是国民经济的基础产业，对国民经济持续快速健康发展和人民生活的改善发挥着十分重要的促进与保障作用，尤其以煤炭、石油等为代表的不可再生能源，与我们的生活息息相关。在目前的科技水平下，人们进入了后现代生活，以往的高污染、高消耗、高浪费的工业发展模式造成能源的巨大浪费，引发了全球的忧虑—能源危机。我国是能源生产和消费大国，面对新世纪，如何保持能源、经济和环境的可持续发展是我们面临的一个重大战略问题。在建设资源节约型和环境友好型社会，走可持续发展道路的今天，能源的可持续利用是可持续发展中很重要的一个环节。随着经济的进一步发展和人们物质生活水平的提高以及现代化建设的需要，我国能源面临着前所未有的挑战。人均能源资源不足、分布不均匀、人均能源消费量低、单位产值的能耗高，以煤为主的石化能源结构面临严峻的挑战。

改革开放三十年来，随着我国经济的发展，高能耗的经济增长所带来的能源短缺危机成为迫切关注的问题。据国家统计局 2008 年发布的报告，2007 年我国能源生产总量达到 23.5 亿 t 标准煤，比 1978 年增长 2.8 倍，年均增长 4.7%。自 1978 年至今，我国经济以年均 9% 以上的速度增长。2007 年更是达到 11.7% 的增长速度，在全球经济衰退的 2008 年这一指标预计仍在 9% 以上。许多学者的研究成果表明，我国的经济增长与能源消耗间存在着相互依存关系。我国是世界上除美国以外的第二大能源生产国，能源自给率达到 90% 以上，但我国在全球经济增长总量上却只排到第六位。我国的经济增长对能源，尤其是一次性能源，依存度仍然很大。由此引发的能源危机也成为当前理论界与实业界所共同关注的重要问题。2008 年下半年以来，由于金融风暴使全球经济增长速度放缓，能源需求量下降，主要能源产品石油、煤炭价格大幅下跌，对我国所面对的能源危机的缓解起到一定的正面影响，但解决不了根本问题，当前国民经济发展中所需求的仍以不可再生的石油、煤炭为主，能源危机也将随着金融危机的过去而重新加剧。

我国的国情及目前的科技水平决定了在相当长的时间内不能改变以煤为主的能源格局，不能改变煤电在发电中的主导地位，那么我们就应尽量减少火力发电的弊端，探寻多元化的发电道路。目前，每年的污泥产生量数以亿吨计，经过合适地处理后，将会有相当客观的污泥可以用于能源利用（即污泥焚烧及其热能利用）。这无疑为我国的能源危及的解决开辟出了一条新的思路，为问题的解决起到了促进的作用。

8.2.2 污泥能源化利用的前景

从 20 世纪 80 年代末期，由于污泥在填埋、农用等的各种限制条件和不利因素的突显，也由于污泥热干燥技术的突破，以及在瑞典等国家一些污水处理厂的成功应用，污泥干化焚烧技术很快在西方工业发达国家推广开来。例如，欧盟国家在 20 世纪 80 年代初只有数家污水处理厂采用污泥热干燥设备处理污泥，但是到了 1994 年底已有 180 家污泥热干燥处理厂，并且有人预计在此后的短短数年中，污泥热干燥处理厂将增加至目前的 10 倍以上。如今，污泥干化处理也得到了越来越多包括发展中国家环境工程界的重视。

从 20 世纪 90 年代起就开始有许多国家以焚烧工艺作为处理市政污泥的主要方法，如德国、丹麦、瑞典、瑞士等欧洲国家，以及亚洲的日本。根据 EPA 估计，1993 年美国共有 342 座活性污泥焚烧炉，其中 277 座是多炉膛炉，66 座是流化床焚烧炉。在德国境内，已有近 40 个污水处理厂拥有多年的污泥焚烧工艺的实际运行经验，污泥焚烧炉首先始于多端竖炉，而后来流化床炉就逐渐取代了多段竖炉。目前，流化床焚烧炉的市场占有率已经超过了 90%。在丹麦，每年约有 25% 的污泥在 32 座焚烧厂中处理。瑞士政府 2002 年宣布从 2003 年开始瑞士将禁止污水厂的污泥用于农业，所有污水处理厂的污泥都要进行焚烧处理。现在日本也在积极发展本国的污泥能源化利用技术。目前日本较大规模的污水处理厂都采用焚烧法处理污泥。仅以 1992 年为例，日本采用 1892 座焚烧炉处理了 75% 的市政污泥。由于我国开展污水处理处置相对较晚，在干化焚烧技术和设备的发展方面还比较落后，在这方面的研究还只是停留在对污泥干化焚烧原理的探讨方面，在对污泥焚烧专用设备的开发和研制以及应用等方面均还处于发展阶段。目前，我国已经建好的污泥干化焚烧设施基本都是进口的，因此在污泥能源化利用方面依然有很大的发展空间。

通过焚烧，可利用污泥中丰富的生物能来发电并使污泥达到最大程度的减容。焚烧过程中所有的病菌、病原体均被彻底杀灭、有毒有害的有机残余物被氧化分解。我国目前污泥焚烧所采用的工艺技术为干化焚烧、与生活垃圾混合进行焚烧、利用水泥炉窑掺烧、利用燃煤热电厂掺烧。干化焚烧厂通常建在城镇污水处理厂内，而后三种焚烧方式，通常需将污泥输送到相应的处理厂与其他物料混合焚烧。利用生活垃圾焚烧发电厂的生活垃圾焚烧炉、水泥生产厂的水泥窑炉或燃煤火力发电厂的燃煤锅炉混合焚烧污泥是当前世界上常用的污泥处置方式。混合焚烧的优点是可以充分利用现有设施，实现能量回收和物质循环利用，节能降耗等。如可以避免重复建设昂贵的烟气处理系统、充分利用污泥热值、利用焚烧烟气对污泥进行预干燥等。鉴于我国很多城市均建有生活垃圾焚烧发电厂，在实际运行过程中，部分生活垃圾焚烧发电厂也已采用了混合焚烧污泥的方式，工艺设计和运行均有较为成熟的经验，我们将利用生活垃圾焚烧发电厂焚烧炉混烧污泥列为最优先考虑的焚烧技术。鉴于我国建有较多的水泥生产厂，其中很多水泥生产厂均采用干法工艺，污泥中含有的重金属和钙质可以很好的补充甚至代替黏土，作为生产水泥的原料，而且从20世纪90年代开始，在我国的北京、上海和辽宁等地就陆续开展了利用水泥窑炉混烧污泥的试验和示范工程研究，取得了丰硕的成果和实际经验。

深圳某公司已经成功开发出低温炭化城市污泥制炭球、污泥炭化处理制炭棒等制新型燃料的专利技术。污泥在低温缺氧的环境中炭化可以生成炭，这样不仅避免了二噁英的产生，还可保留泥化炭中的可燃性气体，使其发热量达到4 000cal左右。一吨污泥可以制得泥化炭约180t，燃烧后剩余灰渣55kg左右，可以作为肥料或灰渣砖材料。

目前，我国已经掌握了污泥发电技术的自主知识产权，从而保证了较低的污泥处置成本。如浙江绍兴污泥处置项目采用浙江大学的循环流化床和污泥燃料化焚烧发电技术，利用后道焚烧发电工序产生的蒸汽余热，进行前道的污泥干化技术，比直接燃煤燃油干化污泥大大节省了成本，约为100元/t，而此前参与招标的一家奥地利企业提供的污泥处理成本高达400元/t。

污泥除了焚烧发电作为能源之外，还可消化制沼气、低温热解制油等。据估算，$1m^3$沼气的燃烧发热量相当于1kg煤或0.7kg汽油。对于日处理10万t规模以上的污水处理厂，宜采用厌氧消化工艺制沼气。首先是德国的科学家开发了污泥低温热解工艺，污泥热解过程是在无氧或缺氧的条件下加热干燥污泥至一定温度（<500℃）并停留一定时间。经干馏和热分解将污泥中的脂类和蛋白质转变成碳氢化合物，最终产物为油、反应水、不凝气体和炭，其中部分产物的燃烧热可作为前置干燥和热解的热源，剩余热量以油的形式回收。

污泥热解制油是在300～500℃、常压（或高压）和缺氧条件下，借助污泥中所含的硅酸铝和重金属（尤其是铜）的催化作用将污泥中的脂类和蛋白质转变成碳氢化合物，最终产物为油、碳、非冷凝气体和反应水。英美等国主要研究的是热化学液化法，即在300℃、10MPa左右的条件下对脱水污泥进行化学液化，使污泥反应成油状物。德国和加拿大以热分解油化法为主，把干燥的污泥在无氧条件下加热到300～500℃，使之干馏气化，再将气体冷却转化成油状物。制油技术的环境效益和资源化效益均是很可观的，主要表现在能有效控制重金属排放，特别是 Hg、Ti，在灰烬和炭中来自污泥的重金属被钝化，可回收利用易储藏的液体燃油，回收的液体燃油可提供 700kW/t 的净能量，可破坏有机氯化物的生成，反应器中燃烧温度应维持尽可能低（800℃），可减少水蒸汽中金属的排放，气体净化简单而廉价，占地面积小，运输费用减少，运行成本较低。第一座工业规模的污泥炼油厂在澳大利亚柏斯，处理干污泥量可达25t/d。此外，还有污泥直接油化和微波高压油化技术，直接油化技术是污泥不经过干燥处理，在 $250 \sim 350℃$，$5.0 \sim 15MPa$ 的催化作用下，使污泥中的大部分有机物转化成低分子油状物。

8.2.3 污泥能源化利用的风险

尽管污泥能源化的前景是非常广阔的，尤其是在我国，但是在发展的过程依然会碰到一些问题，同时也会造成一些投资发展的风险。污泥焚烧厂的投资和运行成本通常都非常高，以上海石洞口污水处理厂污泥干化焚烧工程为例，其投资成本为 8 000 万元，运行成本在 160 元/t（70% WS）左右（2003 年价格），而即便采用混合焚烧方式，如在 2008 年，常州广源热电厂焚烧污泥工程，其污泥焚烧运行成本也在 120 元左右。在当前中国经济发展条件下，如此高的投资和运行成本并不是所有城市能够承受。

按照国家规定，可再生能源发电可享受高于煤电 0.25 元/kW·h 的电价，企业免征所得税，增值税即征即退，但前提是发电消耗热量中常规能源不得超过 20%。但企业反映，生活污泥含水率高达 80%，必须混合高热值的煤炭才能燃烧，无法跨越国家政策门槛，这也无疑加大了企业的投资和运营成本。对于有些城市来说，由于城镇污水处理厂接收大量工业废水，污泥中有毒有害物质含量可能较高，污泥简单消毒处理后利用污泥中不可避免的也会含有一些未处理掉的有害成分，如含有大量病原菌、寄生虫和寄生虫卵，以及铜、砷、铅、锌、铝、汞等重金属和多氯联苯、二噁英等难降解的有机化合物及放射性核素等，将会导致土壤或水体污染。

在污泥干化焚烧处理集成技术方面，国内还缺乏深入研究和实践经验。由于污泥的热值低、灰分高，污泥焚烧系统中给料系统、焚烧锅炉、尾气处理系统和辅机的选配等都需要进行特殊设计和考虑。特别是对于高效节能的污泥干化技术、污泥焚烧技术和污泥干化焚烧过程中污染物控制等方面，我国的力量和支持还是十分不足的。

目前，我国尚未对污泥无害化处置的技术要求进行规范，对焚烧后尾气的排放标准也没有规定，这样造成相关部门对污泥无害化项目难以认定和规范，严重限制了污泥焚烧技术的发展。目前，污泥焚烧的污染物排放标准主要参照生活垃圾焚烧污染物控制标准，但是由于污泥的组成与生活垃圾有较大差异，操作起来亦有许多不方便和不合理之处。国内污泥处理投资只占污水处理厂总投资的 20% ~ 50%，存在重水轻泥的倾向，而发达国家污泥处理投资要占总投资的 50% ~ 70%。按我国目前已建、在建污水处理厂吨水能力投资 1 500 ~ 2 000元，运行费用 0.8 ~ 1.4 元/t 测算，需投资 1 000亿元，每年还需运行费用补贴 300 亿元。

由于我国发展污泥干化焚烧处置技术较晚，导致在这方面与发达国家存在较大差距。目前的现实情况是，由于土地的限制，许多沿海发达城市都希望通过干化焚烧的方法处置污水厂污泥，但是目前国内还缺乏一个成熟、可靠、经济、环保的技术路线来进行大规模推广和应用，也缺乏可供大部分城市可以借鉴的示范工程。因此，我国在污泥干化焚烧处置的工艺最佳配置选择、降低投资和运行成本、关键设备技术开发和污染物控制等重要技术环节亟需科技的支撑。也正是基于这种背景，我国污泥的能源化利用拥有宽广的发展空间和光明的前景。

8.3 污泥材料化利用的前景及风险

污泥中除了含有有机物外还含有 20% ~ 30% 的硅、铝、铁、钙等无机物，其无机化学成分类同黏土，故可制成水泥、砖、陶瓷等建筑材料，替代现有的资源消耗型建材。污泥的建材利用大致有制轻质陶粒、制熔融微晶玻璃、生产水泥等。在日本、德国等国家，由于污泥处理的主要方法为焚烧，因此对污泥焚烧灰渣的利用首先考虑的是污泥焚烧灰作建筑材料或附加材料，技术已成熟，并开始用于生产。在我国，也有将污泥干化到一定程度后运往砖厂或陶瓷厂作为添加料应用研究。污泥砖的制作工艺简单，虽然较普通砖其成本稍高，但考虑污泥本身的处理成本，还是具有很大的利用价值。污泥干化过程中的能耗是建材化利用过程中的一个关键因素，如果能够在干化工艺技术上有所突破，减低污泥干化成本，那么污泥的建材化利用将会有广阔的前景。

8.3.1 污泥材料化市场的形成

我国在"十五"期间已开始意识到污泥问题，受科技部委托，北京城市排水集团有限责任公司和华南环境科学研究所开始着手编写污泥处置的相关政策；另一方面，国家发改委对污泥也非常重视，委托北京市环境保护科学研究院做了一个污泥技术政策和产业政策的课题，并形成了科研成果。2009 年初，《城镇污水处理厂污泥处理处置及污染防治技术政策（试行）》终于发布，鼓励回收和利用污泥中的能源和资源，坚持在安全、环保和经济的前提下实现污泥的处理处置和综合利用，达到节能减排和发展循环经济的目的。污泥处置方面，已经有一些机构和单位在做市场化的工作，而污泥市场要形成，第一个要素是有足够的量。按照国家环保"十一五"规划，2010 年全国所有城市都要建设污水处理设施，城市污水处理率不低于 70%，预计全国城市污水处理能力一天超过 1 亿 t，如果按这个量算的话，每年污泥的产生量就会达到 3 000 万 t。按建设投资平均 10 万元的话，那就需要上千亿元。污泥处理处置运营费用平均 100 元的话，每年这方面的费用需要 30 个亿。当然，这是假设污泥全部得到处理的结果，现实中不可能完全做到。但即使只实现 20% ~ 30% 的处理，建设投资也需要几十个亿。如此庞大的污泥量，使污泥具备了市场化的前提。另外，在污泥处理设施的建设、运行方面，现有的体制和国家的政策是鼓励多元化的，明确提出建立多元化投资和运营机制，鼓励通过特许经营等多种方式，引导社会资金参与污泥处理处置设施建设和运营，随之各种配套政策将逐步完善，一大批项目的上马，使得污泥市场化具备了全面启动的条件。随污水处理量的增多和效率的提高，如何有效利用污泥来为现代化建设服务，变废为宝，在减少环境污染的同时，更发挥其潜在的市场价值，已成为环保界关心的论题。

砖瓦是建材工业不可或缺的重要组成部分。干化污泥中有机物含量多，故而有大量可利用的热值，从而能节省内燃剂的投加量，节约制砖成本。如何实现可持续发展，构建环保节约型社会，各级政府、科研部门和企业都进行了不断的探索，利用废弃物替代黏土等资源制砖，既能减少对耕地的破坏，还能实现废弃物的资源利用，是实现双赢的理想策略。市政污泥制砖技术，将污泥中的有机物在高温焙烧阶段完全氧化，在焙烧过程中有毒重金属形成稳定的氧化物被封存在坯料中，所有有害细菌和病毒也在高温下被杀死；并且污泥砖质轻、孔隙多，因而具有一定的保温隔热效果。污泥制砖，可消耗大量的市政污泥，达到无害化、资源化利用的目的，同时可节约大量制砖黏土，符合国家建筑材料节土利废的政策。

污泥用于制造建筑材料，对于基础性和市政公用性的投资项目，政府积极推行市场化运作方式，如拓宽资金渠道、加快基础设施建设、提高管理和服务水平等。鼓励非公有制经济、国外资本等多元投资主体参与市政公用设施的建设和运营，建立政府、市场等多渠道、多元化、多形式的投资机制。引导市政公用行业打破垄断，放宽市场准则。污泥处理及制砖厂房的资金，可通过政府资金支持及内源融资、直接融资、间接融资（贷款）和 BOT 模式等方式筹措。

8.3.2　污泥材料化利用的前景

由于污泥建材利用具有可持续发展的应用前景，目前在发达国家对污泥建材利用技术非常重视。污泥建材利用是利用污泥及焚烧产物制造砖块、水泥、玻璃、陶粒等。目前，国际上污泥建材利用是可持续发展的污泥处置方式之一，并在日本以及欧美国家逐渐发展起来。有研究表明，污泥灰可以替代高达30%混凝土的细填料（按重量计），具有很高的商业价值；也曾有人研制发展了一种利用100%焚烧污泥灰制砖技术，以及一种利用污泥生产玻璃、陶瓷的技术，并将之商业化。

近年来，随着我国经济和城市建设的加快发展，建材市场需求量以每年8%以上的速度增加，砖块等建材的主要制造原料都是黏土，而黏土的大量开采造成了我国耕地资源的破坏。为限制黏土的开采，保护耕地资源，国家开始限制实心砖块的生产，而鼓励空心黏土砖的开发生产，同时国家鼓励有关企业利用废渣、污泥进行制砖。另外，伴随我国经济高速增长带来的建筑、房地产业的快速发展，新型建筑材料也不断被开发并投入市场。作为建筑基本材料之一的墙体材料，一方面，面临着国家保护耕地，限制开采和使用黏土政策的实施，需要向节土型产品方向发展和进一步拓宽原材料的来源渠道，以利今后长期发展；另一方面，随着我国环境保护力度不断加大，特别是江河整治、工业三废排放处理系统及城市污水处理系统的广泛建立，产生大量的污泥。如何避免如此大量的污泥对环境造成二次污染，解决污泥的出路是关键。利用污泥生产建筑墙体材料，既解决了污泥的出路，同时利用污泥生产建材产品，也避免了对土地资源的破坏，有利于国家的可持续发展。

污泥建材的综合利用，主要指脱水污泥或污泥焚烧灰作建材利用和滤料等，如制砖、制陶粒、制水泥、制人工轻质填料、混凝土的填料、制活性炭、玻璃、制生化纤维板等。目前，污泥用作水泥添加料、制砖和人工轻质骨料这几方面技术比较成熟，消纳量较大，市场前景较好，可以作为污泥消纳的手段；另外，污泥建筑材料利用还有污泥制生化纤维板、路基材料、围栏等工艺，这些工艺目前还存在技术不够成熟或者消纳量太小的缺点，所以，都包括在同一个小类别内污泥在燃烧后，变成污泥灰，其主要成分为含硅、铁、铝、钙及微量元素的无机矿物质，仍需要填埋，如果作为生产水泥、砖、玻璃等建材制品的原料，则会兼收生态、社会及经济三方面效益。

污泥焚烧灰的化学成分与制砖黏土的化学成分是比较接近的，制坯时应加入适量的黏土与硅砂。最适宜的配料比（重量比）约为焚烧灰：黏土：硅砂 = 100：50：15。有报道，昆明某有限公司于 2000 年投资 1 200 万元，引进国内先进技术，研究生产出优质的人造空心砖；秦皇岛晨奢建材责任有限公司专业从事烧结砖、路面砖、墙体砖与整体路面的设计研发、生产与推广，在固体废物利用方面也走在了前面，从具体情况看，无论是建筑垃圾处理，还是生活垃圾处理，政府都在节省资源与改善环境方面进行了努力。就污泥资源化而言，相信不论是在土壤范畴，还是在建材领域，都应该有广阔的发展前景。城市污水污泥的无害化处理与资源化利用相结合，是城市污水污泥现实可行的最终出路。

污泥焚烧灰在玻璃制造领域已有成功范例。微晶玻璃类似人造大理石，可以作为建筑内外装饰材料应用。生产微晶玻璃的原料，目前常用污泥焚烧灰，沉砂池的沉砂和废混凝土。原料调整后，熔融温度控制在 1 400 ~ 1 500℃。熔融物放置一定时间，然后注入模具中成型，随温度的降低生成晶核（FeS），再加热处理，促使晶体成长。热处理后自然冷却，得到各种形状的微晶玻璃。这说明污泥在玻璃领域，尤其是深加工领域的应用范围研究大有可为。

污泥也可制活性炭，由于污泥中含有许多的碳，具备了制备活性炭的客观条件。制备活性炭的路径是先对污泥炭化，然后活化，所以污泥制活性炭的主要研究问题是最佳炭化、活化条件以及提高质量，降低成本等。污泥制备活性炭吸附材料，主要是利用剩余污泥的有机组分，是生物法处理过程中产生的死亡生物固体，有机物在活化后的高温处理过程中通过炭化、分解挥发等作用会形成丰富的孔隙结构，从而具备很好的吸附性能；而经过活化工艺能够形成炭质且具有丰富孔隙结构的材料均能作为制备活性炭的材料。在活性炭制备过程中随炭化温度、活化温度、活化时间、活化剂的用量等因素的不同可制成不同孔径范围比例的活性炭。由于各城市的污泥性质不尽相同，所以制备出的活性炭性能也有一定的差异。

目前，污泥炭化方式除了传统的高温炭化外，也有用工业废弃的硫酸来催化炭化，污泥活化方式以高温水蒸汽物理活化氯化锌化学活化为主。由于污泥的含碳量比其他制活性炭的原料含碳量低，所以污泥活性炭的质量不及商品活性炭，其碘值为 177 ~ 700mg/g，但在处理有机废水时，COD 吸附容量和吸附平衡时间优于商品活性炭。由于污泥活性炭中的重金属可能丢失，所以这些活性炭仅限于简单的废水处理和气体净化，其应用场合有限，但在一些消耗碳气体净化场合，其应用比传统的活性炭更经济，而且污泥活性炭如果不再生，可以考虑烧掉，同时可固化其中的重金属，因此具有一定的应用前景。

污泥建筑材料综合利用技术研究及应用已成为热点。目前，《城镇污水处理厂污泥处置制砖用泥质污泥》标准已经颁布实施，规范了污泥制砖行业。国内多家科研院所和企业正在开展污泥建筑材料综合利用的研究，并且已在北京、广东、浙江、河北等地进行生产性试验和投产。鉴于污泥在建材领域的应用，受到自身水分、成分、稳定性及发热量的限制，作为建材原料，受成分配比、烧结温度、工艺参数调节等诸多因素影响，若在建材领域使用，除应进行运行试验外，还应获取相应政策的支持，比如说对生态建材产品的推广或扶持。

据 2004 年 7 月 20 日《中国建设报》报道，"北京城市污泥在建材领域的应用研究"通过专家论证，专家们一致认为，项目具有较好的创新性和潜在推广价值。2003 年年底，为完成污泥无害化技术的联合攻关，实现北京市 80 万 t 城市污泥无害化处理的目标，"中关村城市污泥无害化产业联盟"成立。课题项目是将城市污水处理后的污泥，经过减量化、无害化处理，形成可以生产水泥的原材料。北京水泥厂在用水泥窑处理污泥，实际上是用水泥窑的余热作为热源将脱水污泥热干化，这样产生的尾气同样进入水泥窑里面一并进行处理，所以是没有危害的。项目从城市污泥无害化、减量化和资源综合利用角度出发，提出了解决城市污泥处理不当带来严重二次污染的有效途径，将污泥转化为可利用的资源，并且还进行了环境与经济及相关方面的政策研究，对实施推广应用将起到良好促进作用，并在北京市高碑店污水处理厂，成功地进行了处理污泥 150t/d 连续性工业级运行试验。这种无害化污泥处理技术工艺技术先进实用，处理后的污泥渣成分近似于石灰石，为替代石灰石烧制水泥熟料和用于建材制品生产提供了理论依据。污泥建筑材料综合利用应符合国家和地方的相关标准和规范要求，并严格防范在生产和使用中造成二次污染。

8.3.3 污泥材料化利用的风险

污泥建材利用不仅能将大量污泥有效处置，减少对环境的污染，而且可以产生一定的经济效益，经过工程实践的应用也表明污泥建材利用是完全可行的。当然，在污泥建材过程中，常需要进行高温处理，按日本有关方面研究，其他的有机污染物如二噁英等含量很低，基本上可不予考虑。污泥中含有的重金属在建材利用过程中，一部分会随灰渣进入建材而被固化其中，重金属失去游离性，因此通常不会随浸出液渗透到环境中，从而不会对环境造成较大的危害。但值得注意的是，污泥制成的建材，要视其重金属含量以及浸出效果，注意选择适当的应用场合。因此在污泥建材利用中，应注意遵循一定的规范。

研究表明，利用污泥煅烧会有部分重金属逸放，在没有专门处理重金属污染的设备下，重金属含量较高的城市污泥不宜直接用于煅烧陶粒或砖，否则会造成二次污染，用作煅烧水泥熟料时，回转窑窑灰也不宜再次入窑，否则容易使重金属再次进入环境中，造成污染，甚至是对人身体健康造成一定的危害。此外，由于高温环境，污泥中的一些沸点较低的重金属，如 Zn、Cu、Hg 等，容易从污泥中游离到气相中，因此在制成的建材中，重金属含量会有较大程度的降低。如，上海市利用苏州河底泥，进行制作陶瓷和砖块的试验中发现样品的重金属检出量显著下降。虽然放射性物质的检出量在焙烧前后均处于安全范围内，但因挥发而游离到气相中的重金属容易附着在烟气的尘粒上，因此需要进行慎重处理。

污泥建材利用除了要考虑重金属对环境影响的问题，还有其他一些因素不容忽视，污泥中存在的其他潜在污染物对环境的影响，如放射性污染物、有机污染物等。放射性污染物可根据《建筑材料用工业废渣放射性物质限制标准》（GB 6763—86）来执行。由于污泥在制作建材的过程中，常需进行高温处理，它们对周围环境水流、大气污染、噪声等影响也是非常重要的。这方面日本详细制定了有关利用污泥焚烧灰制砖中对大气污染、噪声、振动方面以及对环境影响的综合性评价指标。

然而，污泥制成的砖块、水泥在销售上存在着一定的劣势，其原因主要有两个方面。第一，公众心理上较难接受，污泥制成的砖块、水泥、陶瓷等，由于其原料的来源问题，总会让公众联想污泥的不洁和危险性，因此会对污泥建材的销售产生影响；第二，污泥制成的砖块、水泥等由于 P_2O_5、CaO 含量较黏土而言，比例偏高，当污泥在建材制作原料中添加量偏高时，会对砖块、水泥的抗压强度等物理性能产生影响。因此，污泥建材利用能否更大程度的推广应用，与能否获得政府的支持有很大关系。政府在资金上的支持主要是以污泥为原料或者是添加料进行的建材生产，有两种途径可以选择，一是将污泥焚烧灰、干污泥运送到现有的砖块生产厂和水泥厂，通过给予一定的费用补贴和政府政策支持来促使生产商接纳污泥灰和干污泥。政府可以通过减免部分税收、提供部分银行信贷等途径支持；二是排水部门自建污泥建材厂。

目前，以污泥为原料、添加料制成的砖和水泥，比较理想的去向是用于街道、公园等路面公共设施的建设。但这需要政府相关政策的鼓励和协调。砖块销售是决定污泥砖块、水泥等建材生产是否可行的一个重要因素。比如在日本，污泥制成的建材在道路修建、公园等公共设施中被优先采用，我国目前尚未有类似的相关政策。

污泥建材利用是一种符合废弃物循环利用理念的可持续发展的处置方法，但是必须注意到日本等国家，利用污泥制成的建材，其实际售价要比普通砖块市场价格低一些，而制成的水泥也明显低于同类品种水泥的市场价。很显然，从价格因素可以看出，污泥制成的建材在市场上受欢迎的程度，要低于相应的普通建材市场。因此，利用污泥制建材时，不仅要考虑技术上的可行性，而且必须考虑到公众的感觉因素，必须对产品市场前景进行深入的调研，以确定产品的销售渠道，产品的使用范围以及产品的利润，并充分估计到需要投入的资金补贴，以及政府给予的政策支持。

8.3.4 污泥作为其他材料的可行性

污泥除了可以作为建筑材料之外，还可能用于生产饲料和降解材料等。

污泥中含有蛋白质、脂肪、多糖等有机物及维生素，可将其加工成含蛋白质的饲料，与粮食混合后饲养家禽；此外，还可以用污泥养殖蚯蚓、提炼动物用维生素 B_{12}。保定市污水处理总厂环保局开发出了用污泥养蝇蛆，生产动物蛋白饲料的方法。蝇蛆食性杂，污水处理厂的活性污泥是蝇蛆的一种很好的饲料。一对蝇蛆在适宜的条件下 5 个月内能繁殖 190 亿头，生产数百吨粗蛋白，其营养成分完全可以和鱼粉媲美。利用净化的污泥或活性污泥加工成含蛋白质的饲料用来喂鱼，可提高产量；另外，用污泥制成的饲料养家禽，试验证明，对动物未发现有有害作用，用活性污泥制成的这种饲料和一般饲料混合（混合比例为9∶1），饲养的动物与完全由一般饲料饲养的动物作对照，体重有所增加，鸡的产蛋率也有提高。但是目前我国缺少这方面的行业标准，以及相关的法律法规，这就极易造成行业的标准不一致甚至有可能引起行业的混乱。如果不能有效地去除污泥中的重金属、病原体、污染性有机物，那么这些污染物便会通过饲料在家禽等动物中累计，最终进入人的身体中，造成严重的危害。

有研究报道，污泥也可作为氯代化合物的降解物。氯代化合物的毒性极强而且降解非常困难，表明污泥对氯代化合物有一定的降解作用；另外，苯驯化的污泥，对氯苯生物降解过程中有邻二氯苯、间二氯苯共存时，有利于整个体系的降解。

9 结束语

污水处理厂污泥的出路问题，在任何国家几乎都是一个很棘手的问题，有些污水处理厂的污泥由于没有处理和销路，有很多直接排入河道的情况。城镇污泥首先是一个污染物，作为政府和企业，首要任务是把污泥妥善的进行安全处理处置。污泥最终处置的困难不仅是在我国出现的问题，也是目前世界各国都面临的挑战。

目前，就我国而言，针对城镇污泥资源化的利用，主要是制肥，但实际意义上的资源化还是比较复杂的，因为我国城市污水中一般含有大量的工业污水，不是纯粹的生活污水，特别是中小城市，一两家企业的工业污水就有可能达到污水总量的50%以上。这当中有大量的有害物质，在没有深入研究的情况下，要在全国推行资源化利用，在土壤长期大量使用后，有可能给农业生产带来危害。即使搞清楚城市污泥中不含污染物质，可以作为营养土或土壤改良剂，不可过于夸大污泥农业利用；也不能把资源化利用的堆肥制成肥料，污泥堆肥的制成品的利用价值和使用方便性也具有局限性。另外，城市污泥含有大量的病原体、重金属以及有毒有害的难降解的有机物等，受检测手段与认知水平的限制，目前还不能完全了解污泥中的有毒有害物质及其对生态环境的影响，但可以肯定，不经必要地处理、不加以控制地土地利用势必带来土壤、地表水和地下水的污染问题；并且，在农用当中，农民是分散的，个体的弱势群体没有能力来监测污泥的危害性。

对于污泥的处理，我国已经制定了相关标准，对于污泥的处置，根据用途的不同，各行各业也有自己的标准。资源化利用后制成的产品，国家有各种标准，如建筑用砖，国家对强度、溶出等技术标准有规定，对于堆肥产品制肥，农业部也有标准。但是有些内容也有缺失，比如说污泥进入垃圾场，就没有明确的标准。而对于污泥的处理处置，我国在法律基本上也是完善的，只是在一些问题上，需要制定一些规章制度来落实，在监管上，虽然工业污泥是环保部门管，城镇污泥由建设部门来管，但今后都需要加强监督措施。

对于污泥的处理处置项目，一般是采用BOT方式来建设和运作。但是，一些企业从事这一行业经验不足，对于污泥处理的复杂性，费用构成不是十分清楚，以至出现亏损，影响到污泥的处理处置。污泥处置项目是个逐渐成熟的过程，也是市场化进程中一个必然过程。企业承担污泥的处理处置项目，主要看政府补贴是否合理，在这个补贴范围内能否正常运作。鉴于污泥问题逐渐严重，我国在污泥处理处置方面设置了一些科研项目，把污泥处置作为重点攻关的方向，未来的城市污泥处理处置将会逐渐达到污泥的产生、处理处置与环境保护之间良好的平衡。

9.1 污泥处置方法影响因素分析及综合评价

污泥处理处置的总体目标是充分依靠当地的特点，通过科技创新，达到污泥稳定化、减量化、无害化目标，并提高资源化利用水平。目前，我国污泥常用处置的方法很难做到预先对污泥的有效综合利用，存在很多的环境及社会问题，不一定是污泥处置的最佳途径。国内外集中努力的目标是污泥的无害化和资源化处置，寻求的是经济上可支撑的可持续性发展技术。各地城镇污水处理厂污泥处理处置应根据当地的环境条件、地理特征、经济状况等，经广泛技术经济比较后，因地制宜地选择合适的处理处置技术。污水厂污泥的四种常用处置方法—卫生填埋、土地利用、干化焚烧、材料化，各有优缺点。为避免污泥对环境的二次污染，各国政府及研究机构对污泥的最终处置问题十分重视并根据各国的国情制定出污泥处置的法规和具体方案。合理的污泥处置方法将直接关系到污泥处置的成败，关系到各国的环境状况和可持续发展。

我国污泥处理处置虽然与国外仍存在一定的差距，但也有自己的特点。目前，国内多数污水处理厂对污泥处理、处置还停留在传统的处理、处置运行模式上：调质→脱水→外运（非标填埋或非标土地利用以及农用），在很大程度上影响了我国污泥处理、处置的成效。我国大部分污泥处理都是采用浓缩→脱水→填埋或农用这种单一的模式，污泥处置仍没有统一的规划，新建的许多污水厂也是盲目借鉴这一模式，导致在污泥处置方法选择上存在一定的盲目性，不能因地制宜，使得污泥问题愈加突出。因此，如何综合考虑各方面因素，对各个处置方案进行综合评价，提出合理的污泥处置方法尤为重要。

在对环境严格要求的今天，有必要对我国的污泥处理、处置进行规划。根据国外近几十年的污水处理和污泥处置的实践，可以借鉴其基本发展路线，即便是发达国家，也要根据国情，科学和实事求是的确定他们的环境标准、阶段目标，并切实加强污泥处置工程的落实和管理；在污泥处理和处置的思路上从污泥无害化着手，把它作为满足环境基本要求，社会经济发展的基本条件的主要措施和手段；同时不放弃资源化的努力。在我国，由于思路实际，加上污泥无害化处置项目，有了法规上的依据，有成熟的工程技术的支持，在总体上还是稳步发展的，并不断探索和开发兼顾污泥无害化和资源化的新技术。

对污泥处理处置技术筛选，技术的选取要以污泥无害化为首要目标，在不产生二次污染的情况下实现污泥的资源化利用，实现污泥的资源价值。综合考虑各方面因素，对各处置方案进行综合评价，本着因地制宜、技术可行、设备可靠、规模适度的原则，确定最佳的污泥处理处置和综合利用方式。

9.1.1 污泥处置经济影响因素

由于我国经济技术水平尚不发达，污水污泥处置的投资和运行成本方面受到限制，致使污泥处理处置率低下。由于缺乏关于不同污泥处理处置方案的经济分析，导致了单位和设计人员在方案选择上存在较大的盲目性。污水污泥处置的费用建设投资和运行成本两部分。项目建设的一次性投资的大小并不直接决定运行成本，但可以对运行费用起很大的影响作用。

在污泥处置方法中，污泥焚烧处理一次性投资大，运行维护费用最高。在投资费用中建材利用最低，土地利用稍微高于材料化，但相对低于填埋处置。在运行中，填埋若加上运输的问题，随运输距离增加填埋成本会显著增加，据参考国内有关污泥处置设施运行情况等有关资料，目前常用的污泥处置技术的投资与运行成本见表9-1所示。

表9-1 常用污泥处置方法投资与运行成本比较

处置方法	投资费用（75%含水率）/元·m^3	运行成本
卫生填埋	350~420	500~560
土地利用（堆肥）	350~400	创收57~96
焚烧	700~750	770~850
建材利用	300~350	与销售收入相抵

9.1.2 污泥处置技术影响因素

影响污泥处置方法的技术指标包括技术成熟性、适应性和日常管理难易程度。处置方法技术成熟性关系到污水污泥处置的成败及最终处置效果。选择污水污泥处置方法，首先其处置方法技术必须是经过实践检验的技术成熟的，处置效果能得到保障的技术。在常用污水污泥处置方法中，卫生填埋技术最为成熟，其次是土地利用，再次是污泥焚烧，污泥建材利用技术在我国最为不成熟。

日常管理难易程度不同的污水污泥处置方法涉及不同的控制水平及人工管理的复杂程度。控制要求的难易程度直接影响污水污泥处置的稳定性、工程投资、员工素质等。易于控制的处置方法（定性评价分值高）相对来讲稳定性高，投资省，员工素质要求较低，反之亦然。我国经济实力不强，不宜刻意为实现管理而增加相对过大的投资，应提供简捷可靠的事故处理和安全保障功能。

污泥处置技术发展到今天，已经有60多年的历史，其常用的污泥处置方法及技术比较见表9-2。

表9-2 污泥处置方法技术及资源利用比较

特点	处理处置方法			
	土地利用	卫生填埋	焚烧	材料化
技术可靠性	可靠，国内外有应用实例	可靠，有应用实例	可靠，我国3.45%污泥焚烧	可靠，在日本应用广泛
适应性	占地广，场地易产生不良环境影响、要求能防火、防爆	受污泥特性、土壤特性、作物安全生长及安全性影响较大	投资较高，焚烧是产生有害气体，对污泥热值要求较高	建立与培育适用市场较难
管理要求	较低	较高	较高	高
资源化利用	可较大程度得利用污泥中的有机物	不能利用	可部分利用污泥的热值	利用成分较多

9.1.3 污泥处置其他影响因素

因为污泥含有病原菌、寄生虫（卵），以及铜、铝、锌、铬、汞等重金属和多氯联苯、二噁英、放射性元素等难降解的有毒有害物。污泥处置的思路上从污泥无害化着手，在考虑选用某种污泥处理处置方法时，要从经济水平、资源利用和技术可靠性等方面来考虑污泥处置方案，同时满足环境基本要求，在不产生二次污染、不能造成新的环境危害的情况下实现污泥的资源化利用。

在对环境的危害中，由于污泥含水率大大高于普通生活垃圾，而填埋场的渗滤液属高浓度有机污水，若渗滤液处理不当可能会形成地下水的污染，另外污泥填埋场应设置相应的防蚊蝇、防鼠措施，不然填埋场的的臭气及卫生问题易造成二次污染；土地利用时，因污泥中大部分重金属迁移性较差，很容易在土壤表层累积，有的重金属在很低的浓度条件下就会表现出毒害影响，如 Hg、Cd、Pb 等；还有就是极少量的重金属会随雨水淋溶或自行迁移到土壤深层，对表层地下水系统产生影响；焚烧会产生大量带飞灰的烟气，所产生的废气中含有环境热点的二噁英污染问题，含有悬浮的未燃烧或部分燃烧的废物、灰分等少量颗粒物，如果处理不当就会成为"二次污染源"。

影响污水污泥处置方案选择的因素还有处置场地的场地位置，因为污泥运输需要很大的费用，另外在运输过程中可能会造成成污染，比如带来异味、有害气体等。同时前端的污泥处理，后续产品的市场也是污水污泥处置方案选择的影响因素之一。

总之，污泥处理处置方式的选择受其地域、自然条件、经济发展水平等因素的影响，选择方案应同时兼顾生态环境、社会效益和经济效益三者之间的平衡。各地区应根据当地的实际情况，择优选出技术上可行、工程投资和运行费用低、操作简单、经济适用、符合实情的污泥处置方法。

9.1.4 污泥处置方法综合评价

所谓"评价"就是人们参照一定的标准对客体的价值或优劣进行评判比较的一种认知过程，同时也是一种决策过程，评价指标体系是由一系列相互联系、相互制约的指标组成的科学的、完整的总体，它应反映所要解决问题的各项目标要求，其基本思想是将多个指标转化为一个能够反映综合情况的指标来进行评价。就方案的决策问题来说，决策的前提就是综合评价，科学的综合评价造就了正确的决策。因此，综合评价已成为经济管理、工业工程及决策等领域中不可缺少的重要内容，且占有重大的实用价值和广泛的应用前景。对于污泥处置而言，虽然各种处置方法都有研究及应用，但基于污泥处置影响因素及效果的污泥处置方法综合评价研究还是非常缺乏的，导致在污泥处置方法选择上存在一定的盲目性。因此，如何综合考虑各方面因素，提出污泥合理的处置方法，将直接关系到污泥处置的成败，关系到环境状况和可持续发展。

综合评价有许多种方法，总体大致可以分为熟悉评价对象，确立评价指标体系，确定各指标的权重，建立评价的数学模型，分析评价结果等几个环节，其中确立指标体系，确定各指标权重，建立数学模型这 3 个环节是综合评价的关键环节。常用的综合评价方法有下面几种：层次分析法、模糊综合评判法、数据包络分析法、人工神经网络评价法和灰色综合评价法。这几种方法各有优点和不足。

层次分析法（简称 AHP）是指将决策问题的有关元素分解成目标、准则、方案等层次，在此基础上进行定性分析和定量分析的一种决策方法。对于结构复杂的多准则、多目标决策问题，是一种有效的决策分析工具。AHP 在使用时，个人的主观判断及个人喜好对建立层次结构模型和判断矩阵的影响很大，带有很多个人主观因素，使得在进行决策时主观成分很大。

模糊综合评价方法，是利用模糊数学的办法将模糊的安全信息定量化，从而对多因素进行定量评价与决策，就是模糊综合评判。模糊综合评判法是一种定性分析方法，这种方法的不足是不能解决评价信息重复问题，评价时由于各要素权重的确定带有一定的主观性。

数据包络分析法（简称 DEA），其基础是相对效率概念，以线性规划及凸分析为手段的评价方法，结构简单，使用方便。方法的直接和重要应用是根据输入、输出数据对同类型部门、单位（决策单元）进行相对效益与效益方面的评价，但 DEA 法只表明评价单元的相对发展指标。因为 DEA 法各个决策单元是从对自己有利的角度求权重，导致得出的结果可能不符合实际。

人工神经网络评价法，是为了解决一些问题，人们提出模拟人脑的神经网络工作原理，建立能够"学习"的模型，并能将经验性知识积累和充分利用，从而使求出的最佳解与实际值之间的误差最小化。其不足是精确度不是很高，评价需要大量的训练样本，评价算法相对繁琐，只能借助计算机程序处理样本数据，很大程度上影响了评价工作的效率。

灰色综合评价，是通过对一些已经知道信息的生成及开拓来实现对现实世界的认知。其最大的特点是对样本量没有严格的要求，不要求服从任何分布。这种方法的不足是"分辨率"的选取尚没有合理的标准，而灰色关联系数的计算却要确定"分辨率"，另外要求样本数据且具有时间序列性，而污泥处理处置的相关数据尚很欠缺。

对污泥处置的综合评价方法选择上，考虑到此过程中有以下几个特点：一是对污泥处置方法进行综合评价使用的这些指标中很多都是无法定量化，是非计量指标，这就要求使用到模糊数学的概念来处理这些指标；二是对污泥处置方法进行综合评价使用的这些指标无法给出一个定量的分数，可以采用将模糊语言分为不同程度评语的办法；三是指标分多层次，由于指标比较多，层次性比较强，因此可以对不同层次的指标进行单层次模糊评价，从而可以观察到每个层次指标的好坏，从而有利于污水处理厂污泥处置方法有效处置及管理。

国内有研究者在总结上述评价方法的优势和不足，以及污泥处置方法特点的情况下，通过对常用综合评价方法的理论分析和比较，提出用 AHP - 模糊综合评价法作为污泥处置方法综合评价的方法，并详细论述了"运用层次分析法确定指标权重"和"运用模糊综合评价法进行综合评价"的具体步骤。从经济、技术、环境、资源利用四个方面，对影响污水污泥处置方法选择的各种因素进行了分析，在分析国内外污泥资源化方式的特点、相关领域评价体系和模式的基础上，建构了较为完善的污水污泥处置方法评价指标体系，建立了 AHP - 模糊综合评价的污水污泥处置方法综合评价模型。对指标体系进行分析，并建立了各方案中各指标的数据列。根据所建立的指标体系，采用 AHP - 模糊综合评价模型对数据进行综合分析，计算出各种处置方案的综合评价值，并依据评价值高低，依次排列出污水污泥处置方法的优劣顺序为：污泥土地利用 > 建材利用 > 卫生填埋 > 污泥焚烧。研究建立的 AHP - 模糊综合评价法的污水污泥处置方法优选模型，对我国污泥处置方法的选择有一定借鉴作用，对指导我国污水污泥处置方法建设有积极意义。

9.2 污泥处理工程项目的风险管理及应对

实现污泥的处理处置需要选择相应的工艺路线，通过常规的项目建设程序，完成项目的建设，并使项目得到稳定运行，最终实现污泥的安全处理处置。2010 年全国共产生污泥 6 万 t/d（按含水率 80% 计），预计 2015 年将产生污泥 7.8 万 t/d，据不完全统计，我国只有 5% ~ 10% 的污泥进行了有效的处理处置，其余绝大部分未进行规范化处置。2009 年国家颁布的《城镇污水处理厂污泥处置混合填埋用泥质》（GB/T 23485—2009）标准要求进行填埋的污泥的含水率不大于 60%，使得含水率在 80% 原本进行填埋处置的脱水污泥需重新寻找出路。目前已有城镇污水处理厂，大部分都缺少污泥处理处置设施，污泥处理处置问题已成为污水处理厂正常运行的"瓶颈"，2011 年污泥处理处置被纳入《国家环境保护"十二五"规划》优先实施的 8 项环境保护重点工程的主要污染物减排工程。面对相对滞后的污泥处理处置设施，污泥处理处置工程项目的建设已经迫不及待。污泥行业刚刚起步，国内污泥处理处置技术也刚刚兴起，面临着新行业、新工艺、新技术，缺规范、缺标准、缺人才、缺经验等现实问题。目前，已建项目的失败案例也明显多于成功案例，而如果项目建成后不能创造原本它应该创造的价值，这样的项目就造成了资金的大量浪费的同时，也增加了建设地区的环境负担。污泥处理处置工程项目的建设面临失败的风险较大，需要从失败的教训和成功的经验中不断总结，完善行业体制、规范、技术，丰富行业经验。

污泥处理项目从立项到竣工验收，实施周期较长，参与方较多，涉及大量不可预见因素；行业发展起步较晚，成熟工艺案例较少，行业标准规范欠缺，如果不加以防范、控制，实施过程中很容易出现问题。为了使污泥处理处置工程项目的建设有据可依，使污泥行业尽快走向标准化和规范化，为了保证已建项目能顺利建成并充分发挥项目本身应创造的价值，避免从项目立项到项目运行各阶段所存在的风险的发生，保证项目的顺利实施，要加强研究并解决各种项目的风险分析，使项目实施决策更加科学化和合理化，提高项目管理和决策水平，并对此类已建项目成功经验和失败教训进行分析总结，找出行之有效的方法使风险得以控制，减少项目组织实施过程的风险损失，保障最终目标的实现。

9.2.1 污泥处理工程项目的风险管理

污泥管理和利用风险的研究，国外已经取得了一定进展，如美国 1993 年 2 月就颁布了 503 法规，该法规对污泥的土地利用进行了规范。为制定该法规，美国从 1884 年美国环境保护局（USEPA）就开始进行相关的研究工作，通过严格的风险评价方法建立污泥管理体系，并得到广泛认可和应用。国内污泥本身的管理和利用也取得了一定的进展，但是还是明显落后于国外，很多理论研究和实践还需学习借鉴国外成果的基础上，结合国内的实际情况深入实践和研究。国内外专门针对污泥工程项目的风险管理方面的研究很少，污泥处理处置工程项目与传统建筑项目的风险管理总体思路基本一致，针对该类工程项目的特殊性，可借鉴传统建筑工程项目在风险管理中取得的成果，对该类项目进行风险分析研究。

建设工程项目的建设程序一般为项目立项、可行性研究、设计、建设准备、施工安装、调试等阶段。风险管理贯穿整个工程项目建设程序的始终，但在各个阶段，所面临的风险各不相同，且需要关注防范的程度也不同。污泥处理处置工程项目面临着新行业、新工艺、新技术，与传统建设项目还有一定的区别，为了使识别分析过程条理化、清晰化，针对此类项目的特殊性，根据项目实施过程，要按阶段对风险进行分类。项目一般可划分为五个阶段，项目前期准备阶段、设计阶段、招投标阶段、施工阶段及运行阶段。应用项目风险管理的集成风险管理理论，在时间上考虑对项目全寿命周期的五个阶段进行风险管理，在各阶段考虑对项目全部风险进行全过程风险管理。按项目实施周期对工作任务进行分解，见图 9-1。

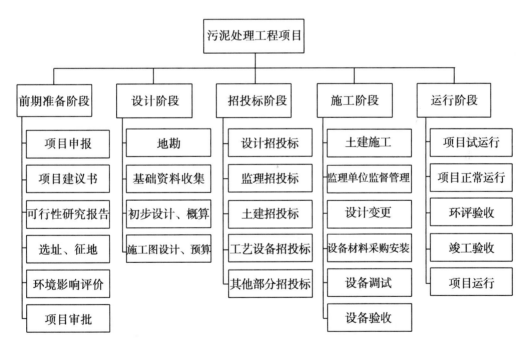

图 9-1 污泥处理工程项目 WBS 工作任务分解

项目实施阶段任务不同，参与单位不同，各阶段参与的主要有业主单位、业主上级管理单位、政府相关部分、设计单位、环评单位、工艺提供单位、招标代理单位、施工单位、监理单位和设备厂家等。各个阶段各个单位所发挥的作用不同，项目面临风险也不同。根据项目过程的多阶段多单位的实际情况，采用目前学者们比较关注的集成风险管理理论，在时间上考虑对项目全寿命周期的各个阶段进行风险管理，在各阶段对所有参与单位面临的所有风险进全面管理，实现全过程、全方面、综合的风险管理，最终实现风险管理目标。根据集成风险管理需要，在项目管理 WBS 按阶段工作任务分解的基础上，进一步明确任务的责任方（图 9 - 2），对项目在各阶段相关单位联合控制风险，显然也是非常必要的。

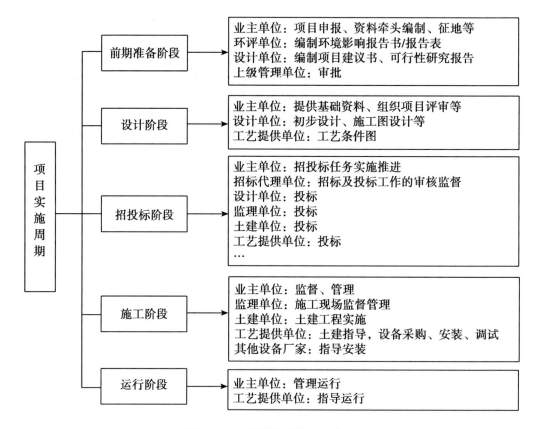

图 9 - 2　各阶段各单位任务分工

　　污泥行业刚刚起步，风险管理也并未走向成熟，国内外专门针对污泥工程项目的风险管理方面相当缺乏，而且调查的数据数量有限，所以研究内容存在一定的局限性。对于风险风险识别和分析，采用的方法虽部分通过数值进行了量化，但得出的结果主观性较强，可能会因调查群体的变化而改变，但因目前行业群体较小，大范围调查还是存在一定的局限性。污泥问题日益严峻，为了改善环境污染问题，污泥行业必然要快速发展，为建设污泥处理工程项目过程中减少、避免问题的产生，采用风险管理是非常有必要的，应加强污泥处理工程项目风险管理的研究，以适应行业快速发展的需要。上述所采用的风险管理仅仅是项目管理的一个分支，对于污泥处理工程项目的建设来讲，范围管理、时间管理、沟通管理、成本管理、质量管理、人力资源管理、集成管理、采购管理等其他项目管理分支的应用都是有必要的。

9.2.2 污泥处理工程项目的风险应对

污泥处理工程项目的风险应对首先需编制应对计划。风险应对计划是编制选择方案并制定措施，对已识别出的风险进行合理的应对，以提升实现项目目标的机会、降低对项目目标的威胁。风险应对的方法主要有规避、转移、减轻（消化）和接受四种：规避是通过变更项目计划消除风险或风险的发生条件等方法手段，消除风险的发生或发生可能性；转移是将项目风险的结果连同应对的权力转移给第三方，而并不能消除风险，是一种事前的应对策略；减轻是设法将某一负面风险事件的概率及其影响降低到一种可以承受的限度；接受是指不改变项目计划（或没找到合适的应对策略），而考虑发生后如何应对。

按风险重要程度分类后的结果优先应对重点风险，然后依次是需关注风险和可减少关注风险。重点风险因素风险发生概率较大、风险发生后影响较大，所以一般都采用规避风险的方法及主动积极应对的策略，规避风险可以在风险事件发生之前消除某一特定风险可能造成的种种损失，而不仅仅是减少损失的影响程度。污泥处理项目作为公益性项目并不像其他项目建设一样主要目的是盈利，该类项目同污水处理项目一样都是由政府部门投资建设，在运行过程中不会带来经济效益，为了保证它的正常运行，国家还要给予相应的经济补贴。此类项目的建设考虑最多的还是在投资和运行成本合理的基础上能不能改善环境，为社会创造价值。污泥问题的严峻现状是让民众觉得所有地区的污泥处理工程项目建设都是非常有必要的，但是当地的污泥问题是否如其他地区一样确实面临的无路可去并且已严重影响到环境，该地区是否有能力建设，能否得到支持认可并得到配套的建设资金，找到合适的地方建设，若是多处存在污泥问题，是分散建设还是集中建设，建成后是否有能力补贴保证项目的正常运行等。

相关单位应加快规范、标准、指南、规程的完善和制定，以满足污泥问题亟待解决的需要。可参考国外同类工程设计指南、规程，以满足设计任务需要，也可与有相关设计经验的单位进行合作或互相学习。行业起步较晚，设计单位普遍经验不足，在设计过程中难免存在缺陷不足，为了尽量减少设计中的问题，可以充分全面考虑设计条件，一个专业不应由独立一人承担任务，至少保证 2 人及以上责任人，保证互相沟通讨论；对完成的设计资料进行多方审核，并请权威专家进行评审；如采用工艺已确定，应由工艺提供单位对工艺设计资料进行审核确认等措施入手。

项目建成后并能得到成功稳定运行，满足建设功能需要，项目才能算顺利建成。很多污泥处理项目建成后最后都没能正常投入运行，其中有设计问题的原因、有工艺设备的原因、也有运行的原因，运行阶段选用的调试人员的经验和技术实力实际上是最关键的因素。运行作为项目完成的关键一步，需注意要选用有同类工程调试运行经验的单位和人员进行操作或指导，前提现场提供的条件能满足调试运行单位和人员的要求，如果现场条件达不到，工艺调试单位和人员再有能力也难完成调试任务。

国内从事市政行业的设计单位，大部分都是近几年开始接触污泥处理工艺设计，设计经验都不足，少数设计院通过创新、摸索与工艺厂家合作完成过项目的设计，但也仅是针对个别工艺，很少有设计单位完成过多种污泥处理工艺的设计。面对目前工艺繁杂的现象，设计单位对工艺厂家的依赖性较强，很多为工艺厂家提供条件或工艺条件导图，然后再由设计单位完善。针对目前的设计现状，可通过选用有相关设计经验的设计单位，选用经验丰富、创新能力强、设计灵活的工程师进行设计，提前安排工艺设备招投标，保证设计开始前确定工艺设备提供单位，由工艺设备厂家负责提供工艺条件导图，配合完成设计任务等多个方面规避设计经验不足带来的风险。

选用工艺是否成熟很大程度上决定了项目建成后能否满足功能需要的正常运行。初次尝试毕竟风险较大，主要从选用工艺技术应用工程案例数量、稳定运行案例所占比例、选用工艺技术开始应用时间及工艺技术工程案例稳定运行时间等几个方面验证工艺技术成熟度。有的工艺技术本身具有的专利、软件版权、知识产权及其他奖励；另外，工艺技术足够成熟的同时还需保证使用的设备不落后，尽量选用成熟且先进的工艺设备。行业标准规范加大力度制定至今不足10年，相关行业标准规范不足20项，且设计规程、规范欠缺，无设计依据，即便是有经验的工程师，如果没有从事过污泥行业的设计任务，也是很难开展工作。对已有规范、标准、指南、规程充分学习，尽量在满足已有资料的基础上完成设计任务；与回报是否在合理范围内，且建成后能否保障项目正常运行真正减轻当地的环境压力都是需要核实的。所以，对于为了规避项目立项决策风险，需要调查污泥问题的现状及污泥处理工程项目建设的紧迫性，各地区同类项目资金的来源及额度，建设地可考虑的资金来源及额度，当地是否具备补贴能力且补贴能力范围。考察国内外污泥处理工程项目的建设情况，对主要可选择的工艺、投资、运行成本、运行情况有初步了解，该地区存在污泥问题的区域为一处还是多处，是考虑集中处理还是分散处理。

污泥处理作为新兴而不成熟的行业，工艺选择是一项非常重要的风险因素，对于工艺选择需非常慎重。如果是成熟行业，处理工艺、选用设备成熟，设计院经验丰富，设计单位和业主单位只需根据建设地实际情况和需要选择工艺和设备，并能很快很好的完成任务。因为污泥处理起步较晚，各工艺随着污泥问题被发现后应运而生，工艺之间发展程度差异较大，有的已经成熟，有的刚刚停留在中试阶段，有的处于小试阶段或者仅仅是一个概念或想法；由于利益的驱使，工艺技术方总是希望能得到项目，完全不顾工艺技术所处阶段是否可行，所以这就需要设计单位和业主全面认真负责的比选，在工艺选择过程中规避风险。一是，符合国家政策发展方向，《城镇污水处理厂污泥处理处置技术指南（试行）》对工艺的选择提供了指导，可依据指南对各工艺的适用范围进行选择；二是资金来源及额度能满足项目投资需要，当地政府能给予补贴满足工艺运行需要；三是对各工艺技术有充分的认识和了解，并结合当地实际情况进行了详细的比选；四是选择工艺符合当地区域发展规划；五是可使用或可征用占地面积满足工艺用地需要；六是选择工艺成熟有工程项目经验，且项目长期稳定运行；七是工艺使用设备有使用案例，并运行良好。

项目建成后面临着设备的匹配性、稳定性是否良好，设备性能是否满足要求等风险因素，最终引起这些风险发生的原因可能有以下两方面：设计阶段设计参数不准确，造成设备选型不匹配；施工阶段采购设备未按完全要求购置或选用低质量设备。所以，规范该风险首先通过问题产生的源头控制风险因素的发生；其次项目运行后对设备定期及时维护与保养；最后，通过实际性能测试，对项目各部分设备进行评估，对评估结果进行分析总结。污泥处理作为一个不够成熟的行业，项目中使用的工艺设备绝大部分为非标设备，市场上不同生产厂家的设备的原理参数等差异很大，而且很多设备专门为项目定制或研制，所以在后期的维修和维护过程中难度较大，项目运行过程为了降低维护维修过程中的风险，首先必须选用正规、有设备制造经验、具备持续售后服务能力并能及时提供服务的厂家，以保证后期设备维修维护能够得到相应的技术支持，所以在设备选用过程中必须进行严格把关，以保证设备的长期稳定运行；其次，项目运行过程对现场操作维修等工人进行相应的技术培训，使现场管理技术人员具备独立操作维修维护的常识和能力；最后，为了保证设备正常的使用寿命，必须正确的操作使用设备并按要求定期维护检修保养。

9.3　污泥资源化产业的发展政策

污泥的安全化、卫生化、无害化体现了人与自然的协调。人类生存的基本自然条件是淡水与土壤，污泥是城市发展的产物，却异化为"城市环境新隐患"。污泥处理处置的不完整，在我国则表现为环境产权的缺失。"泥水并重"是城市成熟的标志，是污泥产业的发端。污泥的资源化是最有生命力的，因为土壤贫瘠、人口众多、经济欠发达，粮食安全、环境安全均具有战略产业的意义。"污泥浓缩、脱水—外运（填埋）"不仅是写在设计文件中的"经典"语言，也是污水处理厂实际污泥处理的"习惯"做法，本质上是被动地"逃避"污泥；另外一个极端是不顾实际情况和经济承受能力一味追求"消灭污泥"，填埋和焚烧是发达国家已经限制和淘汰的处置手段。无论是"逃避"还是"消灭"在理论上是片面的，在实践中是有害的，我国制定污泥产业化技术政策一定要保持清醒的认识。资源化处置是以资源化利用为目标的一种安全、有效、经济的处置方式，在实现污泥无害处置的同时，还有利于保持生态平衡，降低处置成本，促进循环经济的发展。

9.3.1　科学发展观与环境产权

城市污水净化厂是城市发展的产物，是人类聚集的结果，污泥也是如此。大工业革命积聚的城市生活群体排泄物具有"规模化"特征，污水、污泥、垃圾处理成为城市经济的派生物，直至演变为"城市环境新隐患"。远离农田的污泥失去了其作为肥料的自然属性和经济价值。生态产业革命与发展立足于自然、社会、经济的全面协调发展与进步，统筹兼顾，保持人与自然的生态平衡，把坚持以人为本和实现经济社会全面、协调、可持续发展统一起来。科学发展观的实质是要抓住和用好战略机遇期，既不能盲目自大重蹈发达国家的覆辙，也不能跟在别人后面亦步亦趋。把污泥的无害化处理处置上升到牢固坚持和树立科学发展观的高度，按照循环经济的观点自觉把污泥的处理处置与生态平衡结合起来，避免重复和浪费。

环境问题的重要特点，在于其"外部不经济性"。环境产权的非人格化是污泥处理处置的制度设计缺陷和政策制定的滞后。《城镇污水处理厂污染物排放标准》

（GB18918—2002）已明确规定了污泥排放标准，与此同时颁布的《排污费征收使用管理条例》将排污收费由原来的超标收费改为排污即收费与超标收费并行，将超标单因子收费改为总量多因子收费。但由于污水处理厂的事业单位属性与环保执法机构的非独立性而缺乏行使环境产权的刚性约束，仍旧摆脱不了先污染后治理、前面治理后面污染的恶性循环。污泥处理处置的失效不仅是污水处理厂全部功能实现的问题，而且作为城市水资源与水环境的结点其整体功能也将随之失效，甚至污泥对地表水和地下水的污染会造成更为严重的环境灾害。城市公用设施管理体制改革和混合所有制经济的发展将逐步完善环境产权的管理体制，配套产业政策，提高环境产权意识，促进社会全面、协调、可持续发展。

环境保护与政治文明关系密切，由于生态与政治的紧密关联，更由于全球生态危机导致适应人类生存的空间日益缩小，人类的生存和发展日益受到威胁，人们产生了强烈的协调人与自然以及人与人之间关系的理念，促使环境问题日趋政治化。物质文明、社会文明、政治文明和环境文明的协调发展与建设，有赖于民主社会的进步，有赖于公众环境产权意识的觉醒。环保产业是政策引导性产业，需要专家、企业家与政治家及社会公众的共同努力，特别是后者的积极参与是十分重要的。公众的介入和政治参与对于解决环境问题具有重要的作用，有助于激发公众政治参与的责任感和积极性，壮大环境保护的社会力量；有助于让更多的在有关活动中无经济利益的人参与决策，避免既得利益集团按照经济标准制定环境政策而损害环保的缺陷，让决策朝着更为科学、合理的方向发展；有助于对政府的监督，制止政府从自身利益出发做出短期行为，制定不恰当的政策；有助于社会以和平方式解决生态环境危机。

污泥资源化产业的发展在很大程度上取决于其资源化产品的最终出路。不能把政府引导、市场化运作片面理解为由市场承担资源化产品的最终处置和出路的全部责任，而应当是政策与市场共同努力的结果。政府负有政策引导和制度设计的责任。一般来讲，企业市场经营目标与政府环境保护要求存在着现实冲突，政府除了通过法规与契约来限制企业可能对环境的损害性排放，但仍然不能绝对避免企业为了追求利润而做出损害环境的行为，在制度设计层面只有基本满足经营者的合理利润需求的法律规范才是有意义的。市场本身没有为环境保护提供强有力的制度保证。因此，单纯依靠市场机制确定产品价格只能反映边际私人成本而不能反映边际社会成本，不能实现资源的优化配置。国家必须采取适当的经济政策对生产活动进行干预，结合经济活动中的环境外部效应，确定恰当的边际社会成本，减小乃至消除边际私人成本与边际社会成本之间的差距。要把污泥资源化产品的最终处置纳入政策法规和利益调节机制，而绝非是单纯就污泥补贴的讨价还价，最终伤害的仍然是环境和社会公众利益。

生物固体资源化的事实不能完全代替无害化处置的可能。事实与可能之间的差距是由于污泥有害物质及肥料市场的不确定性及污泥资源化的比例受到客观因素限制所造成的。例如，由于污泥一定时期的有害成分超标，不适于资源化，又由于肥料销售的季节性以及市场变化等，都会影响污泥的资源化效果。因此，百分之百资源化的提法是不科学的，以强调市场化而推卸政府的职能是不负责任的。要从政策导向与制度设计层面解决资源化产品的出路问题，以产品销路来简单判断资源化的有效性的观念应当改变。资源化的首要目的是固体废弃物处理，政府的政策导向与制度设计要符合这样一个需求，国内外都是如此。资源化产品要以政府购买为主，指令性把资源化产品与城市绿化结合起来，与城市建设结合起来，与生态恢复结合起来。资源化与经济效益要以无害化为前提，其处理结果不一定仅仅以肥料产品的方式销售，至少可以实现卫生填埋（减量、稳定）。

美国《503 法案》将污泥肥料产品分为 A 类与 B 类两种，前者是经深加工包装后出售的商品肥料，按不同季节一般市场售价为 20～60 美元/t，折合人民币最高不超过 500 元/t，相当于沃土田园的价格；后者经稳定化处理后（含水率 80%）喷洒到农田，增加土壤有机质。由于美国排污费标准较高（一般与供水价格相等，甚至高于自来水费，特别是大城市）和法律保障、税收减免政策以及规模化经营，污水处理厂稳定化处理后的污泥由专业化公司加工处置。美国农业有健全的休耕、轮作制度和直接补贴制度，分期分片施用不会造成农田的砂砾化与有害成分富集，达到生物固体资源化的目的。低价格或免费施用反映出土壤消纳及资源化的利益调节机制。资源化产品低廉的价格与稳定的补贴来源，以及由此形成的价格调节机制可以切实保障污泥能够得到及时有效的最终处置：随季节调整市场售价、价格低廉、免费使用等，从而切实保障污泥的无害化处置。意大利法律规定污水处理厂要妥善处置污泥，其处置费按规定的污水处理费以单独形式收取；污泥（生物固体）的资源化由专业化公司承担，市场化运作，政府给予补贴与税收优惠。日本明确规定资源化产品的市场引导政策，用污泥制成的地砖价格同等的条件下政府指令性采购与使用。西班牙垃圾堆肥产品的市场销售价格也不过是 3 欧元，按现行汇率计算仅为 30 元人民币；我国同类产品的市场售价一般都在 200 元左右，而我国劳动力价格大都是欧洲国家的 1/30～1/20，价格扭曲反映出制度设计的不合理和政策导向的偏差。

政府干预是对环境保护的市场失灵的校正，优势市场在政府干预下充分发挥保护环境的作用。但是，计划经济体制下的市政公用事业管理体制常常会干预失灵，或是在公用环境的情况下政府功能失效。在环保实践中，市场可解决的问题应尽量交由市场去解决。只有当市场机制不健全、环境资源产权不明晰、外部性和公共环境难于排解时，才应该由政府干预。通过特许经营制度，签订《市政公用设施特许经营合同》明确政府与企业之间的权利和义务，以契约的方式规范各自的行为，应当是保持政府和市场干预行为平衡有效方式。政府行使环境产权必然以零排放为最高目标，制定与落实各项相关政策，推动污泥资源化产业的发展，发挥政府的服务与监督职能。政府为提高公用事业的效率和服务质量，保障公众利益及特许经营者的合法权益，促进公用事业发展，由政府授予企业在一定时间和范围对某项市政公用产品或服务进行经营的权利，即特许经营权。政府通过合同协议或其他方式明确政府与获得特许权的企业之间的权利和义务。政府在资源产品利用上要给予支持与引导，鼓励使用。资金要保障。垃圾、污泥处理的责任是政府的，讲市场化，是利用市场机制提高效率。垃圾、污泥的出路不单是市场的选择，而是政策扶持与市场配置互动的结果。

9.3.2　污泥的属性分析及处理费的征收

污泥是社会化产物,包括自然、经济和社会三大属性。污泥的属性由于处理处置方式不同常常是相互冲突的。污泥的自然属性衍生的生物固体概念表达了资源化意义,但不等于说由于其可循环利用的自然生物特性则可以掩盖或抹煞其固体废弃物的社会属性,更不能由此免除或减少处理处置所发生的费用,其基本经济属性并没有随之而改变。污泥的社会属性约束了其自然属性以及经济属性的实现,厌氧消化—填埋、热干化—焚烧处理处置的污泥其自然属性完全被掩盖,经济价值为零,但满足了其社会属性的实现。例如,好氧堆肥—资源化工艺前者体现了污泥的社会属性,后者则是污泥自然属性的表达,由此而满足其经济属性的要求,社会属性与自然属性的统一,体现了污泥循环利用的经济价值。

污泥是经济社会发展到一定阶段的产物,具备社会属性。城市发展早期是为了满足人类生存安全的需要,逐步演变为经济、文化、政治的中心,以至产生了必须依赖工业化处理的自然社会问题。人类积聚生活排泄物的处理处置是现代文明进步的不可避免的代价,由此衍生出污泥的稳定化、减量化、无害化。人类是生态的有机组成部分,是一种具有社会意义的生物物种,其生存的输入和输出不仅要保持自身平衡,同时必须与生态环境平衡。对人的正常生活来讲,餐馆与厕所是同等重要的。污泥的社会属性决定了社会环境对污泥是排斥的,将其定义为"固体废弃物"。与此,相对应所采取的处理处置手段便以消除为目的,彻底消除最好,于是,焚烧、填埋、消化,以至于走极端的资源化处置也是出于同一目的。

消灭污泥是因为污泥对人、对环境来讲是有害的,如此大量高含水量的剩余污泥处理处置的确不容易,难点在于处置过程和处置不当都将引起二次污染。从安全、有效、经济的角度审视并由此制定的技术政策必然是以最大限度的实现减量化,进而无害化,稳定化是中间过渡性政策。消灭污泥直接造成资源消耗和高昂经济支出的双重代价:用不可再生的能源消灭了不可再生的资源。按照生态学理论,一个地区产生的污泥有机质长时期的缺失将导致该地区生态环境不可修复的损伤,污泥资源化具有重要的生态学意义。

污泥的经济价值源于其自然资源属性,即"生物固体是污水处理过后产生的一种可以有益回收再利用的初级有机固体产品。"污泥的资源属性是固体,这种固体是生物的、有机的,而有机生物固体的资源化最高形式就是农业利用,生物有机质得以循环利用;但决非只能农业利用,其固体特性还可以用来覆盖垃圾填埋场,建筑回填土,园林培养基等土地利用,以及加工生产道路基质、铺路材料等。与污泥资源属性密切相关的经济属性,则必须依赖政策的导引,其价值才会显现,污泥资源化的生态意义,污泥资源化产品的经济价值,污泥资源化处置的节能功效等。污泥的经济属性决定了其产品加工的最小成本约束;污泥资源化产品生产成本同样受最小成本的约束,或者说污泥资源化产品的销售利润包含了作为固体废弃物处理处置的成本;更深一步讲,污泥资源化产品销售的低价格包含了对土壤消化有害物的补偿。因此,任何高成本、高耗能的污泥资源化产品生产工艺都是不能持久的,任何偏离污泥价值的市场价格是赢得不了市场的。

制定科学合理的政策与建立相应的利益调节机制是调整污泥自然属性与社会属性的前提条件。根据污泥资源化产品的市场发育水平动态调整污泥补贴价格，一次核定，分段核减。例如，项目建设及运营初期以三年为界，保持足额补贴，培育污泥资源化产品包括肥料产品市场，降低投资经营风险；运营五年为第二阶段，投资者的投资已大部分收回，市场发育基本成熟，终端用户稳定；运营七年为第三阶段，投资者的投资已全部收回，进入稳定收益期。每个阶段降低一定比例的污泥补贴，或根据实际发生成本予以复核。这样既体现了政府的政策导向，充分照顾到投资者的利益，又体现出市场化发展的方向，利用市场调节机制促进资源化产业的发展，逐步减轻政府负担，实现社会效益、环境效益与经济效益的统一。

必要的、合理的污泥处理费用是保障污泥无害化安全处置和资源化的重要前提条件；而资源化产生的效益可以作为污泥达标处理处置费用的一个补充，特别是在排污费偏低的情况下，对于弥补污泥费用的不足具有重要的现实意义。目前，国家发改委在制定污水处理费用标准中并没有明确说不包含污泥处理处置费用，所以目前关于征收污泥处理费来专门处理污泥的说法是难以成立的。不能单纯计算污泥处理处置与污泥资源化补贴政策的到位所拉动吨水处理成本的提高，或与低水平污泥处理处置成本作简单对比，因为后者是以成倍加大环境外在性成本为代价的。污水处理费源于民、用于民，收了人民的钱为人民办事是政府应当坚持的基本准则，也是人民政府的基本职能与应尽的责任。城市污水处理厂及污泥的处理处置其市政公用设施的社会公益性体现了城市居民的利益，居民为此支付税费（排污费、垃圾费等）；否则，其结果只能以牺牲环境为代价，最后损害的是社会公众的长远利益和城市整体投资环境。

但有关专家认为，在污水处理费中明文写明包含污泥处理处置费是有必要的，这样就明确了污泥的处理处置是污水处理厂建设中必须要考虑的一个方面。政府有关部门，设计部门没有重视考虑污泥问题，一个原因就是认为其投入比较大。一般的说法是污泥处理处置项目投入占污水处理厂投入的 40%~60%。有些专家并不认同这个比例，如果在污水处理厂建设当中，综合考虑污泥处理处置的话，并不会增加多少成本。实际上，即使采用成本最高的干化焚烧方式，核算出来的投资额也到不了污水处理场投入的40%，而堆肥的费用投入不到污水处理投资的 20%，填埋就更低了。干化焚烧项目，如果国产化后投资占到的比例一般在 20% 左右，如全部采用进口设备也不会高至 40%。

目前，我国污泥处理收费机制未建立，收费标准低。污泥处置费征收额度、财政补助、使用监管，无具体细则。一些先行试点地区将污水处理费中的部分用于污泥处理。如江苏省从太湖地区污水处理费中提取不低于 0.2 元/t，后再次要求从污水处理费中提取一定比例资金专项用于污泥处置；常州市在污水处理费中提取 0.2 元/t 用于污泥处置，后又通过市区水价调整方案，提高污水处理费。广州市每吨污水处理费中只有约 0.04 元用于支付污泥处理费用，标准比较低。而大部分省市对污泥处置的费用尚无规定。

为推动污泥处理处置产业稳定发展，首要加大污泥处理设施建设投入。目前，处理每吨污泥的投入费用基本在 20 万~30 万元。从成本核算分析，每吨湿污泥的运行费用应包括投资、运营、物料运输及企业合理利润。建议首先以财政补贴等经济手段引导企业从事污泥处理处置和综合利用，把污泥处置工程列入环保补助资金的重点支持项目，安排一定比例专项资金支持污泥处理设施建设；同时考虑优化污泥设施建设经费、污泥处置补贴经费与污水处理厂的经费投入配比，改善"重水轻泥"的现状。其次，完善社会居民污泥处理收费标准。根据《城镇污水处理厂污泥处理处置及污染防治技术政策（试行)》，"污水处理费应包括污泥处理处置运营成本；通过污水处理费、财政补贴等途径落实污泥处理处置费用，确保污泥处理处置设施正常稳定运营"。建议各地征收的污水处理费应包含专项用于污泥处置的费用，标准不低于 0.3 元/t。再者，加强对污泥直排的行政惩罚力度。将污泥直排倾倒追责机制垂直化、两头化（即污泥源头企业与排放终端），落实责任人。既要追查非法排污企业责任，被排污方的相关管理部门也要承担疏忽监管责任。

9.3.3　污泥的产业区分

人类产业文明发展史迄今，可概括为农业、手工业、大工业、信息、全球经济一体化商业等五次产业革命。城市是人类积聚的载体，淡水与土壤是人类赖以生存的最基本的物质条件，以淡水、土壤资源保护和循环利用的生态产业将是人类产业发展史的第六次产业革命。污泥集中体现了土和水的融合，土与水统一于人的生命活动。污泥源于水，从水中分离出来再归于大地是最朴素、最自然的生态平衡原理。基于污水处理工业的污泥资源化产业是城市水系工程的一个分支和组成部分，按照统一的生态规划确立其产业的发展方向，建设水资源循环系统工程，实现水环境与土壤环境的动态平衡发展。

正确区分产业界限是保障污泥资源化产业健康发展与资源优化配置的必要条件。处理与处置是污泥实现无害化、资源化的两个不同阶段，分别隶属两个不同的产业。好氧堆肥是污泥稳定化、无害化处理的方式之一，其处理结果不能等同于肥料制品，更不具备商品肥料的市场属性，其处置过程仍然需要成本，例如运输费、填埋费、排污费等。采取市场化方式解决污泥的处置问题，首先要在污泥好氧堆肥无害化处理的基础上，按照终端产品的特性要求组织产品的深加工，并实现其市场销售。基于资源化基础上的污泥处置与市场销售是同一过程，因而可以节省污泥处置的运输、填埋、排污等相关费用，节省的费用应当被认为是运营者向政府缴纳的特许经营费。

现代城市污水处理厂工艺分为污水处理和污泥处理两部分，污泥的处理又可分为前处理和后处理。污泥的前处理是指经浓缩、脱水，包括厌氧消化处理得到一般含水率为 75%～80%（或以污泥干重计）泥饼的预处理过程。污泥的后处理是指在污泥前处理的基础上，泥饼通过高温好氧堆肥消毒装置的堆肥处理，实现污泥的稳定化、无害化，符合国家标准的排放要求。把污泥处理过程分为前、后两个部分，对于明晰污泥处理成本，划清污泥补贴界限，推进资源化产业的发展具有重要的现实意义。

根据污水处理厂的条件，可以采取集中、分散处理两种方式。若条件许可，把堆肥装置与肥料生产线连为一体，形成污泥达标处理处置与资源化完整的设施装置；而对于集中处理受技术或环境限制不能一体化建设的项目，可以在污水处理厂就地完成高温好氧堆肥无害化处理，使之达到排放标准，减少污泥运输过程可能对环境产生的污染，集中到污泥资源化生产厂深加工。

污泥高温好氧堆肥处理是污泥处理的后续工程，因为无论污泥的前处理是否经过厌氧或者是好氧消化处理，都存在着达标排放的最终处置问题，经高温好氧堆肥处理的污泥可以满足新标准的排放要求。但污泥是否经过厌氧消化处理对于平衡能源是有意义的。利用厌氧消化所产生的沼气对污泥进行预处理，可以降低污泥的初始水分，提高温度，减少发酵填充料，节省加工费用。

由于处理后的污水其处置方式为"达标排放"或中水回用，所以其最终处置相对容易。污泥的固体性质和生物性质决定了其处置的难度，无论采取填埋、焚烧、填海、干化等何种处置方式，都存在着二次污染、耗费能源、处置空间的问题。如果改变污泥的废弃物性质，作为资源来加以利用，问题便可以妥善解决，因此，资源化是污泥处置的最佳方式。建立在安全、无害化处置基础上的污泥资源化从根本上讲是一个认识问题，是观念的转变，坚持把资源化放在首位，是为了最终彻底解决污泥的处置问题。要从维护生态平衡的高度，牢固树立和落实科学发展观，制定符合国情的技术政策和产业发展政策，促进技术创新，加快污泥资源化产业的发展。

污泥处理和处置的统一依赖于污水处理厂的产权多元化改革和市场化进程。我国污水处理厂传统的事业体制由于利益机制缺位，经费全额预算管理，因而降低成本、节省费用与经营管理者和职工利益不挂钩，导致污水处理成本扭曲，缺少污泥资源化产业发展的内在动力。因此，在原体制内实现污泥高温好氧处理与资源化处置的一个首要问题就是一定要把污水处理厂和其职工的经济利益放在首位，通过合理合法的制度设计，有效调动污水处理厂主体的积极性，实现资源化产业的健康发展，否则也难以为继。污水处理厂管理体制改革与市场化进程是理顺污泥处理处置工艺，推进资源化产业发展的重要制度保证。在一个产权明晰，成本控制严格，利益分配机制健全的污水处理厂，经营者的利益得到充分的体现，市场化的利益目标是一致的，降低成本，提高效益。

污泥资源化技术是以资源化为首要目标，通过"农业利用、土地利用、建筑材料"多种资源化工艺技术，把污泥的处理与处置统一起来，把资源化产品的生产与销售统一起来，最终实现污泥环境的零排放。此种意义上的污泥资源化设施是污水处理厂体系的有机组成部分与功能的延伸。

9.3.4 污泥的产业和技术政策

污泥产业政策的可操作性往往是政策制定过程中首先考虑的因素，包括政策与环境的相容性，制定的依据、与现实的适应性、前瞻性、经济量化指标等。政策是临时立法，政策制定与立法程序不同。国家计委、建设部、环保部《关于推进城市污水、垃圾处理产业化发展的意见》，拉开了产业化发展的序幕，并为各项具体政策的制定提供了依据。污泥资源化是人类社会推进生物资源循环利用，实现经济的良性循环发展，创造人与和谐的都市生态环境建设的重要内容。国外一些发达国家已将污泥资源化列为重要目标，通过建立资源利用，限制填埋、焚烧等法规促进污泥资源化产业的发展。美国、澳大利亚、德国、加拿大等发达国家的污泥资源化率均已超过50%。为了保障污泥处理处置按照规划目标稳步推进，一些国家制定了相应的管理措施。国外在相关法规制定中，对于污泥污染控制设备和管理方式制定了高标准的要求。例如，针对填埋要求设计地下水监测装置，以鼓励污泥回收利用的研究和推广；建立特殊的污泥管理基金，用于资助那些主动收集利用污泥工厂的建设和设备更新；在国家污泥管理政策中制定灵活、积极的税收政策和经济手段。针对污泥产生、回收、利用的系统制造者、收集者、处理者、回收利用者、污泥产品的购买者，采用不同的税收方式和经济政策以建立一个有利的市场和环境，国家和各级地方政府，都负有制定相应污泥管理计划的责任和义务。国家统筹规划，各级地方政府主要关注当地的实际情况。加强公众的宣传教育，获得人们的理解和支持，有助于污泥产品的推广和使用，并使得公众自觉地加入到污泥治理的行列中来。

牢固树立和落实科学的发展观，解放思想，改变观念，切实推进我国污泥资源化设施建设、运营的市场化进程。改革现有的管理体制和价格机制，根据国家开放市政基础公用设施建设与运营的有关政策，鼓励外资与民企并购国企或购买股权经营污水处理及污泥资源利用，鼓励各类所有制经济参与投资和经营管理体制，实现污泥资源化设施建设的投资多元化、运营企业化、管理市场化的开放式、竞争性的建设运营格局。

政府行使环境产权必然以污泥零排放为最高目标，制定与落实各项相关政策，推动污泥资源化产业的发展，发挥政府的服务与监督职能。政府为提高公用事业的效率和服务质量，保障公众利益及特许经营者的合法权益，促进公用事业发展，根据政府职能向"服务、监督"转变的发展方向，按照"政府引导、市场化运作、产业化发展"的思路，通过市政公用设施特许经营授权及签署特许经营合同，明确政府和企业之间的相互责任与利益，切实发挥政府的服务与监管职能，强化企业在市场经营活动中的主导作用，科学区分污泥无害化处理与资源化处置的政策界线。在污泥资源化水平较低的运营初期，要保证由财政污泥处理专户支付的污泥高温好氧堆肥消毒处理费用，实现污泥的稳定化、无害化处理，努力实现固废治理与资源化的协调发展及相互促进，利用价格杠杆与相关政策，不断提高污泥的资源化率，促进公用市政设施建设运营投融资体制改革。

把污泥资源化放在首位，坚持污泥综合处理的发展方向，根据不同工艺制定"鼓励生物资源化"、"推荐其他方式的资源化"、"允许稳定化、减量化、无害化处理处置"、"限制生污泥填埋、非标外运、排放"和"禁止净泥直排"等技术政策，并与污泥补贴数额、按污染物排放当量收费直接挂钩，利用政策与经济杠杆促进技术进步，从根本上杜绝污泥对环境的二次污染。

由于历史与体制的原因，我国排水行业历来"重水轻泥"，污泥的处理处置问题始终没有得到妥善解决，直至构成严重的环境二次污染。"重水轻泥"的错误认识与实践导致城市污水处理厂的污泥得不到及时有效的处理处置，或直接外运，或非标填埋，或直接排海、江河，造成严重的环境二次污染，大大弱化了污水净化厂的环境功能，成为新的环境污染源。泥水并重对策的提出与实践，就是要坚持污水处理与污泥处理"同步规划、同步设计、捆绑招标、同步施工、同步验收、同步运营"的方针，严格执法，杜绝非标排放；坚持中水与污泥资源化并举的方针，采取多种方式，经济的，荣誉的，政策的，市场的，积极鼓励使用资源化产品。

污泥资源化产业的制度设计和相关政策，要充分体现全面、协调、可持续的科学发展观，促进循环经济的发展，维护生态平衡。从宏观上要设计合理的规章制度和科学的政策导向，坚持政府服务、监督与市场化运作并举的方针，积极推动污泥资源化产业的健康发展；微观上，制定科学合理的污泥处理处置价格，利用价格杠杆，实现固废处理和资源利用的动态平衡，限制高耗能、高污染的干化、焚烧、填埋处置方式。

逐步提高排污费是建立城市污水处理厂运营投资补偿机制的首要前提和基本保障，明确将污泥处理处置的运营费用列入排污收费列支范围，坚持成本准入的原则，切实保障处理经费的及时支付。由于缺乏有效的监督管理机制，各级政府挤占、挪用污水处理费的现象屡屡发生。国家对污水处理费的用途早有明确规定，只能用于污水处理（包括污泥处理）的运行开支，不包括再建投资。由于我国目前大多数城市的污水处理收费标准偏低，收取率不高，需要根据项目的实际情况逐步实现污泥的经济价值，以此为基础建立起科学的价格补偿机制。即在投资、运营保本微利的原则下一次承诺，分期兑付。污泥补贴基数低于测算值或社会平均物价水平时，随污水处理费上调按比例调整，随污水、污泥处理量增加按比例调整，随物价上调按比例调整，要保证污水处理和污泥处理设施的同步运行，特别是对于以资源化为目标的污泥处理设施，应予以重点保证与支持。

污泥后处理运营成本及资源化处置价格的确定基于以下因素：当地污水收费现行标准及未来调价空间；污水处理费的收取率；污水处理厂运营管理体制；污水处理成本；污泥含固率；污泥初级产品的终端市场接受价格；污泥发酵填充物料价格及来源；当地劳动力价格；投资回报期望值。具体来讲，污泥补贴价格制定应遵循的原则是：成本准入、合理收益、节约资源、促进发展，由政府财政部门会同监管部门负责制定或调整。污泥的后处理成本应当包括成本、税费和利润3部分。由于污泥资源化产品享受国家免征所得税（5年）和增值税的优惠政策，从生产之日起，前5年计价范围仅包括成本与利润两部分。

合理的污泥处理价格有助于确保污泥达标处理后对环境的零排放；建立运营投资价格补偿机制；鼓励技术进步与产业升级，不断降低污泥处理运行成本；降低污泥肥料产品的市场销售价格，提高污泥肥料产品的市场竞争力，确保污泥得到及时有效的处置。

9.3.5 政府体现的服务职能

政府在污泥资源化产业发展的作用主要体现为服务与监督，服务职能包括承诺、保障和协调3个方面。

政府承诺涉及与特许项目有关的土地使用、相关基础设施的提供、防止不必要重复性竞争项目建设及必要的补贴，但不承诺商业风险分担、固定投资回报率及法律、法规禁止的其他事项。政府承诺对污泥后处理和资源化产品的出路给予政策扶持，市政建设、园林绿化等部门在价格相等的条件下优先采购。为项目建设贷款优先提供政府隶属或控股的信用担保公司的信用担保；同意乙方以特许经营权或项目权益为信用担保公司做反担保。优惠政策按照城市产业调整和环保产业鼓励政策给予项目资金支助或其他应当给予的优惠政策。特许期限内，因政策调整严重损害项目公司预期利益的，项目公司可以向城市基础设施行业主管部门提出补偿申请，城市基础设施行业主管部门在收到项目公司的补偿申请后 6 个月内调查核实,经市人民政府批准给予相应补偿。政府鼓励污泥无害化和资源化的科学研究与技术进步,优先给予"三项经费"立项与资助。用于污泥无害化处理与综合利用技术改造的贷款,政府给予贴息扶持。

政府为项目的建设与稳定运营提供以下保障:资金保障,按时足额支付污泥补贴,为污泥无害化处理处置设施的稳定运营提供资金保障;在污水处理收费较低的情况下,城市基础设施维护费和住宅市政配套费的部分资金可用于补偿污泥处理处置费用的不足,或按照调整机制予以调整。建设用地,以划拨或租赁方式为项目提供建设用地,收取零租金或象征性租金。赋予项目公司租赁土地项目建设融资的质押、担保处分权,但不得用作除项目建设运营以外的其他用途。电价,项目设施用电享受污水净化厂同等价格。税费,项目建成并盈利之日起免征 5 年企业所得税,到期后按政策规定继续申请。有机—无机复合肥享受免征增值税的优惠政策,政府确定的其他免除税费的优惠政策。

政府负责做好各主管部门、污水净化厂及相关方面的协调服务工作。污水净化厂行业主管部门或有限公司的政府控股方或出资方负责协调污泥项目建设运营与污水净化厂的用地、电力、供水、职工生活,污泥前处理与后处理的流程协作关系,以及与项目相关的其他关系的协调。为污泥运输和资源化产品的销售提供运输便利,在市属管辖权属范围内免征运输车辆的养路费、道桥费、过路费,协调铁路、农资部门给予污泥农肥优惠铁路运输价格。相关部门负责协调相关主管部门,如环保、土地、财政、综合执法、城建等的工作关系,为项目的建设与稳定运营创造一个良好的环境。

9.3.6 污泥处理工程项目实例

山西沃土生物有限公司以自觉维护国家土壤安全为历史使命,以"沃土"为产业契合点,由此创建了氮素平衡及土壤健康理论,研制开发成功生物高氮源发酵技术和污泥资源化国家发明专利技术,成功实现了沃土三维复合肥料系列产品的工业化生产及连锁发展,始终沿循:环保→农业→污泥资源化→沃土肥料→生物 + 环保 + 农业→沃土产业群的发展思路,贯通产业链,提升产业价值,最终实现:生物资源→循环利用→生态产业→可持续发展的战略发展构想。

2003 年 7 月 30 日,山西省人民政府办公厅《关于全省城市污水处理厂污水污泥处理协调会议纪要》([2003] 26 次)明确规定,按照市场化产业化运作、政府适当补贴的原则,由省计委拨出专款,以贴息入股或资金奖励的方式,鼓励企业投资建设城市污泥处理系统。山西沃土生物有限公司计划建设的太原市污泥处理项目可作为试点,取得经验后在省内推广。同年 12 月,山西省发展计划委员会、山西省建设厅、山西省环境保护局共同在太原组织召开了"太原市污水净化厂污泥消毒工程可行性研究报告评审会"。经过评审,专家组认为项目建设有利于促进太原市生态经济的发展与污泥的稳定、无害化处理处置;对于坚持资源化的方针,积极促进循环经济与污泥产业化的发展具有重要的示范作用与现实意义。山西省政府所确定的"政府引导,市场化运作,产业化发展"的做法为城镇污水处理厂污泥稳定化、无害化、资源化处理、处置开了一个好头,对全国污泥的处理处置及相关政策的制定与落实有借鉴意义。

万元贴息入股资助,山西沃土为落实太原市污泥项目坚持不懈地做了三年的努力,示范工程仅得到 2003 年"非典"时期不到 20 万元的短期补贴，靠自身的力量运营了 30 个月，累计处理处置污泥 3.2 万 m³，生产销售沃土黑桃 K 系列产品 1.8 万 t，为污泥资源化产业的发展提供了宝贵的经验及工程实证，成为国内一百多家相关或类似企业中工程处理规模最大、产品销售持续时间最长的企业。

太原项目是山西沃土的攻坚战，其意义与示范作用是多方面、多层次的。污泥处理处置作为污水处理厂的重要组成部分，其设施建设无疑列入投资放开领域。采用 BOT 方式将是未来污泥项目建设的主要投资运营方式。太原项目是全国污泥达标处理处置第一个采用 BOT 方式承建的项目，山西沃土为此做出的所有努力对全国同类型项目的建设有着重要的借鉴意义。山西沃土的项目职能包括：发起组建项目公司、项目立项审批的前期准备工作、洽谈草签《特许经营合同》、筹集项目建设资金、转贷给项目公司、组织工程建设，及提供持续的技术支持。

太原项目由山西沃土与其他合作伙伴共同投资组建的。"山西沃土和污泥资源化运营有限公司"作为企业法人主体负责项目的建设与运营，其主要职能包括：注册项目建设资本金（不低于项目总投资的 20%）；负责项目的建设运营；向山西沃土支付技术补偿费与使用费；收取污泥补贴；借贷及归还项目建设资金；向银行直接申请项目流动资金贷款；具体承担排污社会责任；污泥资源化产品的市场营销。

太原项目发端于 2003 年的防治"非典"，为此山西省政府专门召开协调会并发《纪要》予以推动。按照正常程序，项目的审批程序包括：与政府市政主管部门洽谈草签《特许经营合同》；申请立项；编制可研，召开专家论证会；根据专家意见修改可研，上报审批；计委项目批复；正式签署《特许经营合同》；初步设计及审批；特许经营权或在建工程质押，申请银行项目贷款；领取开工许可证。

另外一个项目是松江模式。松江区位于上海市西南部，黄浦江上游，是上海市重点水源保护区。松江区内已建、在建和规划即将建设的污水净化厂有五座，其中松江污水处理厂已建成的一二期处理能力 6.8 万 m³/d，三期扩建再增加 7 万 m³/d；松江东部污水处理厂规划能力 7 万 m³/d，一期工程 3.5 万 m³/d；松江西部污水处理厂规划能力 10 万 m³/d，一期工程 5 万 m³/d；松江东北部污水处理厂规划能力 14 万 m³/d，一期工程 7 万 m³/d；松江南部污水处理厂规划能力 8 万 m³/d，一期工程 4 万 m³/d。松江污水处理厂一期工程建成于 1985 年，设计能力 2.5 万 m³/d，2002 年进行技改。二期工程 1998 年投产，目前一二期处理能力共 6.8 万 m³/d，三期扩建再增加 7 万 m³/d。污泥的处置采用中温厌氧消化，离心脱水后外运堆置。目前全厂污泥日发生量 38t，含水率 78%。三期扩建后，污泥日发生量 100t（一二期厌氧消化污泥 + 三期生物泥）。

项目设计采用的污泥处理处置方案为：利用现有厌氧消化产生的沼气将消化脱水污泥与三期脱水生污泥混合后干化预处理，将含水率降至 60%～65%，然后采用高温好氧堆肥工艺对污泥作进一步的处理处置。松江厂污泥处理处置的技术特点是把厌氧消化与好氧堆肥工艺有机结合起来，前者完成污泥的前处理：稳定化、减量化，后者实现污泥的后处理，达标排放。好氧堆肥是厌氧消化的后续工程，同时厌氧消化产生的沼气为好氧堆肥提供能源加温干化污泥，减少填充料、提高污泥初始温度、缩短发酵周期、降低加工成本。实践证明，厌氧消化与好氧堆肥工艺相结合可较好地解决污泥的处理处置问题，实现污泥厌养消化处理和无害化处置的有效结合与能源平衡，并为资源化创造条件，对上海饮用水源地的保护，污泥肥料的施用减少化肥使用量，有利于控制面源污染。

山西沃土和松江污水处理厂本着兼顾环境效益、社会效益和经济效益，把国家利益、企业利益和个人利益统一起来的合作原则，按照不同产业把污泥的达标处理和资源化处置分开，前端污泥的无害化处理投资列入达标改造投资，后段污泥处置及资源化投资、运营由山西沃土为主，松江污水厂经营管理者、职工以自然人身份出资参股，按出资比例承担有限责任，分享经营成果。松江模式的意义在于污泥无害化与资源化的完美结合以及老厂达标改造的成功尝试，分清责任，明晰产权，实现环境效益、职工利益、投资收益的统一。

太原项目给予的扶持政策的具体内容包括：给予项目 200 万元贴息入股资助；协助企业争取国家发改委环境保护基金配套资金；将污泥无害化处理成本列入污水处理费开支范围；项目建设用地使用权无偿划拨或零租金转让；免征所得税五年。山西省政府所确定的扶持政策对其他省、市的项目建设不仅具有借鉴意义，而且按照普惠规则在本地项目审批中参照。由于各地项目和经济发展水平及认识上的差异，投资、建设、运营方式也会发生变化，给予项目的政策也会不同；沃土在具体项目运作中会将已经获得的带有普遍意义的扶持政策，例如免征所得税等应用在下一个项目，不断累积，为国家的产业政策提供参考。

沃土在污泥资源化理论和实践的探索，始终坚持把资源化放在首位的方针，准确把握政策界限，运用生态理论和生物技术，以市场为导向，把科研重点和技术发展放在提高资源化产品的性能上，攻克污泥资源化产业发展的"重金属"、"软化"和"霉变"三大技术障碍，完善 VT 筒仓和阳光棚两种发酵工艺和设备，实现了以发酵污泥为主要原料的沃土黑桃 K 有机—无机—微生物三维营养复合肥料的工业化生产，并为此确立北京沃土天地生物科技有限公司的生物技术研发及产业化发展的区位优势，下游延伸沃土连锁产业的价值链，构筑区域市场相对垄断优势，形成稳固的产业市场支撑。

9.4 污泥资源化利用产业展望

"资源化"的重点在于"利用"，"利用"是资源化产品的终级目标与市场表达。污泥资源化的根本意义是生物资源的循环利用。因此，坚持科学的发展观，判断某种污泥处理处置工艺技术是否有效、科学、先进，根本的标准是其生物资源化水平。技术选择的关键是怎样结合国情、省情，选择最适合的技术，不但建得起，也用得起，用得好。我们不能采取简单的、机械的、片面的、甚至是不负责任的态度对待污泥的处理处置，避免从一个极端走向另一个极端的偏向。按照循环经济的观点，污水处理厂是城市水资源与水环境的结点，不仅负有污水污泥处理处置的环境保护职责，而且还负有生态平衡、资源循环利用的社会责任。

污泥的处置与利用是当前环境科学中的重要课题，更是人类能否良性繁衍生息的大课题，涉及人类生存空间和生存所需资源要认真地客观地分析过去、现在，正视过去

"重水轻泥"造成的污泥处置的种种乱象，从战略高度系统规划未来污泥科学处置方案。健全污泥处置法律法规、制定和完善污泥处理处置标准；明确各级政府责任，建立和促成污泥处理处置政策链、管理链、技术链、资金链的形成，使得各个环节操作能有序合理地进行。

污水处理和污泥处理应该纳入统一系统加以统筹规划，在政策、法规、经济、管理和技术上协调统一污泥的处理与处置要在综合环境生态效益、处理成本、经济效益与综合投入之间动态均衡。污泥的产出量、污泥资源化处置能力之间动态均衡。只有这样，才可能在污水处理得到飞跃发展的同时，使得产出的污泥也得到同步妥善处置，实现当前技术经济条件下的资源最大化利用。在加大各级公共财政投入基础上，积极吸收各类社会资本，扩大污泥处理投入，弥补过去的欠账。建立多元化的投资融资和运营管理机制，鼓励通过特许经营等方式引导社会资金参与污泥处理处置设施建设和运营。将污泥处理成本逐步纳入污水处理成本并计入缴费范围，解决污泥处理处置费用不足问题。对污泥处理单纯从经济角度衡量得与失是不恰当的，应该综合考虑污泥处置的社会效益和环保效益。制定相应的扶持政策给予支持，如以污泥为原料或作为辅助燃料生产的电量给予补贴或优惠上网，对污泥处理处置生产用电执行优惠电价等措施，以强化污泥资源化利用。

与发达国家比较，在技术上我们尚有较大的差距，因此，引进、消化、吸收国外先进技术非常必要。要加强如脱水技术、高温好氧堆肥技术和厌氧消化等关键技术研究；加强如污泥干燥、焚烧和热解过程中传热传质、燃烧过程自动控制、热能回收利用、烟气/尾气一体化净化控制等设备开发。实现污泥处理处置装备国产化、成套化和产业化。鼓励因地制宜研发和推广高效率、低成本、低能耗的处理技术及设备。

综合考虑本地区污泥泥质特征、自然环境条件、经济社会发展水平等因素，因地制宜地制定科学合理的污泥处理处置专项规划或实施计划对人口密集、用地紧张的发达城市，以污泥干化焚烧等资源化利用为主，有机质含量较高的污泥可用于土地施用，如用作肥料、回填土等；有机质含量较低或重金属含量高的污泥适用于建筑生产，制造陶粒、地砖、水泥等；污泥热值较高的，可用于制油、制煤等。

尽可能在有条件的污水处理厂将工艺延伸到污泥处理环节上，进行减量化、稳定化处理，这样不仅仅利于管理，还可以显著减少污泥处理环节，减少污泥处置过程设施的投入，降低成本，降低能耗以及降低环节的二次污染等。如厌氧消化产生沼气发电和余热可直接用于污水厂，消化液易返回污水处理工艺环节再处理。既获取了能源又达到了减量化、稳定化和无害化结果。污泥半干化和干化处理可以减少运输量和对处理过程中产生的污水再处理。

严把企业污水排放关，企业污水必须经过预处理达到城市排污标准方可排入城市污水管网，避免污水超标排放对偷排或超标排放应给予严厉的处罚，从源头上减少或杜绝有毒有机物和无机物进入污水处理厂，保持城市污泥性质具有相对的稳定性，使污泥处置方式保持稳定，处理工艺设备得以稳定长期的适用。

《"十二五"全国城镇污水处理及再生利用设施建设规划》中，明确提出污泥无害化处理处置目标为：到 2015 年，直辖市、省会城市和计划单列市的污泥无害化处理处置率达到80%，其他设市城市达到70%，县城及重点镇达到30%。并按照"安全环保、节能省地、循环利用、经济合理"的原则，加快污泥处理处置设施建设。这表明，国家对污泥处理与处置日益重视，虽然，当前在污泥处理与处置的政策、相关标准、资金投入以及技术等方面存在这样那样的问题，但我们有理由相信污泥资源化利用产业必定得到长足发展。城镇污泥资源化利用，不仅满足社会需求，而且也是未来解决污泥问题的唯一出路。

主要参考文献

[1] 谷晋川, 蒋文举, 雍毅. 城市污水厂污泥处理与资源化. 北京: 化学工业出版社, 2008

[2] 马娜, 陈玲, 何培松等. 城市污泥资源化利用研究. 生态学杂志, 2004, 23 (1): 86~89

[3] 徐强, 张春敏, 赵丽君. 污泥处理处置技术及装置. 北京: 化学工业出版社, 2003

[4] 张锦华, 张宏伟, 徐长为等. 路桥污水处理厂污泥好氧堆肥资源化利用工程. 中国给水排水, 2007, 23 (14): 71~73

[5] 张光明, 张信芳, 张盼月. 城市污泥资源化技术进展. 北京: 化学工业出版社, 2006

[6] 王涛. 沈阳北部污水处理厂污泥资源化处置工程设计. 西南给排水, 2009, 31 (2): 8~10

[7] 张辰, 王国华, 孙晓. 污泥处理处置技术与工程案例. 北京: 化学工业出版社, 2006

[8] 王建国, 林阳, 杨晓林. 沈阳市污水处理厂污泥生物干化产物资源化利用. 环境保护与循环经济, 2014, 03: 42~43

[9] 朱开金, 马忠亮. 污泥处理技术及资源化利用. 北京: 化学工业出版社, 2006

[10] 胡玖坤, 许景钢, 张丹等. 污泥的处理方法和农用资源化展望. 东北农业大学学报, 2005, 36 (6): 820~824

[11] 张树清, 王玉军, 刘秀梅等. 中国城市污泥的性质和处置方式及土地利用前景. 中国农学通报, 2005, 21 (1): 198~202

[12] 赵庆祥. 污泥资源化技术. 北京: 化学工业出版社, 2002

[13] 王涛, 霍跃文. 污泥堆肥工艺流程中物料输送方式的选择. 中国环保产业, 2005, 8: 32~33

[14] 何品晶, 顾国维, 李笃中等. 城市污泥处理与利用. 北京: 科学出版社, 2003

[15] 尹军, 谭学军. 污水污泥处理处置与资源化利用. 北京: 化学工业出版社, 2005

[16] 纪轩, 张军, 贺莘等. 脱水污泥堆肥的生产性试验研究. 中国给水排水, 2003, 19 (6): 53~56

[17] 曲颂华, 陈绍伟. 城市垃圾与污水厂污泥的混合堆肥研究. 环境保护, 1998, 10: 15~16

［18］张增强，唐新保．污泥堆肥化处理对重金属形态的影响．农业环境保护，1996，15（4）：188～190

［19］张天红，薛澄泽．西安市污水污泥林地施用效果的研究．西北农业大学学报，1994，22（4）：67～71

［20］张增强，薛澄泽．污泥堆肥对几种花卉的生长响应研究．环境污染与防治，1996，5：1～4

［21］林春野，董克虞．污泥农用对土壤及作物的影响．农业环境保护，1994，13（1）：23～25

［22］周立祥，占新华，沈其荣等．热喷处理污泥及其复混肥的养分效率与生物效应．环境科学学报，2001，21（1）：95～100

［23］周立祥，胡霭堂．苏州市生活污泥成分性质及其对蔬菜和菜地土壤的影响．南京农业大学学报，1994，17（2）：54～59

［24］周立祥，胡霭堂，戈乃玢等．城市污泥土地利用研究．生态学报，1999，19（2）：185～193

［25］赵丽君，杨意东．城市污泥堆肥技术研究．中国给水排水，1999，15（9）：58～60

［26］莫测辉，吴启堂．城市污泥对作物种子发芽及幼苗生长影响的初步研究．应用生态学报，1997，8（6）：645～649

［27］莫测辉，蔡全英，王江海．城市污泥在矿山废弃地复垦的应用探讨．生态学杂志，2001，20（2）：44～47

［28］郭媚兰，王秀林．太原市污水污泥农业利用研究．农业环境保护，1993，12（6）：254～262

［29］郭媚兰，席鸣岐．城市污泥和污泥与垃圾堆肥的农田施用对土壤性质的影响．农业环境保护，1994，13（5）：204～209

［30］薛澄泽，马芸．污泥制作堆肥及复合有机肥料的研究．农业环境保护，1997，16（1）：11～15

［31］薛澄泽，杜新科．复合污泥堆肥施用于高速公路绿化带效果的研究．农业环境保护，2000，19（4）：204～208

［32］McGrath SP，Chang AC，Page AL，*et al*．Land applicationof sewage sludge：scientific perspectives of heavy metal loadinglimits in Europe and the United States．*Environ. Res.*，1994，2：108～118

［33］何培松，张继荣，张玲．城市污泥的特性研究与再利用前景分析．生态学杂志，2004，23（3）：131～133

［34］丘锦荣，郭晓方，卫泽斌．城市污泥农用资源化研究进展．农业环境科学学报，2010，29（增刊）：300～304

［35］莫测辉，吴启堂，蔡全英．论城市污泥农用资源化与可持续发展．应用生态学报，2000，11（1）：157～160

［36］余杰，田宁宁，陈同斌．污泥农用在我国污泥处置中的应用前景分析．给水

排水，2010，36（增刊）：113～115

［37］余杰，田宁宁，王凯军．中国城市污水处理厂污泥处理、处置问题探讨分析．环境工程学报，2007，1（1）：82～86

［38］张育灿．广东省20年来肥料施用与耕地土壤养分变化．土壤与环境，2002，11（2）：194～196

［39］陈晓璐，方圣琼，潘文斌．城市污泥中持久性有机污染物（POPs）的研究进展．能源与环境，2013，2：9～13.

［40］王忠伟，孙高峰．我国市政污泥环境管理初探．环境科学与管理，2005，30（4）：1～2

［41］路庆斌，张卫华．我国城镇污水厂污泥处理处置及政策发展过程分析．中国建设信息（水工业市场），2010（7）：34～37

［42］汪群慧．固体废弃物处理及资源化．北京：化学工业出版社，2004

［43］姚刚．德国的污泥利用和处置（Ⅱ）续．城市环境与城市生态．2000.13（2）：24～26

［44］郑兴灿．污水处理及再用．北京：中国建筑工业出版社，2002

［45］Zheng G D, Gao D, Chen T B, et al. Stabilization of nickel and chromium in sewage sludge during aerobic composting. J Hazard Mater, 2007, 142（1/2）：216～221

［46］陈同斌，杭世珺，徐云等．对《城镇污水处理厂污泥处置农用泥质》的思考．中国给水排水，2009，25（9）：101～103

［47］中华人民共和国建设部．CJ248—2007 城镇污水处理厂污泥处置园林绿化用泥质．北京：中国标准出版社，2007

［48］中华人民共和国住房和城乡建设部．CJ/T 309—2009 城镇污水处理厂污泥处置农用泥质．北京：中国标准出版社，2009

［49］薛澄泽，张增强．我国污泥土地利用展望．农业环境与发展，1997（4）：1～7

［50］丁文，卢敏州，林芗华等．漳州市城市污泥的农用价值及农业利用途径．福建农业科技，2005（1）：54～55

［51］姚刚．德国的污泥利用和处置．城市环境与城市生态，2000，13（1）：43～47

［52］马娜，陈玲．我国城市污泥的处置与利用．生态环境，2003（1）：92～95

［53］乔显亮，骆永明．我国部分城市污泥化学组成及其农用标准初探．土壤，2001（4）：205～209

［54］张学洪，陈志强．污泥农用的重金属安全性试验研究．中国给水排水，2000（12）

［55］方海兰．城市污泥在上海园林绿化中的应用前景．上海建设科技，2000（6）：18～21

［56］周立祥，胡霭堂，胡忠明．厌氧消化污泥化学组成及其环境化学性质．植物营养与肥料学报，1997（2）：176～181

[57] 谭启玲，胡承孝，赵斌等．城市污泥的特性及其农业利用现状．华中农业大学学报，2002（6）：587~592

[58] 莫测辉，周友平，蔡全英等．城市污泥中甾类在堆肥、消化过程中的稳定性．环境卫生工程，2001（3）：105~108

[59] 周立祥，胡霭堂，戈乃玢．苏州市生活污泥成分性质及对蔬菜和菜地土壤的影响．南京农业大学学报，1994（2）：54~59

[60] 孟昭福，张增强，张一平等．几种污泥中重金属生物有效性及其影响因素的研究．农业环境科学学报，2004（1）：115~118

[61] 刘善江，徐建铭，李国学．高碑店污泥农用肥效及重金属污染防治．华北农学报，1999，（14）：118~122

[62] 王新，陈涛，梁仁禄等．污泥土地利用对农作物及土壤的影响研究．应用生态学报，2012，13（2）：163~166

[63] 安丽，陈祖奇，潘智生等．污泥处置方法的研究．环境工程，2000（1）：40~43

[64] Hall J E. Sewage sludge production, treatment and disposal in the European U-nion. J Chartered Institution of Water and Environmental Management, 1995（8）：335~343

[65] 王新，周启星，陈涛等．污泥土地利用对草坪草及土壤的影响．环境科学，2003，24（2）：50~53

[66] 曹仁林，贾晓葵．园林绿地施用污泥堆肥中的重金属污染与控制．土壤学会．迈向21世纪的土壤科学：天津卷，天津：天津科技出版社，1999

[67] 李贵宝，尹澄清，林永标等．城市污泥对退化森林生态系统土壤的人工熟化研究．应用生态学报，2002（2）：159~162

[68] 李贵宝，尹澄清，单保庆．我国森林与园林绿地污泥的利用及其展望．北京林业大学学报，2001（4）：71~74

[69] 杨毓峰，薛澄泽，袁红旭等．城市污泥堆肥商品化应用问题的探讨．农业环境与发展，2000，63（1）：6~8

[70] 姚金玲，王海燕，于云江等．城市污水处理厂污泥重金属污染状况及特征．环境科学研究，2010，23（6）：696~702

[71] 魏源送，李承强，樊耀波．不同通风方式对污泥堆肥的影响．环境科学，2001，22（3）：54~59

[72] Hudson J A. Current Technologies for sludge Treatment and Disposal. CIWEM, 1996, 10：436~441

[73] 郭鸿，万金泉，马邕文．污泥资源化技术研究新进展，华南理工大学环境科学与工程学院，2007

[74] 冯春，杨光，杜俊等．污水污泥堆肥重金属总量及形态变化．环境科学研究，2008，21（1）：97~102

[75] 陈玉娟，温琰茂，柴世伟．珠江三角洲农业土壤重金属含量特征研究．环境科学研究，2005，18（3）：75~771

[76] GARC1A - DELGADOM, RODR1GUEZ - CRUZMS, LORENZOLF, etal. Seasonal

and timevariabilityof heavymetal content andof itschemical forms in sewagesludges from different wastewater treatment plants. Sci Total Environ，2007，382（1）：82～92

［77］赵顺顺，孟范平．剩余污泥蛋白质作为动物饲料添加剂的营养性和安全性分析．中国饲料，2008（15）：35～38

［78］SOUZAPM，KUCH B. Heavy metals，PCDDPF and PCB insewagesludge samples from two wastewater treatment facilities in RiodeJaneiro State，Brazil. Chemosphere，2005，60（7）：844～853

［79］李淑更，张可方，周少奇等．脱水污泥在美人蕉种植中的应用．环境科学研究，2008，21（2）：158～162

［80］胡忻，罗璐瑕，陈逸珺．生物可降解的螯合剂 EDDS 提取城市污泥中 Cu，Zn，Pb 和 Cd．环境科学研究，2007，20（6）：110～113

［81］施惠生．利用水泥窑处理污水厂污泥的应用研究．水泥，2002（7）：8～10

［82］孙晓，王国华．污水处理厂污泥处置标准体系研究．上海建设科技，2009，（3）：48～50

［83］SAMAKE Moussa，WU Qi tang，MO Ce hui，MOREL Jean Louis. Plants grown on sewage sludge in South China and its relevance to sludge stabilization and metal removal. Journal of Environmental Sciences. 2003. 15（5）：622～627

［84］张义安，高定，陈同斌等．城市污泥不同处理处置方式的成本和效益分析．生态环境．2006，15（2）：234～238

［85］包薇红，宋贤英．宁波市城市污水处理厂污泥处置方案探讨．环境污染与防治，2005. 27（3）：225～227

［86］张增强，殷宪强．污泥土地利用对环境的影响．农业环境科学学报，2004，23（6）：1 185～1 187

［87］张强．城市污泥施入土壤后营养元素的淋洗及对土壤肥力和地下水影响．中国土壤学会第九次代表会论文．山西土壤学会，1994

［88］郭兰，米尔芳，田若涛等．城市污泥和污泥与垃圾堆肥的农田施用对土壤性质的影响．农业环境保护，1994，13（15）：204～209

［89］孙玉焕，骆永明，吴龙华等．长江三角洲地区城市污水污泥重金属含量研究．环境保护科学，2009，35（4）：26～30

［90］Tay J H，Hong S Y，Show K Y. Reuse of Sludge as Palletized Aggregate. Journal of Environmental Engineering，2000，126（3）：279～286

［91］李媛．焚烧工艺在污水厂污泥处理中的应用．中国环保产业，2004，1：31～33

［92］Dvms R D. The Impact of EU and UK Environmental Pressures on Future of Sludge Treatment and Disposal. WasterEnviron. Manage，1996，10（2）：65～69

［93］US EPA. 40 CFR Part 503. Standards for the use or disposal of sewage sludge，1992

［94］Hall J E，Dalimier F. Waste management sewage sludge：surveyof sludge production treatment，quality and disposalin the EC. EC Reference No：B4－3040/01415692，Report No：3646，1994

[95] EU. 86/278/EEC. Council directive of 12 Ju ne 1986 on the protection of the environment, and in particular of the soil, when sewage sludge is used in agriculture, 1986

[96] EU. 75/442/EEC. Council Directive of 15 July 1975 on waste, 1975

[97] EU. 2000/76/E C. Directive 2000/76/EC of the European Parliament and of the Council of 4 December 2000 on the in cineration of waste, 2000

[98] EU. 1999/31/EC. Council Directive 1999/31/EC of 26 April 1999 on the landfill of waste, 1999

[99] UK. Statutory Instrument 1989 No. 1263. The Sludge（Use in Agriculture）（Amendment）Regulations, 1990

[100] UK. Statutory Instrument 1992 No. 588. T he Controlled WasteRegulations, 1992 9 UK. Statutory Instrument 1988 No. 819. The Collection and Disposal of Waste Regulations, 1988

[101] The Federal Republic of Germany. Ab fkl3/4rV. Sewage Sludge Ordinance, 1992 12 The Federal Republic of Germany. KrWO/AbfG. Act for Promoting Closed Substance Cycle Waste Management and Ensuring Environmentally Compatible Wase Disposal, 1994

[102] 中华人民共和国城乡建设与环境保护部. GB 4284—84 农用污泥污染物控制标准. 北京：中国标准出版社, 1984

[103] 国家环境保护总局. GB 18918—2002 城镇污水处理厂污染物排放标准. 北京：中国标准出版社, 2002

[104] 中国国家标准化管理委员会. GB 24188—2009 城镇污水处理厂污泥泥质. 北京：中国标准出版社, 2009

[105] 中国国家标准化管理委员会. GB/T 23486—2009 城镇污水处理厂污泥处置园林绿化用泥质. 北京：中国标准出版社, 2009

[106] 中国国家标准化管理委员会. GB/T 23485—2009 城镇污水处理厂污泥处置混合填埋用泥质. 北京：中国标准出版社, 2009

[107] 中华人民共和国建设部. CJ/T 221—2005 城市污水处理厂污泥检验方法. 北京：中国标准出版社, 2005

[108] 中华人民共和国建设部. CJ/T 239—2007 城镇污水处理厂污泥处置分类. 北京：中国标准出版社, 2007

[109] 中华人民共和国住房和城乡建设部. CJ289—2008 城镇污水处理厂污泥处置制砖用泥质. 北京：中国标准出版社, 2008

[110] 中华人民共和国. CJ290—2008 城镇污水处理厂污泥处置单独焚烧用泥质. 北京：中国标准出版社, 2008

[111] 中华人民共和国住房和城乡建设部. CJ291—2008 城镇污水处理厂污泥处置土地改良用泥质. 北京：中国标准出版社, 2008

[112] 中华人民共和国住房和城乡建设部. CJ309—2008 城镇污水处理厂污泥处置农用泥质. 北京：中国标准出版社, 2008

［113］中华人民共和国住房和城乡建设部．CJ314—2008 城镇污水处污泥处置水泥熟料生产用泥质．北京：中国标准出版社，2008

［114］国家环境保护总局．GB18485—2001 生活垃圾焚烧污染控制标准．北京：中国标准出版社，2001

［115］中华人民共和国环境保护部．GB 16889—2008 生活垃圾填埋场污染控制标准．北京：中国标准出版社，2008

［116］贺君，王启山，仁爱玲．污水厂污泥制轻质陶粒研究现状及应用前景．城市环境与城市生态，2003，16（6）：13～14

［117］赵庆祥．污泥处理的新途径燃料化．化工环保，1998，8（3）：156

［118］姚启君．生态水泥．建材工业信息，2002（5）：46

［119］奉华．城市污水污泥的焚烧研究．清华大学硕士学位论文，2001

［120］周少奇．城市污泥处理处置与资源化．广州：华南理工大学出版社，2002

［121］池长江．生产垃圾陶粒和污泥陶粒的方法．中国专利：95101220，1995：10～11

［122］郭亚军．综合评价理论与方法．北京：科学出版社，2002

［123］杜栋，庞庆华．现代综合评价方法与案例精选．清华大学出版社，2005

［124］李洪兴，汪培庄．模糊数学．国防工业出版社，1994

［125］韩利，梅强，陆玉梅等．AHP – 模糊综合评价方法的分析与研究．中国安全科学学报，2004，14（7）：86～89

［126］毛焕，徐得潜，王文静．污水厂污泥处置方法评价模型及应用研究．环境科学与管理，2010，35（1）：181～184